高等职业教育“十四五”规划教材

动物传染病

第2版

贾志江　唐文雅　主编

中国农业大学出版社
·北京·

内容简介

本教材是以技术技能人才培养为目标，以动物医学专业疾病防制方面的岗位能力需求为导向，坚持适度、够用、实用及学生认知规律和同质化原则，以过程性知识为主、陈述性知识为辅；以实际应用知识和实践操作为主，依据教学内容的同质性和技术技能的相似性，将动物传染病的知识和技能列出，进行归类和教学设计。其内容体系分为项目和任务两级结构，全书共分七个项目，包括动物传染病的基础知识、动物传染病的防制措施、多种动物共患的传染病、禽类的传染病、猪的传染病、牛羊的传染病和其他动物的传染病；每一项目又设“学习目标”“学习内容”“案例分析”“知识拓展”和“考核评价”等教学组织单元，并以任务的形式展开叙述，明确学生通过学习应达到的识记、理解和应用等方面的基本要求；个别项目的相关理论知识、实践技能可通过图示、考核评价、知识拓展或知识链接等形式学习，为实现课程的教学目标和提高学生学习的效果奠定良好的基础。本书最后附录中介绍《中华人民共和国动物防疫法》、常用畜禽生物制品简介、动物病理材料送检单，以及牛结核病检疫记录表，以方便读者查阅。

本教材文字精练，图文并茂，通俗易懂，现代职教特色鲜明，既可作为教师和学生开展“校企合作、工学结合”人才培养模式的特色教材，又可作为企业技术人员的培训教材，还可作为广大畜牧兽医工作者短期培训、技术服务和继续学习的参考用书。

图书在版编目(CIP)数据

动物传染病 / 贾志江，唐文雅主编. --2 版. --北京：中国农业大学出版社，2023.6
ISBN 978-7-5655-2952-8

Ⅰ. ①动…　Ⅱ. ①贾…②唐…　Ⅲ. ①动物疾病－传染病－高等职业教育－教材
Ⅳ. ①S855

中国国家版本馆 CIP 数据核字(2023)第 025931 号

书　　名　动物传染病　第 2 版
作　　者　贾志江　唐文雅　主编

策划编辑　康昊婷　　**责任编辑**　康昊婷　刘彦龙
封面设计　李尘工作室
出版发行　中国农业大学出版社
社　　址　北京市海淀区圆明园西路 2 号　　**邮政编码**　100193
电　　话　发行部 010-62733489,1190　　读者服务部 010-62732336
编辑部 010-62732617,2618　　出　版　部 010-62733440
网　　址　http://www.caupress.cn　　**E-mail** cbsszs@cau.edu.cn
经　　销　新华书店
印　　刷　北京鑫丰华彩印有限公司
版　　次　2023 年 6 月第 2 版　　2023 年 6 月第 1 次印刷
规　　格　185 mm×260 mm　　16 开本　　16 印张　　420 千字
定　　价　48.00 元

编审人员

主　编　贾志江（甘肃畜牧工程职业技术学院）

唐文雅（甘肃畜牧工程职业技术学院）

副主编　石蕴伟（石家庄信息工程职业学院）

刘妍妍（青海农牧科技职业学院）

杨红梅（甘肃畜牧工程职业技术学院）

跃斯图（扎兰屯职业学院）

乌日琴（广东茂名农林科技职业学院）

参　编　（以姓氏笔画为序）

任作宝（甘肃畜牧工程职业技术学院）

张慧君（甘肃农业职业技术学院）

鲍玉林（青海农牧科技职业学院）

审　稿　张进隆（甘肃畜牧工程职业技术学院）

王治仓（甘肃畜牧工程职业技术学院）

前　言

按照党的二十大实施科教兴国战略，强化现代化建设人才支撑精神，根据《国家职业教育改革实施方案》（简称“职教二十条”）、《关于推动现代职业教育高质量发展意见》《“十四五”职业教育规划教材建设实施方案》《高等职业学校专业教学标准（试行）》等文件精神，《动物传染病》教材编写组在第一版的基础上对其进行了修订。新版教材具有以下特点。

——以适度理论为基础。坚持适度、够用、实用的原则，在学生认知规律和同质化原则的基础上，以生产过程和岗位任务为主线，按照“项目”“任务”知识结构，设计“学习目标”“学习内容”“案例分析”“考核评价”和“知识拓展”等教学组织单元供学生学习。

——以技术技能为核心。在理论知识学习的基础上，注重学生实践技能的训练和提高。教材中设计了动物传染病防疫技术和诊断方法等实训内容，做到理论和实践相统一；纳入防疫新规范、诊断新技术和新标准，使学生充分了解课程、技术、专业发展前沿，达到课程内容与职业标准对接、教学过程与生产过程对接。

——以数字化资源为支撑。本教材插入了丰富的图片资源，嵌入了知识链接供学生学习使用，利于学生对知识点的学习、理解和掌握，激发学生的学习兴趣，提升学习效果。

——课程思政融入教学。坚持党的领导，坚持立德树人，深入挖掘课程思政元素，培养学生“爱岗敬业”“吃苦耐劳”“团结协作”和“无菌观念”等职业素养，树立“环境保护”“动物福利”和“公共生物安全”意识，增强法制观念和家国情怀的自豪感，为中国特色社会主义事业培养合格的建设者和可靠的接班人。

本书的编写分工为：绪论、项目一和项目二由贾志江编写，项目三和项目五由唐文雅编写，项目四由石蕴伟、刘妍妍、跃斯图、乌日琴和鲍玉林编写，项目六由任作宝编写，项目七由张慧君编写，附录由杨红梅编写，全书由贾志江统稿。

甘肃畜牧工程职业技术学院张进隆教授和王治仓教授对本教材进行了认真审定，并提出了宝贵的意见；编写过程中得到编写人员所在学校的大力支持，在此一并表示感谢。

由于编者水平有限，教材疏漏和不足之处在所难免，恳请同行和读者批评指正，以便再版时修正。

编　者

2023 年 1 月

目 录

绪 论

一、课程简介

动物传染病是养殖业中危害最严重的一类疾病，急性传染病发生时可引起大批动物的发病和死亡，造成巨大的经济损失；慢性传染病可引起动物群的生产性能下降，动物产品的质量下降，或因此导致产品废弃。在发生动物传染病时因处理疫情还需要耗费大量的人力、物力和财力，造成间接的经济损失。人畜共患传染病可通过与患病动物接触或食用动物产品引起人类的感染，威胁人类健康和生命安全。发生某些重大动物传染病时还会对国际贸易产生极大的负面影响。因此，动物传染病防制在养殖业中显得尤为重要，于是将“动物传染病”课程设置为动物医学专业、动物防疫检疫专业、畜牧兽医专业的专业必修课。随着社会的发展和教育改革，该课程也几经更名，在 20 世纪 90 年代因饲养动物种类的不断延伸，历史悠久的“家畜传染病学”更名为“动物传染病学”；自全国各地畜牧兽医类高职学院成立以来，为了适应高职教育，培养技术技能人才，打破传统的学科体系，“动物传染病学”又更名为“动物传染病”。掌握动物传染病的防制技术，对于控制动物传染病的发生和流行，促进养殖业健康发展和保护人类健康具有重要的意义。

二、课程性质

“动物传染病”是动物医学类专业的核心课程，其专业性与实践性都比较强，它以“动物微生物”“动物解剖生理”“动物病理”“动物药理与毒理”“动物诊疗技术”等课程为基础，并与“动物检疫”“动物寄生虫病”等课程互补和渗透。“动物传染病”课程与其他各课程的关系如下图所示。

三、课程内容

“动物传染病”课程介绍动物传染病发生和发展的规律以及预防、控制和消灭动物传染病的对策和措施，包括动物传染病的基础知识、动物传染病的综合性防制措施、多种动物共患的传染病、禽类的传染病、猪的传染病、牛羊的传染病和其他动物的传染病 7 个项目，其中项目一介绍动物传染病发生和流行的基本知识，项目二介绍动物传染病的综合性防制措施以及防制传染病的基本操作技能，项目三至项目七介绍每一具体的动物传染病的特点、诊断方法以及防制技术。

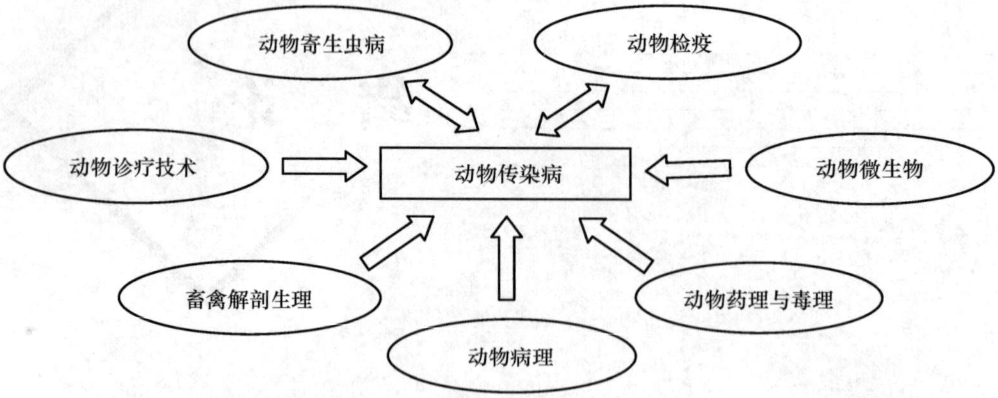

四、课程目标

学习者通过本课程的学习，达到如下预期目标。

(1)熟知动物传染病的基本知识和每一具体传染病的流行病学、症状、病理变化等特点；熟练掌握消毒、免疫接种和病料采集等常用防疫技术；掌握细菌学诊断、免疫学诊断等常用诊断技术；能独立进行疫病调查；针对某一传染病能及时、准确地诊断，并提出合理的处理措施。

(2)培养无菌观念、生物安全意识和职业道德，全方位提升就业素质。

(3)培养思考问题、发现问题和解决问题的能力；培养自主学习的习惯；培养吃苦耐劳的精神和团队协作能力。

项目一
动物传染病的基础知识

【学习目标】

掌握传染病、潜伏期、传染源、水平传播、垂直传播和疫源地等概念；了解传染病发生的条件；熟悉传染病的类型和特征，并以此与普通病相区别；熟悉传染病流行过程的三个环节；掌握流行过程的特征；掌握传染病流行病学调查的内容、方法、步骤和用到的数、比、率。

任务1 动物传染病的感染

一、传染和传染病的概念及关系

(一)传染的概念

病原微生物侵入动物机体，在一定的部位定居和生长繁殖，并引起一系列病理反应的过程称为传染，也可称为感染。病理反应包括临诊症状和病理变化两个方面。

病原微生物侵入动物机体后不一定能引起感染过程。在多数情况下，动物机体不适合侵入的病原微生物生长繁殖，或动物机体能迅速动员防御力量将该病原微生物消灭，从而不出现病理变化和临诊症状，这种状态称为抗感染免疫。动物机体对某一病原微生物没有免疫力(即没有抵抗力)称为具有易感性。病原微生物只有侵入具有易感性的动物机体才能引起感染过程。

动物感染病原微生物后会有不同程度的临诊表现，从无症状到出现明显的临诊症状，甚至死亡。机体对病原体传染过程反应的轻重程度的频率称为感染梯度。

(二)传染病的概念

凡是由病原微生物引起，具有一定的潜伏期和临诊表现，并具有传染性的疾病称为传染病。

传染性是病原体由某一患病动物通过一定的方式传给另一健康动物的特性。不同的传染病其传染性的强弱不同。

(三)传染和传染病的关系

传染和传染病都是由病原微生物引起，传染不一定具有传染性，而传染病都具有传染性，因此传染病属于传染，或者说传染包含了传染病。

二、传染病发生的条件

因传染病属于传染，其发生的条件就是传染发生的条件，有以下三个。

(一)具备一定数量和足够毒力的病原微生物以及适宜的侵入门户

没有病原微生物，传染病就不可能发生。病原微生物的毒力弱或数量少，一般也不引起传染病。病原微生物侵入动物机体的部位(感染门户)不适宜，也不能引起传染病。

(二)具有对该种传染病的病原体易感的动物

动物对某种病原微生物的易感性与动物的种类、品种、年龄、性别和营养状况等有关。病原微生物只有侵入具有易感性的动物机体才有可能引起传染病。同一毒力和数量的病原微生物，侵入同一种动物的不同个体时，由于易感性强弱的不同，可产生不同的结果，有的临诊症状严重，有的轻微，有的不发病。

(三)外界环境因素的影响

外界环境因素能影响病原微生物的生命力和毒力，也能影响动物机体的易感性，还能影响病原微生物接触和侵入易感动物的可能性和程度。如动物流行性感冒容易在气候寒冷的冬春季节发生，而在夏季很少发生，主要是气温的影响。一方面流感病毒耐低温，在冬季空气中存活的时间长，动物机体感染的机会增多；另一方面寒冷空气刺激呼吸道导致呼吸道的抵抗力下降，易引起感染。

总之，在传染病的发生过程中，病原微生物的致病作用和机体的防御机能，是在一定的外界环境因素影响下，不断相互作用的过程。只有具备了病原微生物、易感动物和适宜的外界环境条件这三个条件，传染病才能发生。了解传染病在动物个体中发生的条件，对于控制和消灭传染病有重要意义。如可以通过治疗或消毒等措施杀灭病原微生物；通过加强饲养管理、免疫接种和药物预防等措施提高动物机体的抵抗力；通过杀虫、灭鼠等措施控制生物媒介性传染病。

三、传染病的特征

传染病不同于其他非传染性疾病，主要有以下三个特征。

1. 传染病由特定的病原微生物引起

一种病原微生物只能引起一种传染病，如猪瘟病毒只能引起猪瘟，炭疽杆菌只能引起炭疽。据此，在发生传染病时通过查明患病动物体内病原微生物的种类，可达到确诊传染病的目的，即病原学诊断。病原学诊断是实验室诊断动物传染病的方法之一。

2. 传染病具有传染性和流行性

传染性是患病动物将病原微生物通过一定的方式传给另一易感动物，使其出现同样的症状，发病数量增加。流行性是指某一疾病在动物群体中蔓延扩散的特征，即动物群体发病的特征。

传染性决定了流行性，即具有传染性的疾病具有流行性；反过来，具有流行性的疾病不一定具有传染性。因此，传染病与其他非传染性疾病最主要的区别是传染性。

3. 被感染的动物具有特异性免疫反应

在感染发展过程中由于病原微生物抗原的刺激作用，机体发生免疫生物学的改变，产生特异性抗体和变态反应等。某些患病机体在抗体、补体和吞噬细胞等的进一步作用下，将病原微生物清除，达到康复，并在一定时期内或终生不再感染该种传染病。另外，可用免疫学方法检测出产生的特异性反应，以达到诊断传染病的目的，即免疫学诊断。免疫学诊断是实验室诊断动物传染病的又一方法。

四、传染病的类型

传染病属于传染，其类型即为传染的类型，因分类依据的不同其类型不同。

(一)按病程长短分为最急性型、急性型、亚急性型和慢性型

最急性型病程短促，患病动物常在数小时或 1 d 内突然死亡，症状和病变均不明显，常见于流行初期。急性型病程为数天，个别病(如猪瘟)2～3 周也称为急性型，症状和病变均明显。亚急性型病程长达 3～4 周，症状不如急性型显著，病情缓和，病变较明显。慢性型病程发展缓慢，常在 1 个月以上，症状常不明显，病变或轻或重。

某一种传染病发生和流行时，以上 4 种病型都有可能出现，或出现其中的 3 种或 2 种或只出现 1 种。这些分型之间无严格的界限区分，有时会发生相互转化，如急性型、亚急性型病例，不及时治疗可转为慢性型；慢性病例任其自然发展，可转为急性型。

(二)按有无症状分为显性感染和隐性感染

表现出临诊症状的感染称为显性感染；在感染后不呈现任何临诊症状而呈隐蔽经过的感染称为隐性感染，隐性感染的动物或称为亚临诊型，有些动物虽然外表见不到症状，但体内可呈现一定的病理变化。有些隐性感染动物既不表现症状，又无肉眼可见的病理变化，但它们能排出病原微生物而散播传染，一般只能用微生物学和血清学方法才能检测出来。隐性感染在动物机体抵抗力降低时也能转化为显性感染。

(三)按症状是否典型分为典型感染和非典型感染

表现出该病的特征症状或主要症状的感染称为典型感染；未能完全表现出该病的特征症状或主要症状的感染称为非典型感染，其症状和病变不全面。非典型病例的出现增加了诊断的难度，要结合动物群体发病的情况综合诊断或运用实验室方法诊断。

(四)按发生的来源分为外源性感染和内源性感染

病原微生物从动物体外侵入机体引起的感染过程，称为外源性感染，大多数传染病属于此类。由条件性病原微生物引起的感染称为内源性感染，如动物体表的葡萄球菌、上呼吸道的巴氏杆菌、肠道内的大肠杆菌，在机体正常的情况下，它们并不表现其病原性，但当动物机体受到不良因素的影响，致使机体抵抗力下降时，可引起病原微生物活化，毒力增强，大量繁殖，最后引起动物机体发病。

(五)按病原体的种类分为单纯感染、混合感染和继发感染

由一种病原微生物所引起的感染,称为单纯感染;由两种或两种以上的病原微生物同时引起的感染称为混合感染,如牛可同时感染结核病和布鲁氏菌病。动物先感染了某一种病原微生物后,在机体抵抗力减弱的情况下,又由新侵入的或原来存在于体内的另一种病原微生物引起的感染,称为继发感染;此时把最初的感染称为原发感染。如慢性猪瘟常出现由多杀性巴氏杆菌或猪霍乱沙门氏菌引起的继发感染。混合感染和继发感染都表现出严重而复杂的临诊症状和病理变化,一方面加重了病情,另一方面给诊断和防制工作增加了难度。

(六)按感染的部位分为局部感染和全身感染

由于动物机体的抵抗力较强,而侵入的病原微生物毒力较弱或数量较少,病原微生物局限在一定部位生长繁殖,并引起病理反应的过程称为局部感染,如上呼吸道感染、肠炎和皮肤化脓创等。如果动物机体抵抗力较弱,病原微生物突破了机体的各种防御屏障侵入血液向全身扩散,则发生全身感染。全身感染的表现形式有菌血症、病毒血症、毒血症、败血症和脓毒败血症等。

(七)病毒的持续性感染和慢病毒感染

动物长期处于某种病毒感染状态称为持续性感染,这是由于入侵的病毒不能杀死宿主细胞,而形成病毒与细胞间的共生平衡,感染动物可长期或终生带毒,而且经常或不定期地向体外排出病毒,常缺乏临诊症状,或出现与免疫病理反应有关的症状。疱疹病毒、黄病毒、副黏病毒、反转录病毒和朊病毒等科属的病毒可导致持续性感染。慢病毒感染又称长程感染,是指潜伏期长,发病呈进行性且最后以死亡为转归的病毒感染,如牛海绵状脑病、绵羊痒病、梅迪-维斯纳病、山羊关节炎-脑炎等,其与持续性感染的不同点在于疾病发展过程缓慢,但不断发展且最后常引起死亡。

以上感染类型都是从某个侧面相对进行分类的,各型之间会出现交叉、重叠和相互转化,识别这些感染类型对判断预后、防制和流行病学调查都具有重要意义。

五、传染病的病程经过

在大多数情况下,动物传染病的病程经过具有一定的规律性,一般分为四个阶段。

1.潜伏期

从病原微生物侵入动物机体开始,到刚出现临诊症状为止,这段时间称为潜伏期。不同的传染病其潜伏期的长短常常是不同的,有数小时至数天,或数周或数月或数年,甚至几十年。即使同一种传染病,潜伏期长短也有很大的变动范围,这是由于不同的动物种属、品种或个体的易感性不同,病原微生物的种类、数量、毒力和侵入途径、部位等因素也有所不同而出现的差异。但相对来说,还是具有一定的规律性,如炭疽的潜伏期最短为数小时,最长达14 d,平均为1～5 d。

一般来说,急性传染病的潜伏期差异范围较小,并且潜伏期也较短促;慢性传染病以及症状不显著的传染病其潜伏期差异较大,并且潜伏期也较长。同一种传染病潜伏期短促时,疾病经过一般较严重,反之,潜伏期延长时,病程一般较轻缓。

了解各种传染病的潜伏期，对诊断传染病，确定传染病的隔离期和封锁期，控制传染源，制定防制措施等都具有重要的实际意义。如某奶牛场引进新品种奶牛，为防止传播口蹄疫，将引进牛于隔离舍隔离饲养，隔离期限以口蹄疫最长潜伏期(14 d)为准。

2. 前驱期

潜伏期之后，出现一般症状的时期称为前驱期。一般症状包括体温升高、食欲减退、精神沉郁和生产性能下降等，是大多数传染病具有的症状，所以称为一般症状。前驱期是疾病的征兆阶段，说明已发病，但很难确诊。前驱期通常只有数小时至一两天。

3. 明显期

前驱期之后，出现特征性症状或主要症状的时期称为明显期。明显期是疾病发展到高峰的阶段，比较容易识别，在诊断上具有重要意义。

4. 转归期

为传染病发展到最后结局的时期，包括痊愈和死亡两种情形。如果病原微生物的致病性增强，或动物体的抵抗力减弱，则感染过程以动物死亡为转归；如果动物体的抵抗力增强，则机体逐渐恢复健康。此时，康复机体在一定时期内保留免疫学特性，虽然在一定时间内存在带菌(毒)排菌(毒)现象，但最后病原微生物可被消灭清除。

任务 2　动物传染病的流行

一、传染病流行过程的概念

传染病在动物群体中发生、传播和终止的过程称为流行过程，也就是传染病从动物个体发病蔓延扩散到群体发病的过程，简称“流行”。

二、动物传染病流行过程的三个基本环节

(一)传染源

传染源是指体内有病原体寄居、生长、繁殖，并能排出体外的动物机体，也称“传染来源”。具体说就是受感染的动物，包括患病动物和病原携带者。

1. 患病动物

患病动物是指表现临诊症状的动物，前驱期和明显期的患病动物可以排出大量的病原体，是主要的传染源。

患病动物能排出病原体的整个时期称为传染期。不同的传染病其传染期长短不同，患病动物的隔离期就是根据该种传染病传染期的长短来制定的。为了控制传染源，原则上对患病动物应隔离至传染期终了为止。

2. 病原携带者

病原携带者是指无症状但携带并可排出病原体的动物，是最危险的传染源。如果检疫不

严，常被认为是健康动物而参与流动，将病原体散播到其他地区，造成新的流行。

病原携带者一般可分为以下三种类型。

(1)潜伏期病原携带者　大多数传染病在潜伏期时，其感染动物体内的病原体数量还很少，不具备排出病原体的条件，因此不能起到传染源的作用。只有少数传染病如狂犬病、口蹄疫和猪瘟等，在潜伏期的后期能够排出病原体。

(2)恢复期病原携带者　一般来说，处于这个时期的病原携带者传染性很弱或没有传染性，但仍有一些传染病，如猪气喘病、布鲁氏菌病等在临诊痊愈的恢复期仍能排出病原体。对于这种病原携带者，应考查其病史，并进行多次病原学检测方能查出。

(3)健康病原携带者　指没有患过某种传染病但却能排出该种病原体的动物。如某些健康小狗在与主人玩耍时，其爪子不小心划伤了主人的皮肤，主人发狂犬病死亡，将小狗扑杀后取脑组织检查，未发现狂犬病，此时该小狗为健康病原携带者。

病原携带者还可根据病原体种类的不同，区别为带菌者和带毒者等。

病原携带者存在间歇排出病原体的现象，因此需反复多次对其进行病原学检查，直到为阴性时，才能排除其病原携带状态。消除和防止引入病原携带者是防制动物传染病艰巨的任务之一。

(二)传播途径

病原体由传染源排出后，通过一定的方式再侵入其他易感动物的途径称为传播途径。传播途径可分为垂直传播和水平传播两大类。

1. 垂直传播

疫病经胎盘、产道或卵由上一代传给下一代的方式称为垂直传播。

(1)经胎盘传播　妊娠动物在妊娠期感染了某种疫病，病原体突破胎盘屏障引起胎儿感染称为胎盘传播。可经胎盘传播的疫病有猪瘟、猪细小病毒病、牛病毒性腹泻-黏膜病、蓝舌病、伪狂犬病、布鲁氏菌病、胎儿弯杆菌病和钩端螺旋体病等。

(2)经产道传播　病原体经妊娠动物阴道通过子宫颈口到达绒毛膜或胎盘引起胎儿感染，或胎儿从无菌的羊膜腔穿出，暴露于严重污染的产道时，经皮肤、呼吸道、消化道感染母体的病原体称为产道传播。可经产道传播的疫病有大肠杆菌病、葡萄球菌病、链球菌病、沙门氏菌病和疱疹病毒感染等。

(3)经卵传播　卵细胞携带有病原体，在发育时使胚胎受到感染称为经卵传播，主要见于禽类。可经卵传播的疫病有禽白血病、禽腺病毒病、鸡传染性贫血、禽脑脊髓炎和鸡白痢等。

2. 水平传播

分为直接接触传播和间接接触传播。

(1)直接接触传播　没有任何外界因素的参与，病原体通过传染源与易感动物直接接触而引起的传播方式，如交配、舔咬、抓、触、嗅等。有代表性的传染病是狂犬病，可通过患病动物或可疑动物咬伤、抓伤引起感染。以直接接触为主要传播方式的传染病较少，其流行病学特点是一个接一个地发生，形成明显的锁链状，一般不造成大的流行。

(2)间接接触传播　病原体通过传播媒介使易感动物发生感染的传播方式，大多数传染病是通过这种方式传播的。将病原体从传染源传播给易感动物的各种外界环境因素称为传播媒介；或者说，起着传播病原体作用的一切物质、物体、动物和人统称为传播媒介。

①媒介物:无生命的物质(体)称为媒介物,包括被污染的饲料、饮水、空气、土壤和用具等。

传染源的分泌物、排泄物及其尸体或流出物污染了饲料、牧草、水源、饲槽、用具、圈舍和车船等,都有可能引起以消化道为主要侵入门户的传染病,如口蹄疫、猪瘟、鸡新城疫、沙门氏菌病、结核病和炭疽等。

空气不适于任何病原体的生存,但空气可作为媒介物成为病原体在一定时间内暂时存留的环境。患病动物由于咳嗽、打喷嚏以及鸣叫时喷出带有病原体的微细泡沫,如果被易感动物吸入而感染称飞沫感染。所有的呼吸道传染病主要是通过飞沫而传播的,如结核病、猪气喘病、猪流行性感冒和鸡传染性喉气管炎等。一般来说,动物饲养密度过大、舍内阴暗、寒冷和通风不良时,有利于空气传播。另外,从传染源排出的分泌物、排泄物和处理不当的尸体散布在外界环境中时,病原体附着物干燥后,由于空气流动,带有病原体的尘埃在空气中飞扬,被易感动物吸入而感染称为尘埃感染。尘埃传播的作用比飞沫要小,因为只有少数病原微生物能耐过干燥或阳光的暴晒,能经尘埃传播的传染病有结核病、炭疽和痘病等。

随患病动物的排泄物、分泌物或其尸体一起进入土壤并长期生存的病原微生物称土壤性病原微生物。一些病原微生物形成芽孢后能在土壤中长期存活,如果动物伤口接触了土壤中的芽孢时,在一定条件下即可引起感染,如破伤风和恶性水肿等;动物啃食受污染的牧草或土壤时也可被感染,如炭疽和气肿疽等。猪丹毒的病原体虽然不形成芽孢,但对干燥和腐败等外界环境因素的抵抗力极强,落入土壤中能存活一定时间。土壤性病原微生物一旦污染土壤,可形成长久的疫源地,应引起注意。

②生物媒介:又称为媒介者,主要指节肢动物、野生动物和人类。

节肢动物媒介主要有虻类、螯蝇、蚊、蠓、家蝇和蜱等。它们主要是机械性传播,通过在患病动物(或尸体)和健康动物之间的刺螯吸血,或其排泄物(或分泌物)沾染动物以及物体而散播病原体。也有少数是生物性传播,某些病原体(如立克次氏体)在感染动物前,必须先在一定种类的节肢动物(如蜱)体内经过一定的发育阶段才能致病。

野生动物的传播可以分为机械性传播和生物性传播。机械性传播是野生动物本身对该种病原体无易感性,但可机械性地传播疫病,如秃鹫、乌鸦啄食炭疽动物尸体后,从粪便排出炭疽杆菌。生物性传播是野生动物本身对病原体有易感性,受感染后再传染给其他易感动物,此时野生动物实际上是起了传染源的作用,如狼、狐、吸血蝙蝠等将狂犬病传染给其他动物。

饲养人员、畜牧兽医工作人员和外来人员等,不严格遵守兽医卫生防疫制度时,其衣服、鞋底和手都有可能成为媒介,机械性地传播病原体。如饲养员相互串舍聊天、外来人员参观访问都有可能引起疫病散播。

动物传染病的传播途径比较复杂,有的只有一种途径,有的有多种途径;即使是同一种传染病,不同的病例也可能有不同的传播途径。把既能通过直接接触传播,又能通过间接接触传播的传染病称为接触性传染病。接触性传染病的传染性极强。掌握动物传染病的传播途径有助于诊断该种传染病。

(三)易感动物群

动物群体中有一定数量的动物是易感动物,或全部是易感动物。动物的易感性虽然与病原体的种类和毒力强弱有关,但主要由动物的遗传特性、特异性免疫状况等因素决定。外界环境因素也可以直接影响到动物群体的易感性和病原体的传播。该地区动物群体中易感个体所占的比例高低,直接影响到传染病能否造成流行以及流行的程度。

影响动物群易感性的因素主要有以下三个方面。

(1)动物群体的内在因素　不同种动物对于同一种病原微生物所表现的临诊反应有很大的差异,这是由遗传因素决定的。同种但不同品系的动物对传染病抵抗力的遗传性差别,有些是抗病育种的结果。例如,通过选种培育的白来航鸡对鸡白痢沙门氏菌的抵抗力有一定程度的增强。不同年龄段的动物对同种传染病的易感性也不同,一般幼龄动物对传染病的易感性较成年动物高,这往往和动物非特异免疫状态有关。

(2)动物群体的外界因素　各种饲养管理条件,包括饲料品质、舍内卫生、粪便处理情况、拥挤、饥饿及隔离检疫等都是与疫病发生有关的主要因素。

(3)动物群体的特异性免疫状态　在某些传染病流行时,动物群中易感性最高的个体易于死亡,余下的动物或已耐过或经过无症状感染后的动物获得了特异性免疫力,获得这种特异性免疫力的动物所生的子代动物,常有天然被动免疫(母源抗体),使其在出生后一定时间内具有一定的免疫力。在某些传染病常发地区,动物的易感性很低,往往出现无症状感染或非典型感染,如果无病地区引进此种动物,一旦动物群被传染,常引起急性暴发,如猪喘气病。一般来说,动物群中有70%~80%的动物有抵抗力,就不会发生大规模的暴发流行,但随着时间的推移或引进易感动物或新出生动物,都会使易感动物的比例逐步增加,在一定条件下又足以引起传染病再次流行。

综上所述,传染病的流行必须具备传染源、传播途径和易感动物群三个基本环节,它们相互连接形成连锁,若缺少其中任何一个环节,新的传染就不可能发生,也不可能构成传染病的流行。同样地,当流行已经形成时,若切断任何一个环节,流行即告终止。因此,在预防和控制动物传染病时,要针对三个基本环节采取综合性防制措施,即消除传染源、切断传播途径和增强易感动物群的抵抗力。

三、传染病流行过程的特征

(一)流行过程的表现形式

在动物传染病的流行过程中,根据在一定时间内发病数的多少和传播范围的大小(即流行强度),可分为以下四种表现形式。

1. 散发性

在一个较长的时间内只有零星的病例发生,在区域方面并无严格的界限,疾病的发生无规律性,如目前我国炭疽的流行形式多为散发性。

2. 地方流行性

在一个较长的时间内,发病的数量较多(稍超过散发性),但局限于一定的地区,并且呈现较小规模的流行,称为地方流行性,如猪喘气病常呈地方流行性。

3. 流行性

在一定时间内,发病数量多(发病数量没有绝对的数值界限),传播范围广,如不及时控制可波及数个乡镇/数县/数个市州/数省,如口蹄疫、猪瘟、鸡新城疫常呈流行性。

“暴发”可作为流行性的同义词。一般认为,某种传染病在某一个动物群或一定地区范围内，在短期内（该病的最长潜伏期内）突然出现很多病例时，可称为暴发。

4. 大流行性

发病数量很大，流行范围可波及一个国家或几个国家，甚至整个大陆。在历史上，口蹄疫、牛瘟和流感等都曾出现过大流行。

传染病的流行形式不是一成不变的，可因重视程度和防制情况而发生变化。动物传染病的防制目标是将动物传染病控制到最低表现形式，或将其消灭。

（二）流行过程的时间特点

1. 季节性和年龄特点

（1）季节性　某些动物传染病常发生于一定的季节，或在一定的季节出现发病率显著上升的现象。出现季节性的原因主要有以下三个方面。

①季节对病原体的影响：如冬季气温低，病毒耐低温，在外界存活的时间较长，动物感染的机会增多，所以病毒病在寒冷季节流行较严重，如口蹄疫和流感等。又如在多雨和洪水泛滥的季节，若土壤中含有炭疽杆菌芽孢或气肿疽梭菌芽孢，则可随洪水散播，从而使炭疽或气肿疽的发生可能增多。

②季节对传播媒介的影响：夏秋炎热季节，蚊、蝇、虻类等吸血节肢动物大量滋生，活动猖獗，凡由它们传播的疾病，都较易发生，如猪丹毒、日本乙型脑炎、附红细胞体病和炭疽等。

③季节对动物活动和抵抗力的影响：冬季气温低，青绿饲料减少，可使动物抵抗力降低，这对于由条件性病原微生物所引起的传染病产生的影响尤为明显。加之冬季舍饲期间，动物聚集拥挤，接触机会增多，舍内温度低，湿度大，通风不良，常易促使经由空气传播的呼吸道传染病发生。

（2）年龄特点　某些传染病在特定的年龄段发生，或在某一年龄段其发病率和死亡率呈现升高的趋势。如猪黄痢主要见于1～3日龄仔猪，鸡白痢在2～3周龄是发病和死亡的高峰期。

了解动物传染病的季节性和年龄特点，一方面有助于诊断该种传染病，是诊断传染病的依据之一；另一方面可在发病季节前或发病年龄前及早地采取预防措施。

2. 周期性

某些动物传染病经过一定的间隔时期（常以数年计），还可能再度流行，这种特性称为流行过程的周期性。在传染病流行期间，易感动物除发病死亡或被淘汰以外，其余的患病动物由于康复或处于隐性感染而获得免疫力，因而使流行逐渐停息。但是经过一定的时间以后，由于免疫力逐渐降低或消失，或新的动物出生，或引入新的易感动物，动物群的易感性再度增高，可能导致传染病再次流行。

动物传染病流行过程的周期性是可以改变的，如果采取综合性防制措施，加强饲养管理，增强机体抵抗力，有计划地做好预防接种等，则可使传染病不再发生周期性流行。

（三）流行过程的地点特点

1. 疫源地

传染源及其排出的病原体所波及的地区称为疫源地。

疫源地具有向外传播病原体的条件，因此可能威胁其他地区的安全。疫源地的含义要比传染源的含义广泛得多，除传染源之外，它还包括被污染的环境以及这个范围内的可疑动物群和贮藏宿主等。

疫源地的划分要根据传染源的分布和污染范围的具体情况而定，它可能只限于个别畜栏、厩舍、饮水点、牧地，也可能包括某牧场、自然村或更大的地区。

(1)疫点　通常将范围较小的疫源地或单个传染源所在的环境称为疫点，包括患病动物所在的圈舍、场院、草地、饮水点；有时也将某个比较孤立的牧场或自然村划分为疫点。

(2)疫区　疫病正在流行的地区称为疫区，包括患病动物所在的牧场、自然村、发病前(该病的最长潜伏期)后曾经到过的地区。疫区是疫点的外延，在划分时可直接将疫点外延一定的公里数即为疫区，如发生高致病性禽流感时，疫点外延 3～5 km 的区域为疫区。另外，多个疫点连接成片且范围较大时即构成疫区。

疫区周围可能受到威胁的地区称为受威胁区，疫区和受威胁区又统称为非安全区。受威胁区以外的地区为安全区。

疫源地的存在有一定的时间性，但时间的长短由多方面的复杂因素所决定。只有当最后一个传染源被消除后，对所污染的环境进行彻底消毒，经过该病的最长潜伏期，不再有新的病例出现，并通过血清学检查动物群均为阴性时，才能认为该疫源地被消灭。常常把曾经发生过疫病的地区称为老疫区。

2. 自然疫源地

自然疫源性疾病存在的地区称为自然疫源地。

在荒无人烟、人类还未到达过的一些原始地带，这些地区总是有野生动物生存，某些疫病在这些野生动物之间长期循环延续，野生动物和病原体的种类未知或不清楚，人类和家畜一旦闯入此生物圈，就有可能发生感染，这些疫病称为自然疫源性疾病，这样的地区称为自然疫源地。自然疫源性疾病主要有流行性出血热、森林脑炎、狂犬病、伪狂犬病、犬瘟热、流行性乙型脑炎、黄热病、非洲猪瘟、蓝舌病、口蹄疫、鹦鹉热、恙虫病、Q 热、鼠型斑疹伤寒、蜱传斑疹伤寒、鼠疫、土拉杆菌病、布鲁氏菌病、李氏杆菌病、蜱传回归热和钩端螺旋体病等。

四、影响流行过程的因素

动物传染病流行过程的三个基本环节相互连接、协同作用时，传染病才有可能发生和流行。保证这三个基本环节相互连接、协同起作用的因素是动物活动所在的环境和条件，即各种自然因素和社会因素。了解这些因素有助于预防和控制动物传染病的发生和流行。

(一)自然因素

对流行过程有影响的自然因素主要包括气候、气温、湿度、阳光、雨量、植被、地形和地理环境等，它们对三个环节的作用错综复杂。对于传染源来说，一定的地理条件(海、河、高山等)对传染源的转移产生一定的限制，成为天然的隔离条件。季节变换使动物机体抵抗力随之变动，如喘气病的隐性病猪，在寒冷潮湿的季节里病情加重，咳嗽频繁，排出的病原体增多，散播传染的机会也增加；反之，在干燥、温暖的季节里，如果饲养管理较好，病情容易好转，咳嗽减少，散播传染的机会也减少。对于传播媒介来说，自然因素对其影响更为明显，适宜的温度、湿度条件，有利于节肢动物的繁殖和活动，因此也就增加了传播疫病的机会。对于易感动物来说，自然因素的影响主要是增强或降低机体的抵抗力，从而减少或增加传染病的发生和流行，例如冬季，低温高湿，动物易受凉，呼吸道黏膜的抵抗力降低，容易引起呼吸道传染病的流行。

(二)社会因素

影响动物传染病流行过程的社会因素主要包括社会制度、生产力和经济、文化、科学技术水平以及贯彻执行法律法规的情况等。这些因素既可能是促进动物传染病流行的原因,也是有效消灭和控制传染病流行的关键所在。严格执行兽医法规和采取相应的防制措施,是控制和消灭动物传染病的重要保证。实践证明,缺乏法律约束和长远的防疫规划,是造成一些传染病不能消灭和使疫情扩散的主要原因之一。因此,我们应根据已颁布的动物防疫法等法律法规,制定防疫规划并严格贯彻执行,以有效预防和控制动物传染病的发生和流行。

任务3　动物流行病学的基本知识

一、动物流行病和流行病学的概念

1. 动物流行病

具有流行性的疾病称为流行病,即具有群体发病和群体规律的疾病。动物传染病和寄生虫病因其具有流行性,所以是流行病;又如动物群体的中毒性疾病、放牧动物因牧草缺乏某种元素导致的微量元素缺乏病等,只要有群体规律,都属于流行病。

2. 动物流行病学

动物流行病学是研究动物流行病的科学,即研究流行病的发生、发展和分布的规律,以及制定并评价防制对策和措施的科学。

二、流行病学调查分析的基本知识

调查分析是研究和诊断流行病的主要方法,有时也称流行病学调查分析,简称"流调"。调查是查明疾病在动物群体中发生的一切现象;分析是对调查所得的资料,运用数理统计和逻辑推理的方法,综合分析,找出发病的原因、规律,并提出防制措施。

因传染病属于流行病,可以运用流行病学调查分析的方法诊断传染病,这是诊断传染病的又一方法。通过调查分析动物传染病发生的原因和传播的条件及其影响因素,以便于及时采取合理的防制措施,达到迅速控制和消灭传染病流行的目的。在平时应掌握某地区影响传染病发生的一切因素;在发病时,对疫区进行系统的观察,查明传染病发生和发展的过程,诸如流行环节、影响散播的因素、疫区范围、发病率和病死率等,为科学地制定防制措施提供依据。

(一)流行病学调查的内容

1. 本次流行情况调查

①发病和流行的各种时间。包括最初发病的时间,患病动物最早死亡的时间,死亡出现高峰和高峰持续的时间,以及各种时间之间的关系等。

②发病地点及蔓延情况。包括最初发病的地点,随后蔓延的情况,目前疫情的分布及蔓延趋向等。

③传播方式和速度。

④动物群体的现状资料。疫区内各种动物的数量和分布,发病动物的种类、品种、数量、年龄和性别等。

⑤各种频率指标。包括感染率、发病率、死亡率和病死率等。

⑥临诊表现和病理变化。

⑦采取的措施及效果。

2. 疫情来源调查

①既往病史。本地区曾否发生过类似的疾病以及防制情况。

②引进动物及其动物产品情况。

③饲养管理。包括饲养方式、饲料(来源、种类、品质和饲料卫生)、其他卫生条件(圈舍卫生和饮水卫生)。

④免疫状况。是否接种过疫苗(包括免疫程序,接种疫苗的种类、类型、剂量,免疫途径),接种疫苗时是否坚持无菌操作等。

⑤尸体和粪便处理情况。

3. 自然环境

①地理环境。疫区的地理、地形、河流、交通、气候和植被等。

②生物媒介。野生动物、节肢动物和鼠类等传播媒介的分布和活动情况,它们与疫病的发生及蔓延传播关系等。

4. 社会环境

社会环境是指该地区的政治、经济、文化情况;人类生产和生活活动的基本情况,如食肉情况、乱抛动物尸体、剥食动物尸体、急宰患病动物等;兽医法规、政策的执行情况;当地居民对疫情的认识和态度等。

调查者可根据以上调查内容设计出简明、直观、便于统计分析的表格及提纲,以便于在调查中做好调查记录。

(二)流行病学调查的具体方法

1. 询问调查

询问对象包括动物饲养员、养殖场管理人员、畜牧兽医工作人员和当地居民等。询问过程中要注意工作方法,通过询问、座谈等方式,力求查明传染源、传播媒介、自然情况、动物群体资料、发病和死亡情况等,并将调查收集到的资料记入流行病学调查表格中。

2. 现场观察

为了保证资料的真实性,可根据不同种类的疾病进行重点项目的现场调查。例如,在发生肠道传染病时,应特别注意饲料的来源和质量、水源的卫生条件、粪便和尸体的处理等相关情况;在发生由节肢动物传播的传染病时,应注意调查当地节肢动物的种类、分布情况、生态习性和感染情况等。另外,对疫区的一般兽医卫生情况、地理分布、地形特点和气候条件等也要调查。

现场观察要与询问相结合,并注意当地的民俗民风、生活习惯和方言等。

3. 查阅资料

于文献室、图书馆查阅既往病史和自然资料等。

4. 实验室检查

为了确诊，往往还需要对患病动物或可疑动物应用病原学、血清学、变态反应、尸体剖检和病理组织学等各种诊断方法进行检查；对有污染嫌疑的各种物体（水、饲料、土壤、动物产品）和生物媒介（节肢动物或野生动物）进行微生物学和理化学方法检查。通过检查可以发现隐性传染源，证实传播途径，掌握动物群体免疫水平，发现有关病因因素等。

5. 统计和分析

运用生物统计学的方法统计疫情，计算发病率、死亡率和病死率等频率指标。最后把调查的材料加以统计、分析，去粗取精，去伪存真，加工整理，综合分析，得出流行过程的客观规律，并对采取的有效措施作出正确的评价。

（三）流行病学调查分析的步骤

流行病学调查分析的步骤是：制订调查计划→实施调查→整理分析→得出结果→采取措施→结论报告。

（四）调查分析中常用的频率指标

1. 发病率

发病率是指一定时期内某动物群中发生某病新病例的频率，即某期间某种病新病例数和畜群动物平均数的百分比。

$$发病率=\frac{一定时期内某动物群体某病的新病例数}{同期内该群动物平均数}\times 100\%$$

发病率能较全面地反映出传染病的流行情况，但还不能说明整个流行过程，因为常有许多动物呈隐性感染，是传染源，因此还要统计感染率。

2. 感染率

感染率是指用临诊诊断法和各种检验方法（病原学、血清学、变态反应等）检查出的所有感染某传染病的动物数（包括隐性感染动物）占被检查的动物总数的百分比。感染率能比较深入地反映出流行过程的情况，特别是在发生某些慢性传染病时具有重要的实践意义。

$$感染率=\frac{感染某病的动物数}{被检查的动物总数}\times 100\%$$

3. 死亡率

死亡率是指因某病死亡的动物数占某种动物总数的百分比。

$$死亡率=\frac{某动物群在一定时期内因某病死亡动物数}{同时期该种动物总数}\times 100\%$$

死亡率不能反映疾病在临诊上的严重程度，还要计算病死率。

4. 病死率

病死率是指因某病死亡的动物数占该病患病动物总数的百分比，它能反映出某病在临诊上的严重程度，相比死亡率能更精确地反映出传染病的流行过程和特点。

$$病死率=\frac{某时期内因某病死亡动物数}{同时期患该病动物数}\times 100\%$$

【案例分析】

案例 1 甲地某农户养有 24 头奶牛，嫌产乳量低，又从乙地引进新品种高产奶牛 5 头。引进前经产地检疫，签发检疫合格证，运输至牛场后与原先的 24 头奶牛混群饲养。试分析此过程中是否有不妥之处？应该如何做？

案例 2 某小型鸡场只有一栋鸡舍，鸡场旁边有池塘，为了提高养殖效益，在养鸡的同时还养了一群鸭子，由鸡舍饲养员兼管鸭子的饲喂和管理；在后续的养殖过程中，鸡群发生了新城疫，发病率和死亡率高达 90%以上。试分析鸡群发病的可能原因；为了预防鸡新城疫的发生，此鸡场该如何做？

【知识拓展】

动物传染病防制研究现状和研究方向

(一)动物传染病防制研究现状

随着我国养殖业的不断发展，动物疫病防制的研究也取得了巨大进展。在牛、羊病防制方面，1956 年在全国范围内消灭了牛瘟，1997 年消灭了牛肺疫。在布鲁氏菌病、牛流行热、奶牛结核病、牛病毒性腹泻-黏膜病、小反刍兽疫、牛白血病、炭疽和蓝舌病等的免疫预防技术和诊断技术方面都取得了卓越的成果，使得这些传染病均得以控制。

在猪病防制方面，成功地研制了免疫性能优越的猪瘟疫苗，采用科学的免疫程序和加强免疫监测，使猪瘟得到了有效控制；同时，我国还成功地研制了猪瘟-猪丹毒-猪肺疫三联疫苗和猪瘟-猪丹毒二联疫苗。猪传染性腹泻是危害养猪业的一大类病症，能引起腹泻的传染病有大肠杆菌病、猪副伤寒、猪传染性胃肠炎、猪流行性腹泻、猪痢疾、猪轮状病毒病等，在病原特性、诊断方法和免疫预防等方面已做了大量研究，并取得了显著成果。猪传染性胃肠炎、流行性腹泻和轮状病毒病的疫苗及其联苗已研制成功，能同时检测这三种腹泻病毒的 ELISA 试剂盒也已问世；大肠杆菌 K_{88}-K_{99}-987P 三价灭活苗已推广应用。引起母猪繁殖障碍的疫病，如伪狂犬病、猪细小病毒病、流行性乙型脑炎和猪衣原体病在我国已相继研究成功了相应的检测方法和以疫苗免疫为主要手段的防制措施。

在禽病防制方面，我国对新城疫防制的研究十分重视，尤其在疫苗研制、免疫程序、免疫方法和免疫监测等方面成果突出。随着弱毒苗和灭活苗的广泛应用，近年来新城疫的流行得到了有效控制。但由于某些地区新城疫的免疫程序和方法掌握不佳，在一些鸡群中的免疫水平低或参差不齐，导致接种过疫苗的鸡群仍有散发，在症状、病变、发病率和死亡率等方面表现出非典型新城疫。我国在国际上首次发现小鹅瘟，并进行了系统研究，研制了疫苗和免疫血清，对控制该病的流行作出了卓越的贡献。对鸡新城疫、鸡传染性法氏囊病、鸡马立克氏病、传染性支气管炎、传染性喉气管炎、禽流感和产蛋下降综合征等病原的研究已深入到分子生物学水平。近年来，鸡马立克氏病弱毒疫苗、鸡传染性法氏囊病细胞疫苗、鸡传染性鼻炎灭活疫苗、鸭瘟弱毒疫苗和 H_5N_2 亚型禽流感灭活疫苗等的成功研制，以及各种新型诊断技术在生产实践中的广泛应用，对防制这些疫病起到了重要的作用。另外，还对一些新发现的传染病进行了比较系统的研究，如产蛋下降综合征、禽流感、网状内皮组织增生症、鸡传染性贫血、鸡肾型传染性支气管炎、鸡肿头综合征和番鸭细小病毒病等。

20 世纪以来，随着电子显微镜、病毒细胞培养和禽胚培养、无特定病原动物、各种抗菌药物、单克隆抗体、生物制品、各种血清学技术和分子生物学技术等在动物疫病诊断和防制中的广泛应用，使动物疫病无论是在理论研究方面，还是在实际应用方面都取得了巨大进展。

（二）动物传染病防制研究方向

虽然我国在动物疫病防制研究方面取得了可喜成绩，但还远远不能适应养殖业快速发展的需要，动物防疫仍是制约养殖业发展的主要因素之一。当前我国养殖业应将动物疫病的防制作为工作的重点之一，贯彻“预防为主”的方针，努力提高应用研究和发展研究的水平，要把生物技术、计算机模拟技术、生物传感器技术等高新技术与常规技术相结合，重点研究动物疫病的病原、流行特点、免疫和诊断技术，新疫苗、新兽药及其综合配套技术，初步实现兽用生物制品的国际标准化。

1. 应用快速的诊断技术

用于病原体快速检验、鉴定的新技术，主要包括分子生物学检验技术、分析微生物学检验技术和免疫学检验技术等。

（1）分子生物学检验技术　此类检验技术是在分子水平上，探索病原微生物内部的分子结构，特别是核酸和蛋白质的结构及组成成分等，以作为鉴定病原微生物的依据。分子生物学检验技术包括病毒载体的构建、有关免疫原型基因的分离鉴定、克隆和表达、基因表达产物的生物学功能研究、核酶剪切 RNA 病毒、单克隆抗体、核酸探针、PCR、酶切图谱分析和核酸序列测定等。

（2）分析微生物学检验技术　此类技术是结合微生物的特点，相互渗透，交叉结合建立起来的检验技术，其特点是操作简便、快速和准确。分析微生物学检验技术包括气相色谱技术、电阻抗技术、微量热力学测定技术、生物发光测定技术、化学发光测定技术、放射测量技术、电子显微镜技术、X 线衍射技术、蛋白质印迹法和电子计算机技术等。

（3）免疫学检验技术　常规的血清学检验方法常受到某些因素不同程度的影响或干扰，而单克隆抗体技术的产生及测定仪器的更新，建立了各种标记技术，减少了这些因素的影响和干扰，明显提高了特异性。免疫学检验技术包括单克隆抗体技术、免疫荧光技术、放射免疫技术、免疫酶技术、免疫电镜技术、免疫微载体技术及生物传感器技术等。

2. 开发免疫性能优越的新型疫苗

免疫接种仍是目前防制动物传染病的重要措施之一，常规疫苗在防制传染病上起到了重要作用，效果好，控制和消灭了一些传染病。但是许多疫苗还存在自身难以克服的缺陷，如保存期短，保存条件苛刻，稳定性差，病毒疫苗的病毒滴度不高，多联、多价苗生产水平低；灭活疫苗存在灭活不当，造成疫病传播的危险性；弱毒活疫苗由于毒（菌）株变异或与野毒株发生基因重组而产生毒力返强等。另外，某些病原体不能在体外大量培养增殖，给疫苗的开发带来困难。因此，需要研制不易变异、型别多的多价疫苗，能够在有限的免疫制剂体积内容纳多种足量抗原；研制有效的抗原保护剂、稀释剂、佐剂和免疫增强剂，以提高疫苗的稳定性和增强免疫性能;简化保存条件,延长保存期和免疫期;并且加快更新换代步伐,不断发展和提高我国生物制品产业的水平。目前,世界上许多国家在疫苗的研制和开发上,走向多联疫苗和多价疫苗,已达到四联、五联甚至七联苗,而且副作用小,使用更方便。随着分子生物学和基因工程技术的发展,新一代的动物疫苗应运而生,主要包括基因工程亚单位疫苗、基因工程活载体疫苗、基因工程缺失减毒疫苗、合成肽疫苗、抗独特型抗体疫苗和 DNA 疫苗等。

微生态平衡与内源性感染

在自然界中,无论是动物、植物还是微生物都要依赖于所处的环境而生存,生物与环境构成了生态系统。生态系统有大有小,大的如森林、沙漠、草原和海洋等,生物种类极其复杂,各种生物之间以食物链等形式相互制约和调节,处于动态平衡状态,即平常所说的生态平衡。小的生态系统如在人体、动物机体的皮肤、黏膜以及与外界相通的腔道(口腔、鼻咽腔、肠道和泌尿生殖道)中生存着各具特色的微生物菌群,它们与机体局部以及环境构成了微生态系统。生物在进化的漫长历史长河中,通过适应与选择,微生物与微生物之间,微生物与宿主之间,微生物、宿主与环境之间形成了一个既相互依存,又相互制约的统一体系,即微生态平衡。在正常情况下,这些微生物的数量总是保持在一定的范围内,属于机体正常存在菌,对机体不表现出致病作用,有益于机体。其有益作用主要表现在以下三个方面。

(1)拮抗作用　如肠道内的大肠杆菌能产生大肠杆菌细菌素,可抑制其他致病性大肠杆菌的生长繁殖。

(2)营养作用　肠道中的大肠杆菌能合成 B 族维生素和维生素 K,供给机体的需要。

(3)免疫防卫　正常菌群通过暂居,或与病原菌斗争夺取赖以生存的小生态环境,迫使病原菌无法定居,以抵御病原菌的入侵。另外,正常微生物菌群中的许多细菌具有抗原性,能刺激机体局部免疫器官产生一定量的抗体。

微生态平衡的调节和维持受环境因素和机体免疫力的影响很大。一般在环境因素的影响下,引起机体局部免疫力的降低,从而导致微生态平衡被破坏,某些微生物失去制约,趁机大量繁殖,侵入其他组织部位,甚至侵入血液,便引起了疾病,称为内源性感染。如动物上呼吸道内的巴氏杆菌,在气候骤变、过度使役、饲养管理突变等诱发因素作用下,引起上呼吸道的免疫力降低,巴氏杆菌失去制约,趁机繁殖,侵入下呼吸道(支气管、细支气管、肺泡),甚至侵入血液,引起了感染。把引起内源性感染的微生物称为条件性病原微生物,主要有机体体表的金黄色葡萄球菌、肠道内的大肠杆菌和上呼吸道内的巴氏杆菌等。

为了防治内源性感染,只有正确地认识微生态平衡,并采取合理的防治措施,重建和维持微生态平衡,才能使机体恢复健康。

【考核评价】

疫情调查与分析

一、考核题目

指定时间、地点和调查对象,要求学生事先设计和拟订疫情调查计划,然后实施调查,并分析调查数据，得出结论，最后写出调查报告。

二、材料准备

A4 打印纸、中性笔、电脑、打印机、某地某动物养殖场或养殖专业户的疫情资料。

三、方法步骤

（一）拟订调查计划

根据调查内容拟订调查计划，将其设计成简明、直观、便于统计分析的提纲形式或表格（疫情调查表）形式，并打印。

疫情调查的内容如下。

1. 调查地点

疫点、疫区的名称及地址。

2. 疫点、疫区的一般情况

包括养殖场或养殖户的地理位置、地形特点、气象资料（季节、天气、降水量等）；畜牧兽医技术力量和水平；动物的种类、品种、数量和用途；该养殖场或养殖户与邻近居民点在业务上的联系。

3. 疫点、疫区的卫生状况

包括动物的饲养管理；畜舍的卫生状况；畜舍的尘埃、有害气体状况；邻近地区的卫生状况；饲料的品质、来源、保藏、调配和饲喂的方法；水源、水质的状况；放牧地的状况；节肢动物和啮齿动物的活动情况；预防性消毒和一般预防措施的执行情况；尸体处理方式，有无专用运尸车；尸体发酵坑和废物利用场的位置，其设备和卫生状况以及兽医监督等；有无检疫室、隔离室、屠宰场、产房等及其卫生状况；污水的处理和排放情况。

4. 一般流行病学资料

包括疫点或疫区补充动物的情况，是否遵守防疫、检疫制度；是否从该场运出动物及其产品，运往何处（包括种类及数量）；该养殖场有无发病史，何时患过传染病或寄生虫病，发病率和死亡率大小，在所调查的疫病发生之前，何时登记最后一个传染病、寄生虫病的病例；邻近地区的疫情。

5. 本次疫病流行过程的状况

包括诊断结果（病名、确诊日期、确诊人）；采用的诊断方法；鉴别诊断；更正诊断日期，兽医师姓名及所属单位；发生第一批病例的时间；该养殖场、养殖户或邻近地区是否发生过此病或类似的病（发生的时间、传播速度、流行情况、所采取的措施）；关于传染源、传播途径、有利于传播的条件等的推测（饲料、水源、放牧地，尸体处理不当，节肢动物和鼠类的活动，由不安全的地方经动物、饲料、动物产品等传来）；疫病的流行动态（按群、舍、动物饲养的不同情况，分别记载发病日期、患病头数）；主要临诊表现；尸体剖检情况；隐性感染动物的数量（按细菌学、血清学、变态反应等检查的资料）；按日、月登记发病数；患病动物及死亡动物的总头数（计算动物群的发病率、死亡率、病死率）；已采取的措施及其效果。

(二)实施调查

在指导教师的带领下,去养殖场实施调查,调查方式以询问和现场查看为主,对于本地区的自然资料可到学院图书馆查阅,将调查获得的疫情信息填至调查计划表中。

(三)疫情调查材料的分析和整理

将调查资料进行统计和分析,确定所调查区域(或养殖场)疫病流行的类型、特点、发生原因,疫病的传播来源和途径,并提出预防控制疫病的具体措施。

四、考核标准

要求调查表设计合理,调查内容要翔实,分析得当,结果准确。

项目二
动物传染病的防制措施

【学习目标】

通过学习，掌握动物传染病综合防制措施的各项内容。

任务4　防制工作的基本原则和内容

一、防制工作的基本原则

(一)依靠和加强领导，建立和健全各级防疫机构，开展群众性防疫，有关部门密切协作

根据《国务院关于推进兽医管理体制改革的若干意见》(2005)的文件精神，我国于2006年开始进行兽医体制改革，建立了各级兽医行政管理机构、动物卫生监督机构、动物疫病预防控制机构，并在不断地完善和健全中。它们各司其职，保证了兽医工作的正常开展。

动物传染病的防制工作是一项与农业、商业、外贸、卫生、交通等部门以及和人们生活密切关系的重要工作。只有在各相关部门的密切配合下，从全局出发，大力合作，统一部署，全面安排，才能把防制工作做好；同时要大力开展科普和科技推广工作，提高群众的防病意识和防疫水平，从根本上减少疫病的发生。

(二)贯彻“预防为主”的方针

动物防疫实行预防为主，预防与控制、净化、消灭相结合的方针。即在平时要加强饲养管理，搞好防疫卫生、预防接种、检疫、隔离和消毒等综合性防制措施，提高动物机体的抗病能力和健康水平，最终达到控制和杜绝传染病的发生。实践证明，只有做好平时的预防工作，很多传染病都可以避免发生，即使发生了也能及时得到控制。

(三)贯彻和执行国家法律法规，依法管理动物防疫工作

为了加强对动物防疫工作的管理，切实有效地预防、控制和扑灭动物疫病，促进养殖业的健康发展，保护人类健康，我国于1991年发布了《中华人民共和国进出境动植物检疫法》(简称《动植物检疫法》)，该法对动物检疫的原则和办法做了详尽的规定。1997年7月3日第八届

全国人民代表大会常务委员会第二十六次会议通过了《中华人民共和国动物防疫法》(简称《动物防疫法》),并于 1998 年 1 月 1 日起实施,于 2007 年和 2021 年进行了两次修订。《动物防疫法》对我国动物防疫工作的方针政策和基本原则作了明确而具体的规定。国务院根据《动植物检疫法》和《动物防疫法》,制定和发布了《种畜禽管理条例》《兽药管理条例》《重大动物疫情应急条例》《病原微生物实验室生物安全管理条例》等多部法规,这标志着我国把动物疫病的预防、控制、扑灭以及动物和动物产品的检疫,纳入了法制化管理的轨道,引起了全社会对动物防疫工作的重视,推动了我国动物防疫工作的开展。

二、防制工作的基本内容

针对疫病而采取的预防、控制、消灭的对策和措施叫作防疫措施或防制措施,其包括两个方面:一是在平时未发生疫病时,为防止疫病侵入动物群而采取的各种措施,称为预防措施;二是在发生疫病时,为迅速扑灭疫病而采取的各种措施,称为扑灭措施。

(一)预防措施

平时的预防措施必须采取"养、防、检、治"四字为基本环节的综合性措施。

"养":加强饲养管理,执行"全进全出"的饲养模式;坚持自繁自养原则,尽量减少引进,引进动物时要隔离观察,确认无病者方可混群饲养。

"防":严格执行卫生防疫制度;搞好环境卫生,定期消毒和粪便无害化处理;预防免疫接种和药物预防;及时杀虫和灭鼠。

"检":加强检疫,以便及时发现并消除传染源。

"治":发现患病动物,及时隔离,查明病因,及时治疗或淘汰处理。

(二)扑灭措施

在发生动物疫病时,为了迅速扑灭疫情,减少经济损失和防止人的感染,应执行"早、快、严、小"的原则。即及时发现、上报疫情和确诊,并通知邻近单位做好预防工作;迅速隔离患病动物,治疗或淘汰;合理处理死亡动物尸体;对未发病的易感动物用疫苗进行紧急免疫接种或药物预防;对污染的环境进行彻底消毒;若发生口蹄疫、高致病性禽流感等危害性大的疫病时还应采取封锁措施。

预防措施和扑灭措施不是截然分开的,而是相互联系、相互配合和相互补充的。

任务 5 动物传染病的预防措施

一、加强饲养管理

制定和严格执行卫生防疫制度,坚持自繁自养的原则。搞好环境卫生,及时清除舍内粪便、垃圾污物,并保持清洁干燥和良好通风。注意饲料卫生,在动物不同的饲养阶段供给相应的饲料,以保证生长、发育以及生产的需要;在转舍(群)需变换饲料时应逐渐过渡,不可突然改变;平时储存饲料的仓库门要严闭,防止鼠类窜入、偷食和污染饲料;同时注意通风,以防霉变。

注意饮水卫生，供给动物的饮水应是清洁无污染的。

二、消毒

消毒是指杀灭或清除外界环境中活的病原微生物，其目的是消灭被传染源散播在环境中的病原微生物，以切断传播途径，阻止传染病继续蔓延，是预防和控制动物传染病的重要措施之一。

(一)消毒的种类

根据消毒的目的和时机不同分为预防性消毒、随时消毒和终末消毒。

1. 预防性消毒

结合平时的饲养管理，对动物圈舍、场地、用具和饮水等进行的定期消毒，以达到预防一般传染病发生的目的。

特点：定期进行。

2. 随时消毒

在发生传染病时，为了及时消灭刚从患病动物体内排出的病原微生物而进行的不定期消毒。消毒的对象包括患病动物所在的圈舍、隔离场地，患病动物的分泌物、排泄物以及可能被污染的一切场所、用具和物品。

特点：重复多次消毒。

3. 终末消毒

在患病动物解除隔离、转移、痊愈或死亡后，或者在疫区解除封锁之前，为了消灭疫区内可能残留的病原微生物所进行的全面彻底的大消毒。

特点：全面彻底。

(二)消毒的方法

消毒方法包括机械性清除法、物理消毒法、化学消毒法和生物热消毒法等，这些消毒方法常常结合使用。

1. 机械性清除法

机械性清除法是指通过清扫、洗刷、通风、过滤等机械方法清除病原微生物的方法。随着垃圾污物的清除，大量的病原微生物也被清除。在清除之前，为了防止尘土飞扬，造成病原微生物的散播，可在地面上喷洒清水或某些消毒剂。机械清除不能达到彻底消毒的目的，必须配合其他消毒方法进行。

通风也具有消毒的作用，它虽不能杀灭微生物，但可在短期内使舍内空气交换，减少病原微生物的数量。通风时间视温差大小可适当掌握，一般不少于 30 min。

2. 物理消毒法

物理消毒法是指利用阳光、紫外线、干燥、高温等物理方法杀灭病原微生物的方法。

(1)阳光、紫外线和干燥　阳光光谱中的紫外线有较强的杀菌作用，阳光的灼热和蒸发水分引起的干燥也有杀菌作用。一般非芽孢性细菌和病毒，在直射阳光下几分钟至几小时可以被杀死，对于牧场、草地、畜栏、用具和物品等的消毒具有一定的意义，应充分利用。

在实际工作中，很多场合(如消毒室、育雏室和无菌室)用紫外线灯进行空气消毒。紫外线的消毒效果与照射的距离、时间和强度有关。灯管悬挂的高度距离地面一般为 2 m 左右，照射时间因照射的对象不同而异。消毒室主要针对进入场区或生产区的人员进行消毒，照射时间为 5～10 min；育雏室主要针对空气和育雏设备消毒，在进雏之前照射 1～2 h。

紫外线会损伤人的眼睛和皮肤，因此不能在紫外线灯下长时间照射消毒或工作，人员消毒时眼睛不可以一直望着灯管，而应闭目或低头。

(2)高温

①火焰烧灼和烘烤。它是简单而有效的消毒方法，当发生由抵抗力强的病原微生物引起的传染病(如炭疽、气肿疽等)时，对患病动物的粪便、饲料残渣、垫草、污染的垃圾和其他价值不大的物品，以及死亡动物的尸体，均可用火焰加以焚烧；不易燃的畜舍地面、墙壁用火焰喷射消毒；金属制品可用火焰烧灼和烘烤进行消毒。

②煮沸消毒法。大部分非芽孢病原微生物在 100 ℃的沸水中迅速死亡，细菌芽孢在煮沸后延长时间也能被杀死。此法主要用于金属器械和玻璃用具的消毒。

③高压蒸汽灭菌法。高压蒸汽灭菌所用仪器为高压蒸汽灭菌器，有小型手提式灭菌器和大型全自动灭菌器，主要用于注射器、针头、刺种针、棉签、解剖器械、疫苗稀释瓶和废弃疫苗等的灭菌。

3. 化学消毒法

化学消毒法是指用化学消毒剂杀灭病原微生物的方法。

(1)常用消毒剂的种类和用途

①苯酚(石炭酸)。主要用于环境的消毒，还可用于排泄物、分泌物、医疗器械和其他用具的消毒，常用浓度为 3%～5%。

②来苏儿(甲酚皂溶液)。3%～5%来苏儿用于器械、厩舍和排泄物等的消毒；2%来苏儿用于洗手和皮肤的消毒。

③乙醇(酒精)。70%～75%乙醇用于体温计、皮肤、某些医疗器械及术者手臂的消毒。本品不适于新鲜伤口的消毒。

④甲醛溶液(福尔马林)。市售浓度为 38%～40%，杀菌力强，能杀灭细菌、芽孢和多种病毒。福尔马林配合一定比例的高锰酸钾可用于动物圈舍、无菌室、孵化室和种蛋等的熏蒸消毒；10%福尔马林可用于组织病料的固定。

⑤烧碱(氢氧化钠)。常用于环境消毒。2%～4%烧碱溶液用于被细菌、病毒污染的厩舍、饲槽和运输车船等的消毒；10%～20%的热烧碱溶液用于消毒被细菌芽孢污染的场地。本品不能用于皮肤及金属制品的消毒。

⑥生石灰(氧化钙)。加水后生成氢氧化钙，有强烈的杀菌作用，但对芽孢无效。10%～20%的石灰乳用于墙壁、畜栏、场地及排泄物等的消毒，需现配。

⑦高锰酸钾。0.1%高锰酸钾溶液用于伤口、皮肤、黏膜的消毒。

⑧过氧乙酸。市售品为 20%的溶液。0.5%过氧乙酸用于厩舍、饲槽、车辆及场地喷洒消毒；5%过氧乙酸用于喷雾消毒密闭的实验室和无菌室等；0.2%～0.5%过氧乙酸用于塑料和玻璃制品的消毒；带动物熏蒸消毒用 0.3%的溶液，30 mL/m^3，需现配。

⑨碘酊。3%～5%碘酊用于手术及注射部位的消毒。

⑩漂白粉。本品遇水后离解成活性氯和新生态氧，杀菌作用强，能杀灭芽孢。3%～5%漂白粉混悬液用于厩舍、围栏、饲槽、车辆和排泄物的消毒；20%漂白粉用于细菌芽孢污染的场地消毒；0.3～1.5 g/L 用于饮水消毒。漂白粉不能用于金属制品的消毒。

⑪新洁尔灭。0.1%新洁尔灭溶液用于手和其他部位皮肤的消毒，对于玻璃器皿、手术器械、橡胶制品、搪瓷用具和敷料等可用 0.1%的溶液浸泡 30 min 进行消毒。新洁尔灭不适用于粪便、污水及皮革的消毒，与肥皂及其他合成洗涤剂接触时杀菌力降低。

⑫"84"消毒液。有效成分为次氯酸盐(大部分产品的有效成分是次氯酸钠)，因其杀灭病原微生物的种类多、效率高、适用范围广，目前被广泛应用。

(2)消毒剂选择　根据消毒的方式、时机以及不同的消毒对象选择适宜的消毒剂。选择的一般原则是：杀菌效力强；价格低廉；固体或粉末的消毒剂要易溶解；能长期保存；带动物消毒时无腐蚀性和刺激性；另外，还要绿色环保。

4. 生物热消毒法

主要用于粪便、污水和其他废物的生物热发酵处理等，也是简便易行、普遍推广的方法。在粪便等堆沤过程中，粪便中的微生物发酵产热，可使温度高达 70 ℃以上，经过一段时间后，可杀灭其中的病毒、细菌(芽孢除外)、寄生虫虫卵等病原体，从而达到消毒的目的，同时又保持了粪便的良好肥效。但这种方法不适用于芽孢菌所致疫病的动物粪便消毒。

(三)消毒的对象

消毒的对象为一切可能被患病动物或可疑患病动物污染的圈舍、场院、仓库、土壤、饲料、饮水、运输工具、饲管用具、器械、粪便、动物尸体、动物产品、工作服、鞋帽等物质(体)和场所。下面介绍几种主要消毒对象的消毒方法。

1. 动物圈舍的消毒

可先进行机械性清扫，清除粪便和垃圾污物，再用适宜浓度的消毒剂，喷洒墙壁、门窗和地面，消毒剂用量为 800～1 000 mL/m^2。泥泞圈舍可撒一层干石灰或草木灰，然后垫上新土。

2. 污染用具的消毒

如饲槽、水槽、鸡笼等，能耐火的可用火焰消毒，不耐火的可用消毒剂洗刷，但消毒后需用清水冲洗。

3. 粪便的消毒

粪便定点堆积后，常用生物热发酵消毒，对一般病原微生物都能杀死，但对芽孢杆菌无效，可采用焚烧或用灭菌剂消毒。

4. 空气消毒

常用福尔马林熏蒸消毒。

(四)消毒效果的检查

考核消毒效果的内容有：第一，消毒是否及时；第二，消毒对象和消毒方法的选择、作用时间是否正确；第三，消毒后的效果。消毒效果的指标是指疫区内可能传播病原体的物体，不应有该传染病的特异病原微生物存在。当该病原微生物不易检查时，可检查其他容易检查的微生物,如肠道传染病不得检出大肠杆菌,呼吸道传染病不得检出溶血性链球菌。

三、免疫接种

免疫接种是给动物接种疫苗或注射免疫血清,使机体产生特异性免疫力,是预防和控制动物传染病的重要措施之一。根据免疫接种的时机不同分为预防免疫接种、紧急免疫接种和临时免疫接种。

(一)预防免疫接种

在经常发生某些传染病的地区,或有某些传染病潜在的地区,或受到邻近地区某些传染病经常威胁的地区,为防患于未然,在平时有计划地给健康动物群进行的免疫接种,称为预防免疫接种。预防免疫接种通常使用疫苗,免疫接种的途径有注射、滴鼻和点眼、饮水免疫、气雾免疫、刺种和泄殖腔涂擦等,因疫苗的种类、性质、免疫特性和动物状况而异,按疫苗使用说明书进行。

1. 制定合理的免疫程序

一个地区或养殖场,可能发生的动物传染病不止一种,用来预防这些传染病的疫(菌)苗的性质也不尽相同,免疫期长短不一。根据当地动物传染病流行情况、动物的种类及用途和疫苗的免疫特性,合理地安排接种疫苗的种类、次数和间隔时间,就是免疫程序。其内容应包括疫病名称、疫苗名称、接种途径和每种疫苗接种的日龄等。目前,还没有可供统一使用的免疫程序,在生产实践中要根据不同地区、不同动物群的具体情况而定。免疫程序也不是一成不变的,应随着时间的推移和疫情的变化不断地增减、调整和完善。

2. 制订免疫计划

为了做到预防接种有的放矢,全面落实强制免疫工作,防止重大动物疫病的发生和流行,根据《中华人民共和国动物防疫法》规定,各级农业农村主管部门要在每年年初制订所管辖区域内的动物疫病的强制免疫计划和实施方案。养殖场可根据免疫程序和动物群的现状资料,提前 1 周拟订免疫计划,然后按照免疫计划及时准备药品、材料和组织人力,并对所用器械做必要的灭菌或消毒。

免疫计划的具体内容应包括动物的种类、品种、数量、年龄、性别、接种日期、疫苗名称、疫苗数量、免疫途径、免疫器械的数量和所需人力等。

3. 多联苗和多价苗的使用

同一种动物,在同一季节内往往可能有两种以上的疫病流行,如果同时接种两种以上的疫苗,是否能达到预期的免疫效果呢?一般认为有两种情况:一方面所产生的多种抗体可能彼此无关;另一方面可能彼此发生影响。其影响的结果,可能是彼此相互促进,有利于抗体的产生,也可能是相互抑制,使抗体的产生受到阻碍。同时,还应考虑到动物机体对疫苗刺激的反应是有一定限度的,同时注入多种疫苗,不仅可能引起比较剧烈的注射反应,而且还可能减弱机体产生抗体的机能,从而降低预防接种的效果。因此,哪些疫苗可以同时接种,还必须通过试验来确定,确定后将其制成多联苗或多价苗。目前已经应用的多联苗有猪瘟-猪丹毒-猪肺疫三联冻干苗、羊厌气菌五联菌苗(羊快疫-羊猝狙-羊肠毒血症-羔羊痢疾-羊黑疫)、鸡新城疫-鸡痘联合疫苗、鸡新城疫-传染性支气管炎联合疫苗、犬瘟热-犬传染性肝炎联合疫苗、牛传染性鼻气管炎-副流感-巴氏杆菌病联合苗、牛传染性鼻气管炎-病毒性腹泻联合疫苗、口蹄疫-钩端螺旋体病-布鲁氏菌病联合苗等。已经应用的多价苗有口蹄疫 A-O 二价苗、仔猪水肿病多价苗等。多联苗和多价苗的应用，大大提高了防疫工作的效率，同时减少了对动物的应激刺激次数，这是疫苗研究和开发的方向。

4. 母源抗体问题

初生动物通过胎盘、初乳或卵黄从母体所获得的特异性抗体称为母源抗体。母源抗体可保护幼龄动物在一定时间内不感染该种传染病。随着日龄的增长，母源抗体的量逐渐减少直至消失。如果在母源抗体水平较高的时期接种疫苗，疫苗抗原与体内的母源抗体结合，一方面使母源抗体水平下降，不能达到保护机体的作用；另一方面疫苗抗原量减少，不足以刺激机体免疫系统产生抗体，从两方面考虑都不利于机体。因此，给初生动物接种疫苗应避开母源抗体的高峰期，通过免疫监测，选择在母源抗体免疫临界值进行免疫接种。以猪瘟为例，母猪于配种前后接种猪瘟疫苗，所产仔猪从初乳中获得母源抗体，在 20 日龄之前对猪瘟具有坚强的免疫力，30 日龄以后母源抗体量急剧衰减，至 40 日龄时几乎完全丧失，故一般于仔猪 20 日龄左右首次接种猪瘟弱毒疫苗。

5. 免疫接种反应

疫苗和疫苗佐剂都属于异物，除了刺激机体免疫系统产生保护性免疫应答外，或多或少会引起机体的病理反应，动物精神状态变差，出现局部或全身反应，反应强度随疫苗质量、接种剂量、接种途径以及机体状况而异。因此，在接种后 1 周内要密切注意观察动物群的反应，疫苗反应的具体表现和持续时间应参看疫苗说明书，若反应较重或发生反应的动物数量超过正常比例，应查找原因，及时处理。

(1)正常反应　指由于生物制品本身的特性引起的比较轻微的反应，其性质与反应强度随生物制品而异。如牛在接种口蹄疫疫苗后出现停食或减食 1～2 顿者，属正常反应。有些活疫苗，接种后实际是一次轻度感染，会发生局部或全身反应。正常反应一般维持数小时或 1～2 d 可自行消失。

(2)严重反应　是指反应较重或发生反应的动物数量超过正常比例。发生严重反应的原因可能是由于某批生物制品质量较差，或使用方法不当，或个别动物对某种生物制品严重过敏引起的。这种反应通过严格控制生物制品质量和遵照使用说明书可以减少到最低限度。

(3)并发症　主要包括超敏感(血清病、过敏性休克、变态反应等)、扩散为全身感染和诱发潜伏感染(如鸡新城疫疫苗气雾免疫时可能诱发慢性呼吸道病等)。

(二)紧急免疫接种

紧急免疫接种是指在发生传染病时为了迅速控制和扑灭疫病的流行，而对疫区和受威胁区内尚未发病的动物进行的应急性免疫接种。

(三)临时免疫接种

临时为避免某些疫病发生而进行的免疫接种称为临时免疫接种。如引进、外调、运输动物时，为避免途中或到达目的地后发生某些疫病而临时进行的免疫接种。又如动物手术前或受伤后，为防止发生破伤风而临时进行的免疫接种。

四、药物预防

药物预防是针对那些还没有疫苗的传染病，或有疫苗但因免疫性能差或毒性强使其使用受到限制的传染病，或危害大、发病时难以控制的传染病，在其发病季节前或发病年龄前，在动物饲料或饮水中加入抗该种病原微生物的药物进行集体的预防，即所谓的保健添加剂。常用的药物有抗生素、磺胺类、硝基呋喃类、喹诺酮类药物等。长期使用某种药物，容易产生耐药性菌株，因此除了交叉使用外，还需要经常做药物敏感实验，选择高度敏感性的药物，按预防量使用，拌料时要均匀。

五、杀虫和灭鼠

(一)杀虫

虻、蚊、蝇、蜱等节肢动物是传染病的重要传播媒介，杀灭它们可预防和控制虫媒传染病。

1. 物理杀虫法

机械拍打捕捉，喷灯火焰烧杀（墙壁缝隙），沸水或蒸汽热杀灭（物品上的虫卵）。

2. 药物杀虫法

主要是应用化学杀虫剂灭虫，根据杀虫剂对节肢动物的毒杀作用可分为以下几种。

(1)胃毒药剂　敌百虫（美曲膦酯）。

(2)接触毒药剂　除虫菊。

(3)熏蒸毒药剂　敌敌畏。

(4)内吸毒药剂　倍硫磷。

3. 生物杀虫法

生物杀虫法是用节肢动物的天敌或病菌及雄虫绝育技术等方法杀虫。如养柳条鱼灭蚊，1条柳条鱼一天能吃200～300只蚊子的幼虫——孑孓；利用病原微生物感染节肢动物使其死亡；或利用辐射使雄虫绝育；或使用过量激素，抑制节肢动物的变态和蜕皮；或改变它们滋生繁殖的环境等。

(二)灭鼠

养殖场鼠类较多，不仅偷食饲料，咬死咬伤动物，其粪便还污染饲料，也是许多人畜共患病的传播媒介和传染源。鼠类可以传播的疾病有炭疽、布鲁氏菌病、结核病、土拉杆菌病、李氏杆菌病、钩端螺旋体病、伪狂犬病、口蹄疫、猪瘟、猪丹毒、巴氏杆菌病和立克次体病等。因此，灭鼠对保护人畜健康和保障养殖业健康发展具有重大意义。

根据生态学特点，先从养殖场建筑和卫生措施方面控制鼠类，如在搬运饲料时有洒落的饲料，应及时清理干净；饲料仓库平时要关闭严实，院内不种植有草籽的植物。鼠类活动频繁时可利用器械灭鼠和药物灭鼠。

1. 器械灭鼠

利用各种工具以不同方式捕杀鼠类，如关、夹、粘、压、扣、套、翻、堵、挖、灌等。此类方法可就地取材，简便易行。

2. 药物灭鼠

最好选用慢性致死药，如敌鼠钠盐或溴敌隆，鼠类服药后 1 周内慢慢出血致死。鼠药剂型有粉剂和液体制剂，将浸有鼠药的粮食颗粒或食物诱饵放到老鼠经常出没的地方，随时观察鼠药的减少情况，因敌鼠钠盐和溴敌隆属慢性致死药，在投放鼠药的附近不容易发现鼠尸，发现鼠尸后要及时将其投入尸坑内掩埋处理。注意：在处理药剂后必须立即洗手，一旦发生人、畜误食，及时服用维生素 K 解毒。

3. 生物灭鼠

草原地区时有鼠害发生，为了防止鼠类给放牧动物传播病原体和破坏草原植被，可利用鼠类的天敌灭鼠，如鹰、猫头鹰和狐狸等。

六、检疫

（一）检疫的概念和意义

检疫是运用兽医科学的各种诊断方法，对动物及其动物产品进行某些规定疫病的检查，并采取相应的措施防止疫病的发生和传播。

检疫是一项重要的防疫措施，不仅发生疫情的地区要进行检疫，而且在没有发生疫情时也要进行常规性的检疫。检疫的目的是加强兽医监督工作，防止动物疫病传入或传出，保障养殖业稳定发展和人民身体健康，维护对外贸易的信誉。

（二）检疫的范围

按照被检疫的实体可分为动物、动物产品和运载工具。

（1）动物　指人工饲养的动物，包括家畜（牛、羊、猪、马）、家禽（鸡、鸭、鹅、鸽子、鹌鹑、鸬鹚）、皮毛兽（饲养的狐狸、貂、獭兔）、实验动物（小鼠、豚鼠、兔子）、野生动物（饲养的大象、熊猫、老虎）、伴侣动物（犬、猫）、观赏动物、蜜蜂、鱼等。

（2）动物产品　是指未经任何加工处理的动物产品，包括生肉、生皮、原毛、绒、脏器、脂、血液、精液、卵、胚胎、骨、蹄、头、角、筋、奶、蛋等。

（3）运载工具　包括运输动物及其产品的车船、飞机、包装材料、铺垫材料、饲养工具和饲料等。

（三）检疫的对象

动物疫病种类很多，但并不是所有的疫病都要列入检疫对象。检疫对象主要是我国尚未发生而国外常发生的动物疫病、恶性传染病、危害较大或目前防制有困难的疫病、人畜共患的动物疫病、国家规定及公布的检疫对象。此外，我国和贸易国签订的有关协定和贸易合同中规定的某些疫病，以及各地根据实际情况补充规定的某些疫病均可列入检疫对象。

任务6 动物传染病的扑灭措施

一、疫情报告

准确的疫情报告可使动物防疫主管部门掌握疫情，制定控制和消灭疫情的对策和措施。从事动物疫情监测、检测、检疫检验、疫病研究、诊疗及动物饲养、屠宰、经营、隔离、运输等活动的单位或个人是疫情报告责任人。疫情报告责任人发现动物染疫或者疑似染疫的，应当立即向所在地农业农村主管部门或者动物疫病预防控制机构报告，并迅速采取隔离等控制措施，防止动物疫情扩散。其他单位和个人发现动物染疫或者疑似染疫的，应当及时报告。任何单位和个人不得瞒报、谎报、迟报和漏报动物疫情，不得授意他人瞒报、谎报、迟报动物疫情，不得阻碍他人报告动物疫情。

接到动物疫情报告的单位，应当及时采取临时隔离控制等必要措施，防止延误防控时机，并及时按照国家规定的程序上报。特别是怀疑为口蹄疫、非洲猪瘟、高致病性禽流感等重要传染病时，应以最快的方式上报，并通知邻近有关单位和部门注意做好预防工作。

在兽医人员尚未到场或尚未作出诊断之前，应对患病动物进行隔离，派专人管理；对患病动物停留过的地方和污染的环境、用具等进行消毒；动物尸体应保留完整，未经兽医检查同意，不得随便宰杀；宰杀后的皮、肉、内脏未经兽医检验，不准食用。

（一）动物疫情通报制度

国家实行动物疫情通报制度。国务院农业农村主管部门应当及时向国务院卫生健康等有关部门和军队有关部门以及省、自治区、直辖市人民政府农业农村主管部门通报重大动物疫情的发生和处置情况。海关发现进出境动物和动物产品染疫或者疑似染疫的，应当及时处置并向农业农村主管部门通报。县级以上地方人民政府野生动物保护主管部门发现野生动物染疫或者疑似染疫的，应当及时处置并向本级人民政府农业农村主管部门通报。国务院农业农村主管部门应当依照我国缔结或者参加的条约、协定，及时向有关国际组织或者贸易方通报重大动物疫情的发生和处置情况。

发生人畜共患传染病疫情时，县级以上人民政府农业农村主管部门与本级人民政府卫生健康、野生动物保护等主管部门应当及时相互通报。发生人畜共患传染病时，卫生健康主管部门应当对疫区易感染的人群进行监测，并应当依照《中华人民共和国传染病防治法》的规定及时公布疫情，采取相应的预防、控制措施。

（二）动物疫情报告的种类

根据对养殖业生产和人体健康的危害程度，《动物防疫法》规定管理的疫病分为以下三类，即为要上报的疫病。

1. 一类疫病

对人、动物构成特别严重危害，可能造成重大经济损失和社会影响，需要采取紧急、严厉的强制预防、控制措施的。

一类动物疫病共 11 种，包括口蹄疫、猪水疱病、非洲猪瘟、尼帕病毒性脑炎、非洲马瘟、牛海绵状脑病、牛瘟、牛传染性胸膜肺炎、痒病、小反刍兽疫、高致病性禽流感。

2. 二类疫病

对人、动物构成严重危害，可能造成重大经济损失和社会影响，需要采取严格预防、控制等措施的。

二类动物疫病共 37 种，其中多种动物共患病(7 种)：狂犬病、布鲁氏菌病、炭疽、蓝舌病、日本脑炎、棘球蚴病、日本血吸虫病；牛病(3 种)：牛结节性皮肤病、牛传染性鼻气管炎(传染性脓疱外阴阴道炎)、牛结核病；绵羊和山羊病(2 种)：绵羊痘和山羊痘、山羊传染性胸膜肺炎；马病(2 种)：马传染性贫血、马鼻疽；猪病(3 种)：猪瘟、猪繁殖与呼吸综合征、猪流行性腹泻；禽病(3 种)：新城疫、鸭瘟、小鹅瘟；兔病(1 种)：兔出血症；蜜蜂病(2 种)：美洲蜜蜂幼虫腐臭病、欧洲蜜蜂幼虫腐臭病；鱼类病(11 种)：鲤春病毒血症、草鱼出血病、传染性脾肾坏死病、锦鲤疱疹病毒病、刺激隐核虫病、淡水鱼细菌性败血症、病毒性神经坏死病、传染性造血器官坏死病、流行性溃疡综合征、鲫造血器官坏死病、鲤浮肿病；甲壳类病(3 种)：白斑综合征、十足目虹彩病毒病、虾肝肠胞虫病。

3. 三类疫病

常见多发，对人、动物构成危害，可能造成一定程度的经济损失和社会影响，需要及时预防、控制的。

三类动物疫病共 126 种，其中多种动物共患病(25 种)：伪狂犬病、轮状病毒感染、产气荚膜梭菌病、大肠杆菌病、巴氏杆菌病、沙门氏菌病、李氏杆菌病、链球菌病、溶血性曼氏杆菌病、副结核病、类鼻疽、支原体病、衣原体病、附红细胞体病、Q 热、钩端螺旋体病、东毕吸虫病、华支睾吸虫病、囊尾蚴病、片形吸虫病、旋毛虫病、血矛线虫病、弓形虫病、伊氏锥虫病、隐孢子虫病；牛病(10 种)：牛病毒性腹泻、牛恶性卡他热、地方流行性牛白血病、牛流行热、牛冠状病毒感染、牛赤羽病、牛生殖道弯曲杆菌病、毛滴虫病、牛梨形虫病、牛无浆体病；绵羊和山羊病(7 种)：山羊关节炎/脑炎、梅迪-维斯纳病、绵羊肺腺瘤病、羊传染性脓疱皮炎、干酪性淋巴结炎、羊梨形虫病、羊无浆体病；马病(8 种)：马流行性淋巴管炎、马流感、马腺疫、马鼻肺炎、马病毒性动脉炎、马传染性子宫炎、马媾疫、马梨形虫病；猪病(13 种)：猪细小病毒感染、猪丹毒、猪传染性胸膜肺炎、猪波氏菌病、猪圆环病毒病、格拉瑟病、猪传染性胃肠炎、猪流感、猪丁型冠状病毒感染、猪塞内卡病毒感染、仔猪红痢、猪痢疾、猪增生性肠病；禽病(21 种)：禽传染性喉气管炎、禽传染性支气管炎、禽白血病、传染性法氏囊病、马立克病、禽痘、鸭病毒性肝炎、鸭浆膜炎、鸡球虫病、低致病性禽流感、禽网状内皮组织增殖病、鸡病毒性关节炎、禽传染性脑脊髓炎、鸡传染性鼻炎、禽坦布苏病毒感染、禽腺病毒感染、鸡传染性贫血、禽偏肺病毒感染、鸡红螨病、鸡坏死性肠炎、鸭呼肠孤病毒感染；兔病(2 种)：兔波氏菌病、兔球虫病；蚕、蜂病(8 种)：蚕多角体病、蚕白僵病、蚕微粒子病、蜂螨病、瓦螨病、亮热厉螨病、蜜蜂孢子虫病、白垩病；犬猫等动物病(10 种)：水貂阿留申病、水貂病毒性肠炎、犬瘟热、犬细小病毒病、犬传染性肝炎、猫泛白细胞减少症、猫嵌杯病毒感染、猫传染性腹膜炎、犬巴贝斯虫病、利什曼原虫病；鱼类病(11 种)：真鲷虹彩病毒病、传染性胰脏坏死病、牙鲆弹状病毒病、鱼爱德华氏菌病、链球菌病、细菌性肾病、杀鲑气单胞菌病、小瓜虫病、黏孢子虫病、三代虫病、指环虫病；甲壳类病(5 种)：黄头病、桃拉综合征、传染性皮下和造血组织坏死病、急性肝胰腺坏死病、河蟹螺原体病；贝类病(3 种)：鲍疱疹病毒病、奥尔森派琴虫病、牡蛎疱疹病毒病；两栖与爬行类病（3 种）：两栖类蛙虹彩病毒病、鳖腮腺炎病、蛙脑膜炎败血症。

二、疫病诊断

及时而正确的诊断是防疫工作的重要环节，它关系到能否有效地组织防制措施，减少经济损失。诊断动物疫病的方法很多，但并不是每一种病和每一次诊断都需要全面去做。由于疫病的特点各有不同，应根据具体情况而定，有时仅需要其中的一两种方法就可以作出诊断。如不能立即确诊时，应采集病料尽快送有关单位检验。在未得出诊断结果前，应根据初步诊断，采取相应的紧急措施，防止疫病蔓延。现将各种诊断方法介绍如下。

（一）临诊诊断

临诊诊断是最基本的诊断方法。它是利用人的感官或借助一些最简单的器械，如体温计、听诊器等直接对患病动物进行检查，有时也包括血、粪、尿的常规检验。此种方法对于某些具有特征性临诊症状的病例，如破伤风、放线菌病，一般不难作出诊断。

临诊诊断具有一定的局限性，一是对发病初期尚未出现特征症状的病例和非典型病例单凭临诊诊断往往很难确诊；二是许多疫病有相似之处，仅凭临诊诊断也很难确诊。在很多情况下，临诊诊断只能提出可疑疫病的大致范围，必须结合其他诊断方法才能作出确诊。

在进行临诊诊断时，应注意对整个发病动物群体所表现的综合症状加以分析判断，不能单凭个别或少数病例的症状轻易下结论，以免误诊。

（二）流行病学诊断

流行病学诊断是在流行病学调查（即疫情调查）的基础上进行的。疫情调查可在临诊诊断过程中进行，应按照已经阐述过的流行病学调查的内容和方法进行，最终作出诊断。流行病学诊断往往与临诊诊断联系在一起，某些动物传染病的临诊症状虽然基本上是一致的，但其流行特点和规律却很不一致，如口蹄疫、水疱性口炎、水疱病和水疱性疹等病，临诊症状几乎完全一样，无法区别，但在流行病学方面却不难区分。

（三）病理学诊断

病理学诊断是应用病理解剖学的方法，对死于传染病的动物尸体进行解剖检查，根据其病理变化诊断。一般情况下，死于传染病的动物尸体，大多有一定的病理变化，如猪瘟、猪喘气病、鸡新城疫、禽霍乱等，都有特征性的病理变化，可作为诊断的重要依据之一。病理剖检时，应先观察尸体外表情况，如营养状况、皮毛、可视黏膜变化、天然孔是否出血等。遇草食动物急性死亡，且天然孔出血时，不能急于解剖，此时可应用病原学方法检查，排除炭疽时才行解剖。对于最急性死亡和早期急宰的病例，有时特征性的病变尚未出现，所以在病理剖检时应多检查几例，并且选择症状较典型的病例进行剖检。剖检的时间越早越好，最好在病死后或扑杀后立即检查，以不超过 6 h 为宜。有些疫病除肉眼检查外，还需要做病理组织学检查，如疑为狂犬病时应取大脑海马角组织进行包涵体检查。

(四)微生物学诊断

微生物学诊断是指应用兽医微生物学的方法检查传染病的病原微生物,也称病原学诊断,是诊断动物传染病的重要方法之一,诊断方法和步骤如下。

1.采集病料

正确采集病料是微生物学诊断的重要环节。为了提高诊断的时效性和准确性,采集病料时必须把握以下原则。

(1)时间性　采集的病料力求新鲜,能进行活体采集的病料尽量进行活体采集,如血液、血清。动物死亡后,随着时间的延长,尸体逐渐腐败,组织器官的病变会发生一定程度的改变,病原体种类也可能增加,不利于病原体的检查。因此,内脏病料的采集,须于动物死亡后立即进行,一般不超过 6 h,也可直接将濒死期动物致死后采集病料。采集的病料要尽快检查,不能立即检查时,应在病料中加入适当的保存液,使病料尽量保持新鲜或接近新鲜状态。

(2)针对性　采集的病料种类过多,检查工作量增大,延长了诊断的时间。在实际工作中,应结合流行病学特点、临诊症状和病理变化,怀疑是某种传染病时,应根据该病的特点和需采取的检查方法,采集相关的病料。当提不出怀疑对象时,则应全面采集病料。

(3)无菌性和生物安全性　为了防止环境中的微生物污染病料而干扰检查,采集病料时必须坚持无菌操作。同时,还应注意个人防护和防止病原扩散。

2.涂片、染色、镜检

通常选用有显著病变的不同组织器官的新鲜切面触片或血液涂片,然后染色镜检。此法对于某些具有特征性形态的病原微生物可以迅速作出诊断,如炭疽杆菌、巴氏杆菌等,但对大多数传染病来说,只能为进一步检查提供依据或参考。

3.分离培养和鉴定

用人工培养的方法将病原体从病料中分离出来,细菌、真菌、螺旋体等可选择适当的人工培养基,病毒可选用禽胚、各种动物或组织培养等方法分离培养。将分离得到的病原体应用形态学、培养特性及免疫学试验等方法作出鉴定。

4.动物接种试验

通常选择对该种传染病病原体最敏感的实验动物进行人工感染试验。将病料用适当的方法对实验动物进行人工接种,然后根据对不同动物的毒力、症状特点来辅助诊断。当实验动物死亡或经一定时间致死后,进行剖检观察体内变化,并采取病料进行涂片检查和分离鉴定。

一般选用的实验小动物有家兔、小鼠、豚鼠、仓鼠、家禽和鸽子等。在实验小动物对该种病原体无感受性时,可以选用有易感性的大动物进行试验,但费用较高,而且需要严格的隔离条件和消毒措施,因此只有在非常必要和条件许可时方能进行。

动物接种试验应注意两个问题:一方面,从病料中分离出微生物,虽然是确诊的重要依据,但也应注意动物的"健康带菌"现象,其分离结果还需要与临诊症状、流行病学特点和病理变化等结合起来进行综合分析;另一方面,有时即使没有发现病原体,也不能完全否定该种传染病的诊断。

(五)免疫学诊断

免疫学诊断是指用免疫学的方法诊断疫病,是疫病诊断和检疫中常用的方法,包括血清学试验和变态反应诊断两类。

1. 血清学试验

血清学试验是利用抗原和抗体特异性结合的免疫学反应进行诊断。可以用已知的抗原来测定被检动物血清中的特异性抗体,也可以用已知的抗体(诊断血清)来测定被检材料中的抗原。血清学试验有中和试验(毒素抗毒素中和试验、病毒中和试验等);凝集试验(直接凝集试验、间接凝集试验、间接血凝试验、SPA 协同凝集试验和血细胞凝集试验);沉淀试验(环状沉淀试验、琼脂扩散沉淀试验和免疫电泳等);溶细胞试验(溶菌试验、溶血试验);补体结合试验以及免疫荧光试验、免疫酶技术、放射免疫测定、单克隆抗体和核酸探针技术等。

2. 变态反应诊断

动物患某些传染病(主要是慢性传染病)时,可对该病病原体或其产物的再次进入产生强烈反应。能引起变态反应的物质(病原体、病原体产物或抽提物)称为变应原,如结核菌素、鼻疽菌素等,采用一定的方法将其注入患病动物时,可引起局部或全身反应。

(六)分子生物学诊断

分子生物学诊断又称基因诊断,是对不同病原的特异性核酸序列和结构进行测定,主要技术有核酸探针技术、PCR 技术和 DNA 芯片技术。

三、隔离

在发生传染病时,将患病动物和可疑感染动物进行隔离是防制传染病的重要措施之一。其目的是为了控制传染源,便于管理和消毒,阻断流行过程,防止健康动物继续受到传染,以便将疫情控制在最小范围内,并就地消灭。因此,在发生传染病时,应首先查明疫病的蔓延程度,逐头检查临诊症状,必要时进行血清学和变态反应检查,同时要注意检查工作不能成为散播病原体的因素。根据检查结果,将全部受检动物分为患病动物群、可疑感染动物群和假定健康动物群三类,以便于区别对待。

1. 患病动物群

包括有典型症状或类似症状,或经其他特殊检查呈阳性的动物。它们是最主要的传染源,应选择不易散播病原体、消毒处理方便的场所进行隔离。如果患病动物数量较多,可集中隔离在原来的圈舍内,应特别注意严密消毒,加强卫生和护理工作,并有专人看管和及时进行治疗。没有治疗价值的动物,由兽医人员根据国家有关规定进行严密处理。隔离场所禁止闲杂人和动物出入和接近,工作人员出入时应遵守消毒制度。隔离区内的饲料、物品、粪便等,未经彻底消毒处理,不得运出。

2. 可疑感染动物群

可疑感染动物群是指未发现任何症状,但与患病动物及其污染环境有过明显接触的动物,如同群、同圈、同槽、同牧,使用共同的水源、用具等。这类动物有可能处在潜伏期,并有排菌(毒)的危险,应在消毒后另选地方将其隔离、看管,限制其活动,并详细观察。隔离观察时间的长短，可根据该病最长潜伏期而定，在一个最长潜伏期内出现症状的按患病动物处理，未出现症状的应立即进行药物预防或紧急免疫接种。

3. 假定健康动物群

假定健康动物群是指无任何症状，也未与上述两类动物明显接触，是疫区内的易感动物。对这类动物应采取保护措施，严格与患病动物和可疑感染动物分开饲养管理，加强防疫消毒，立即进行紧急免疫接种和药物预防。必要时可根据实际情况分散喂养或转移至偏僻牧地。

四、封锁

（一）封锁的概念和目的

当发生某些重要传染病时，把疫源地封闭起来，防止病原体向安全区散播，防止健康动物误入疫区而被传染，以保护其他地区动物的安全和人类的健康，把疫病迅速控制在封锁区之内，并集中力量就地扑灭。

（二）封锁的对象和程序

根据《中华人民共和国动物防疫法》的规定，当确诊为口蹄疫、猪水疱病、非洲猪瘟、尼帕病毒性脑炎、非洲马瘟、牛海绵状脑病、牛瘟、牛传染性胸膜肺炎、痒病、小反刍兽疫、高致病性禽流感等一类动物疫病，或当地新发现的动物疫病，或二、三类动物疫病呈暴发性流行时，当地县级以上农业农村主管部门应立即派人到现场，划定疫点、疫区和受威胁区，调查疫源，及时报请同级人民政府发布封锁令，对疫区实行封锁。疫区范围涉及两个以上行政区域的，由上一级农业农村主管部门报请同级人民政府对疫区实行封锁；或者由各有关行政区域的上一级人民政府共同对疫区实行封锁；必要时，上级人民政府可以责成下级人民政府对疫区实行封锁。

（三）执行封锁的原则和封锁区的划分

实施封锁时应执行“早、快、严、小”的原则，即执行封锁应在流行早期，行动要果断迅速，封锁要严密，范围要小。封锁区的划分，必须根据该病的流行特点、疫病流行的具体情况和当地的具体条件进行充分研究，确定疫点、疫区和受威胁区。

（四）封锁区内外应采取的措施

1. 封锁区应采取的措施

在封锁区的边缘设立明显标志，指明绕道路线，设置监督岗哨，禁止易感动物通过封锁线。在必要的交通路口设立检疫消毒站，对必须通过的车辆、人员和非易感动物进行消毒。动物卫生监督机构应当派人在检查站执行监督检查任务。

2. 疫点应采取的措施

要严禁闲杂人员、动物、车辆出入，禁止动物产品及可能污染的物品运出。在特殊情况下人员必须出入时，需经有关兽医人员许可，经严格消毒后出入。对病死动物及其同群动物，县级以上地方人民政府应立即组织有关部门和单位采取扑杀、销毁或无害化处理等措施。疫点出入口必须有消毒设施，疫点内用具、圈舍、场地必须进行严格消毒，疫点内的动物粪便、垫草、受污染的草料必须在兽医人员监督指导下进行无害化处理。同时做好杀虫和灭鼠工作。

3. 疫区应采取的措施

停止集市贸易和疫区内动物及其产品的采购。禁止运出污染草料。非疫点的易感动物，必须进行检疫或紧急接种疫苗。农村、城镇饲养的动物必须圈养，牧区动物与放牧水禽必须在指定牧场放牧，役用动物限制在疫区内使役。发生人畜共患传染病时，卫生主管部门应当组织对疫区内易感人群进行监测，并采取相应的预防、控制措施。

4. 受威胁区应采取的措施

对易感动物及时进行免疫接种，以建立免疫带，易感动物不许进入疫区，不饮由疫区流过来的水，禁止从疫区购买动物、草料和动物产品。注意：对于从解除封锁不久的地区引进的动物应进行隔离观察，对处于受威胁区内的屠宰场、加工厂、动物产品仓库等进行兽医卫生监督。

（五）解除封锁的条件

在疫区内最后一个病例消除后，经过该病最长潜伏期以上的检测、观察，再未出现新的病例时，经终末消毒，由县级以上农业农村主管部门检查合格后，经原发布封锁令的政府发布解除封锁令，并通报毗邻地区和有关部门。

五、紧急免疫接种

从理论上讲，紧急免疫接种使用免疫血清较为安全有效，但因血清用量大、价格高、免疫期短，且在大批动物接种时往往供不应求，因此在实践中很少使用。多年来的实践证明，在疫区内使用某些疫（菌）苗进行紧急免疫接种是切实可行的。例如在发生猪瘟、口蹄疫、鸡新城疫和鸭瘟等一些急性传染病时，广泛使用疫苗作紧急接种，取得了较好的效果。

在疫区应用疫苗进行紧急接种时，必须对所有受到传染威胁的动物逐头进行详细观察和检查，仅能对正常无病的动物用疫苗进行紧急免疫接种。对患病动物及可能已受感染的处于潜伏期的动物，必须在严格消毒的情况下立即隔离，不能再接种疫苗，如对这部分动物接种疫苗，不但不能获得保护，反而会促使其发病或加重病情。因此，在紧急接种后一段时间内动物群中发病数有增多的可能，如果是急性传染病，一般潜伏期较短，而接种疫苗后又很快产生抵抗力，最终能使发病率下降，使流行平息。由此可见，使用的疫苗产生免疫力的时间比潜伏期短时，才能使紧急免疫接种产生良好的效果。

在受威胁区进行紧急免疫接种，其目的是建立免疫带以包围疫区，就地扑灭疫情。免疫带大小视疫区及受威胁区传染病的性质而定。某些流行性强大的传染病如口蹄疫等，其免疫带在周围 5～10 km 及以上。建立免疫带这一措施必须与疫区的封锁、隔离、消毒等综合性措施相配合，才能取得较好的效果。

六、治疗和淘汰

（一）治疗

对患病动物进行治疗，一方面是为了挽救患病动物，减少经济损失；另一方面也是为了消除传染源。

1. 治疗的原则

(1)隔离治疗　必须在隔离的条件下进行，以防止散播病原体，引起其他动物的感染。

(2)早期治疗　治疗必须及早进行，以防病情加重，病程延长，医疗费用增加或导致死亡。

(3)对症治疗和对因治疗相结合　对症治疗是为了减缓或消除某些严重的症状，调节和恢复动物机体的生理机能所采取的治疗方法，如使用退热、止痛、止血、镇静、兴奋、强心、利尿、止泻、止咳、防止酸中毒和碱中毒、调节电解质平衡等药物消除或减轻相应的症状，以及某些急救手术处理和局部治疗等。对因治疗是针对引起该种传染病的病原微生物所采取的治疗方法，如使用抗菌药物治疗细菌性传染病。只有对症治疗和对因治疗相结合，才能缩短病程，达到尽快消除传染源和控制传染病的目的。

(4)加强护理　对患病动物护理的好坏，直接关系到治疗效果。因此，要加强护理，改善饲养条件，做到防寒防暑，通风良好，保持隔离舍干净和安静，随时消毒；给予可口、新鲜、柔软、优质、易消化的饲料，饮水要充足。

2. 治疗的方法

(1)特异性疗法　针对某种传染病使用其免疫血清、康复血清、卵黄抗体等特异性生物制品进行的治疗，称为特异性疗法，例如使用破伤风抗毒素血清治疗破伤风。使用抗体血清治疗时，要注意防止发生血清病。一般高度免疫血清很少生产，因此在兽医实践中不如抗菌药物应用广泛。

(2)抗生素疗法　抗生素为细菌性急性传染病的主要治疗药物，但要注意合理地应用抗生素，不可滥用。不合理地应用或滥用抗生素往往引起各种不良后果，一方面可能使敏感病原体对药物产生耐药性；另一方面可能对机体引起不良反应，甚至引起中毒。在使用抗生素时要注意掌握各抗生素的适应证，考虑抗生素的用量、疗程、给药途径、不良反应、经济价值等问题。另外，抗生素的联合应用要结合临诊经验控制使用。

(3)化学疗法　常用的化学药物有磺胺类药物、甲氧苄啶、硝基呋喃类药物、喹诺酮类药物等，抗病毒感染的药物在兽医临诊上应用还很少。

(4)中兽医疗法　某些传染病可选用中药或中药提取产物治疗，或应用中医技术治疗。中西结合治疗时往往会进一步提高疗效。

(二)淘汰

淘汰是为了及时消除传染源，同时考虑经济价值，对患病动物或可疑动物所进行的扑杀处理，一般采用不放血的办法扑杀。其淘汰的原则如下。

(1)危害大的新病　某地发生了危害大的、过去从未发生过的新传染病时，其患病动物予以淘汰处理。

(2)严重威胁人畜健康的疫病　动物感染布鲁氏菌病、结核病等严重威胁人畜健康的疫病时，予以淘汰处理。

(3)无法治愈的疫病　某些传染病无有效疗法，或患病动物的病情发展到无法治愈时予以淘汰。

(4)医疗费用过高的疫病　疗程长，治疗费用超过了患病动物本身的价值时，该患病动物予以淘汰处理。

七、尸体处理

发生动物传染病后，除了要对疫点和疫区进行随时消毒外，还要对死亡于传染病的动物尸体进行合理和及时的处理。因为这些动物尸体内含有大量的病原体，是一种特别危险的“传染源”，如不及时作无害化处理，会污染环境，引起人和动物发病。因此，合理而及时地处理动物尸体，在防制动物传染病和维护公共卫生方面具有重要意义。合理处理尸体的方法有下列四种。

1. 掩埋

将动物尸体投入尸坑(图 2-1)掩埋，方法简单易行，但不是彻底的处理方法。挖掘尸坑应选择远离住宅、道路、水源等干燥、平坦之地，深度在 2 m 以上，以便较长时间使用，填满后再挖新的坑。

2. 腐败

将尸体投入直径为 3 m、深 6～9 m 的专用腐败坑井中，使其慢慢发酵分解。坑壁用不透水的材料砌成，上有井盖和锁，由专人管理。此法较掩埋法方便合理，尸体发酵分解后不仅达到消毒的目的，而且残渣取出可作肥料，但此法不适用于炭疽、气肿疽等芽孢菌所致传染病的尸体处理。

3. 焚烧

此种方法最为彻底，适用于特别危险的传染病尸体处理，如炭疽、气肿疽等。禁止在地面焚烧，应在焚尸炉中进行(图 2-2)。

图 2-1　尸坑

图 2-2　焚尸炉

4. 化制

将某些传染病的动物尸体放在特设的加工厂中加工处理，既进行了消毒，又保留了许多有利用价值的部分，如工业用油脂、骨粉和肉粉等。

【案例分析】

案例 1　柏树村李大民养有大、小羊 80 多只，放牧兼舍饲，白天到村里的荒地或山坡上放牧，晚上舍饲。今天李大明发现有部分羊低头耷耳，呆立，不爱采食，仔细检查发现，有的羊眼周围、鼻孔周围有红斑，有的还有丘疹和水疱，有的公羊阴囊和包皮上也有丘疹。如果确诊为疽病，如何划定疫点、疫区？对羊群作何处理？

案例2　胡峰镇某村农民打桩盖房，挖出尸骨，被张大爷家的羊啃食，2 d后个别绵羊发病，急性死亡，天然孔出血，死尸被焚烧。此后又有羊只发病，张大爷及时对羊只进行隔离分群，对可疑感染羊群紧急接种了炭疽菌苗，并让儿子从病羊颈静脉采集血液，送往某兽医实验室检查，经综合诊断确诊为炭疽。试问在确诊为炭疽之前不正确的做法有哪些？

【知识拓展】

慢性致死鼠药——溴敌隆

曾经一段时间，为了快速控制鼠害，鼠药生产泛滥，名目繁多，而且许多鼠药为剧毒药物，如氟乙酸钠、氟乙酰胺、毒鼠强、毒鼠硅、安妥、灭鼠优和灭鼠安等。这些鼠药的共同特点是毒性大，毒力强，作用迅速。鼠类采食药物诱饵后，中毒症状剧烈，抽搐惊厥，发出"吱、吱"痛苦的尖叫声，引起其他鼠类的惊觉、恐惧和拒食，反而影响了灭鼠工作的继续开展。鼠尸被猫、鹰类等天敌吞食后引起二次中毒而死亡，破坏了生态平衡。在销售和使用过程中，许多鼠药未配备解毒药，在鼠药包装上未注明化学成分和解毒药名称。人类一旦因误食中毒后，往往来不及抢救，或因不知道解药或找不到解药而无法抢救，造成社会性危害。于是生物学家提出研发和生产慢性致死鼠药，在生产、销售和使用过程中要严格管理。

溴敌隆属慢性致死鼠药，是一种广谱香豆素类的灭鼠剂，具有胃毒作用，其机理是在鼠类服食后出现内出血，作用缓慢，于5～7 d内慢慢出血致死，不易引起鼠类惊觉。其特效解毒药为廉价的普通药物——维生素K，人、畜中毒后易于救治，安全性高。药物剂型有粉剂和液体制剂，粉剂要按照说明书溶入适量的温水，再加入新鲜小麦或稻米，反复搅拌至药液吸干后使用。液体制剂经稀释后将药液滴于诱饵之上，诱饵最好不要选用人类喜食的食品如薯片、方便面等，以防误食引起中毒。虽然是慢性致死药，但在配制、贮藏、运输及使用过程中要有专人负责，做好防护，注意安全；严禁儿童、家畜及鸟类接近毒饵，人类一旦误食应及时送医院急救。

【考核评价】

消　毒

一、考核题目

提供常用消毒剂，通过配制一定浓度的消毒剂，对圈舍、土壤或粪便等消毒对象实施消毒。

二、材料准备

(1)消毒器械　喷雾器、高压喷枪、火焰喷灯、清扫及洗刷等工具。

(2)配制用具　天平或秤、量杯或带刻度的搪瓷缸、盆、桶、搅拌棒和电炉等。

(3)消毒药品　50%甲酚皂溶液、"84"消毒液、38%甲醛溶液、5%新洁尔灭溶液、粗烧碱、高锰酸钾、百毒杀、消毒灵和过氧乙酸溶液等。

(4)其他材料　工作服、高筒靴、口罩、毛巾和肥皂等。

三、方法步骤

(一)消毒器械的使用

1. 喷雾器的使用

喷洒消毒时要用到喷雾器,喷雾器有小型的背负式喷雾器和大型的机动喷雾器。背负式喷雾器又有压杆式喷雾器(图 2-3)和充电式喷雾器,适用于小面积环境消毒和带鸡消毒。机动喷雾器有电动喷雾器(图 2-4)和柴油机动力喷雾器,适用于动物圈舍外环境消毒和空舍消毒等。

图 2-3　压杆式喷雾器

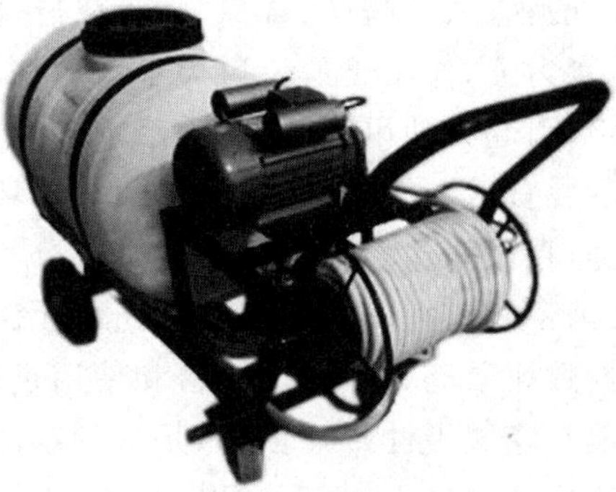

图 2-4　电动喷雾器

【注意事项】固体消毒剂有残渣或溶化不全时,易堵塞喷嘴,因此不能直接在喷雾器的容器内配制消毒液,而是在其他容器内配制好后,经喷雾器的过滤网罩装入喷雾器的容器内。压杆式喷雾器的容器内药液不能装得太满,否则不易打气,易造成塑料桶身的胀裂;压杆有阻力时不能再打气。配制消毒剂的水温不宜过高,否则易使喷雾器的塑料桶身变形,而且喷雾时不顺畅。使用完毕,将剩余药液倒出,用清水冲洗干净,倒置,打开一些关节,等晾干后再装起来。

2. 火焰喷灯的使用

根据燃料不同有酒精喷灯和汽油喷灯,适用于金属用具和被炭疽芽孢污染地面的消毒。

【注意事项】在使用火焰喷灯时要防止引起火灾。

(二)常用消毒剂的配制

消毒前要根据消毒剂的原有浓度、现使用浓度和用量计算出原消毒剂和水的用量,利用天平或秤、量筒或带刻度的搪瓷缸等进行称、量,混匀,经过滤装入喷雾器的容器内。

举例如下。

(1)配制 5%来苏儿溶液　取来苏儿 5 份加入清水 95 份,混合均匀即成。

(2)配制 20%漂白粉乳剂及澄清液　按 1 000 mL 水加漂白粉 200 g(含有效氯 25%)配成混悬液,即为 20%漂白粉乳剂;20%漂白粉乳剂静置后取上清液即为澄清液,使用时稀释成所需浓度。

(3)配制10%福尔马林溶液 福尔马林为40%甲醛溶液(市售商品),按10 mL福尔马林加90 mL水的比例配制即可。

(4)配制4%粗烧碱溶液 称取粗烧碱40 g,加水1 000 mL水搅匀即成。

【注意事项】浓度尽量准确,水温以40～60 ℃为宜,配制所用的容器避免使用铁、铅等金属容器。

(三)不同消毒对象的消毒

1.空舍消毒

空舍消毒的步骤如下。

(1)机械性清扫 为了避免病原微生物随尘埃到处飞扬,扫前洒上清水或消毒剂,清除粪便、剩料、垃圾、墙上的蜘蛛网等一切污物,对清除的粪便、垃圾污物等按粪便消毒法处理。

(2)冲洗 使用高压水枪或将皮管接于自来水嘴上,自上而下冲洗顶棚、墙壁、地面、床架、笼具和辅助设备等,待晾干后再喷洒消毒剂。

(3)喷洒消毒剂 消毒剂用量为800～1 000 mL/m^2,具体用量根据气温高低和舍内面积而定。喷洒顺序一般从门一侧墙壁开始自上而下,先喷洒墙壁,包括窗子和门,再喷天花板,最后喷洒地面。喷过的墙壁要有水珠往下流,地面要似刚下过雨。喷洒完毕后的剩余消毒剂全部洒地。

(4)熏蒸消毒 可在喷洒消毒的基础上加用熏蒸消毒,也可在清扫后直接进行熏蒸消毒。熏蒸消毒所用消毒剂有甲醛溶液、苍-艾中药制剂和三氯异氰脲酸粉等。最常使用的是38%～40%的甲醛溶液。每立方米空间的用量为福尔马林24～30 mL,高锰酸钾12～15 g,水12～15 mL。熏蒸消毒实施前应先检查圈舍是否密闭,若门窗无玻璃或不全者,要装上玻璃,有较大缝隙者贴条。根据舍内空间容积,计算出消毒剂的用量,准备好消毒剂和一定数量的盛放容器。先将水倒入容器内,然后加入福尔马林,最后加入高锰酸钾,将门窗密闭,人即离开。12～24 h及以上后,打开门窗,通风换气,散尽余气后,方可使用。如不急用,最好密闭2周。舍内的温度、湿度越高,甲醛的消毒效果越好。一般要求室温不得低于15 ℃,相对湿度不得低于60%,以60%～80%为宜。

2.地面土壤的消毒

病畜的粪、尿、鼻液、唾液、乳汁以及阴道分泌物等常含有病原微生物,可污染地面、土壤,因此应对地面和土壤进行消毒,以防传染病继续传播和蔓延。消毒土壤表面可用3%～20%漂白粉溶液、4%福尔马林或10%氢氧化钠溶液。

停放过芽孢杆菌所致传染病(如炭疽、气肿疽等)病畜尸体的场所,或者是此种病畜倒毙的地方,应严格消毒处理,先用含20%漂白粉溶液喷洒地面,然后将表层土壤掘起30 cm左右,撒上干漂白粉,并与土混合,将此表土运出掩埋,注意在运输时用不漏土的车运送。如果无条件将表土运出,则应增加干漂白粉的用量(1 m^2面积加漂白粉5 kg),将漂白粉与土混合,加水湿润后在原地压平。其他传染病所污染的地面为水泥地时,则用消毒液仔细刷洗,如为土地,则可将地面翻一下,深度约30 cm,在翻地的同时撒上干漂白粉(用量为1 m^2面积用0.5 kg),掺和均匀后用水湿润、压平。如果放牧地区被某种病原体污染,一般利用自然力(如阳光或种植某些对病原微生物起有害作用的植物如黑麦、小麦、葱等)使土壤发生自净作用来消除病原微生物,但在牧场土壤自净之前,或是被接种疫苗的动物产生免疫之前,不应再在这种地区放牧。如果污染的面积不大,则应使用化学药剂消毒。

3. 粪便的消毒

(1)焚烧法　此种方法是消灭一切病原微生物最有效的方法,故用于最危险的传染病病畜粪便(如炭疽、马脑脊髓炎、牛瘟等)的消毒。焚烧的方法是在地上挖一个沟壕,深 75 cm、宽 75～100 cm,在距沟底 40～50 cm 处加一层铁梁(要比较密些,否则粪便容易落下),在铁梁下面放置木材等燃料,在铁梁上放置欲消毒的粪便。如果粪便太湿,可混合一些干草,以便迅速烧毁。此种方法的缺点是损失有用的肥料,而且需要消耗很多燃料,故此法除非必要很少应用。

(2)生物热消毒法　这是一种最常用的粪便消毒法。应用这种方法,能使非芽孢病原微生物污染的粪便变为无害,且不丧失肥料的应用价值。粪便的生物热消毒法通常有两种:一为发酵池法,二为堆粪法。

①发酵池法。此法适用于饲养大量动物的农牧场,多用于稀薄粪便的发酵。在距农牧场 200～250 m 以外无居民、河流、水井的地方挖筑两个或两个以上的发酵池(池的数量与大小决定于每天运出的粪便数量)。池可筑成方形或圆形,池的边缘与池底用砖砌后再抹以水泥,使其不透水。如果土质干固、地下水位低,可以不必用砖和水泥。使用时先在池底倒一层干粪,然后将每天清除出的粪便、垫草等倒入池内,直到快满时,在粪便表面铺一层干粪或杂草,上面盖一层泥土封好,如条件许可,可用木板盖上,以利于发酵和保持卫生。粪便经上述方法处理后,经过 1～3 个月可掏出作肥料用。在此期间,每天所积的粪便可倒入另外的发酵池,如此轮换使用。

②堆粪法。此法适用于干固粪便(如马、羊、鸡等的粪便)的处理。在距农牧场 100～200 m 以外的地方设一堆粪场。堆粪的方法如下:在地面挖一浅沟,深约 20 cm,宽 1.5～2 cm,长度不限,随粪便多少而定。先将非传染性的粪便或秸秆等堆至 25 cm 厚,其上堆放欲消毒的粪便、垫草等,高达 1～1.5 m,如此堆放 3 周至 3 个月,即可用于肥田。当粪便较稀时,应加些杂草,太干时倒入稀粪或加水,使其不稀不干,以促其迅速发酵。

4. 污水的消毒

动物医院、牧场、产房、隔离室、病厩以及农村屠宰动物的地方,经常有病原体污染的污水排出,如果这种污水不经处理任意外流,很容易使疫病散播出去,给邻近的农牧场和居民造成很大的威胁,因此对污水的处理非常重要。

污水的处理方法有沉淀法、过滤法、化学药品处理法等。比较实用的是化学药品处理法,方法是将污水引入污水池后,加入化学药品(如漂白粉或生石灰)进行消毒,消毒剂的用量视污水量而定(一般 1 L 污水用 2～5 g 漂白粉)。处理后的污水符合 GB 18596—2001 标准后,可作冲洗辅助用水或排放,但不得排入敏感水域和有特殊功能的水域。

(四)消毒效果的检查

1. 房舍机械性清除效果检查

检查地板、墙壁以及房舍内所有设备的清洁程度。

2. 消毒剂选择正确性的检查

了解消毒工作记录表、消毒剂的种类以及消毒剂的浓度、温度及其用量。检查消毒剂浓度时，可以从剩余未用完的消毒液中取样品进行化学检查(如测定含甲醛、活性氯的百分数)。

检查含氯制剂的消毒效果时，可用碘淀粉法。即取玻璃瓶两个，第一个瓶内盛3%碘化钾和2%淀粉糊的混合液(加等量的6%碘化钾和4%淀粉糊即成3%碘化钾和2%淀粉糊的混合液，淀粉糊最好用可溶性淀粉配制)，第二个瓶内盛装3%次亚硫酸盐。在已装溶液的瓶上贴以标签，并保存于暗处。用棉签蘸取碘化钾液和淀粉糊的混合物，接触消毒过的物体表面，此时，在被检对象的表面(即与棉球接触过的地方)以及棉球头呈现出一种特殊的蓝棕色，着色的强度取决于游离氯的含量及被消毒物体表面的性质，并反映消毒效果。再用另一根棉签浸取次亚硫酸盐溶液，擦拭第一根棉签或其接触的物体表面，则蓝棕色随即消失。此种检查应于消毒之后的48 h内进行。

3. 消毒对象的细菌学检查

从消毒后的地面、墙壁、墙角以及用具上采样，墙壁、地面选取10 cm×10 cm的区域数个，每个正方形都用灭菌的湿棉签(干棉签的重量为0.25～0.33 g)擦拭1～2 min，将棉签置入中和剂(30 mL)中，蘸上中和剂后压出，蘸上、再压出，如此反复进行数次后，再放入中和剂内5～10 min，取出，用镊子将棉签拧干，然后把它移入盛有灭菌水(30 mL)的容器内。

当以漂白粉作为消毒剂时，用30 mL的次亚硫酸盐中和之；碱性溶液用0.01%醋酸30 mL中和；福尔马林用氢氧化铵(1%～2%)作为中和剂；克辽林、来苏儿以及其他药剂消毒时，没有适宜的中和剂，可在灭菌水中洗涤2次，洗涤时间为5～10 min。

将洗涤后的样品分别接种普通琼脂培养基、麦康凯琼脂培养基和远藤氏培养基，置37 ℃温箱，培养24 h后观察结果，若无肠道杆菌菌落存在时，说明消毒效果良好。

4. 粪便生物热消毒效果的检查

(1)测温法　粪便生物发酵后，内部温度达到70 ℃以上时，经48 h可杀灭粪便中的所有病原微生物。

(2)细菌学方法　利用细菌学方法测定粪便中的微生物数量及大肠杆菌价。其方法是采集粪样，进行微生物学检验。样品应当在粪便发热(温度达到60～70 ℃)时采集，因为粪便冷却后，渗入下部的微生物(例如随雨水渗入的微生物)，会重新散布到粪便内，而改变微生物的数量和成分。为了对照比较，还应测定粪便在消毒前的微生物数和大肠杆菌价。

四、考核标准

要求配制的消毒剂浓度尽量准确，消毒的方法正确，消毒效果较好。在操作过程中应注意以下事项。

①生石灰遇水会产生高温，应在搪瓷桶、盆或铁锅中配制为宜。

②对有腐蚀性的消毒剂，如氢氧化钠在配制时，应戴橡皮手套操作，严禁用手直接接触，以免灼伤。

③对配制好的、有腐蚀性的消毒液，应选择塑料或搪瓷桶、盆中储存备用。严禁储存于金属容器中，以避免损坏容器。

④大多数消毒液不宜久存，应现用现配。

⑤在实训前，指导教师要充分做好准备并落实场地和各种用品，操作前应进行示教和安全教育。

⑥严防工作人员感染和病原体散播。

⑦实训结束后，要做好消毒器械及用品的维护和保养。

免疫接种和生物制品的使用

一、考核题目

提供免疫器械和疫苗，给实训动物免疫接种，或到养殖场进行免疫接种。

二、材料准备

(1)免疫器械　注射器(一次性注射器、金属注射器、连续注射器)、注射针头、刺种针、滴瓶或滴管、气雾免疫发生器、毛剪和镊子。

(2)消毒用品　70%酒精、5%碘酊、新洁尔灭和脱脂棉。

(3)疫苗和稀释液　猪、禽、牛、羊和其他动物常用弱毒疫苗或灭活疫苗以及相应的稀释液。

(4)其他用品　体温计、脸盆、肥皂、毛巾、工作服、工作帽、胶靴、登记册以及耳标识别扫描器等。

三、方法步骤

(一)生物制品的使用(主要以疫苗为例说明)

1. 购买

所购疫苗最好是信誉好、质量好、服务好的生产厂家生产的疫苗。购买时必须当面检查，凡无瓶签，或过期，或无详细使用说明书，或瓶塞松动，或瓶子有裂纹，或瓶内疫苗性状与说明书上所叙述的不符的，均不能购买。

2. 运输

运输前须妥善包装，防止碰破流失。运输途中避免高温和日光直射，应在低温条件下运送。大量运输时应使用冷藏车，少量时装入盛有冰袋的广口保温瓶内运送。但对灭活苗和免疫血清在寒冷季节要防止冻结。

3. 保存

购买的疫苗应尽快使用。距使用时间较短者(1～2 d)，置于 2～15 ℃阴暗、干燥的环境，如地窖、冰箱冷藏室；量少者也可保存于盛有冰块的广口冷藏瓶中。需要较长时间保存者，活苗置冰箱冷冻室(－25～－15 ℃)冻结保存，个别疫苗，如鸡马立克氏病细胞结合性疫苗需在液氮(－196 ℃)中保存。灭活苗和免疫血清保存于冰箱冷藏室(2～8 ℃)即可。

4. 用前检查

免疫接种前，仍须对疫苗进行仔细检查，检查项目同购买时的检查项目。凡无瓶签、过期、瓶塞松动、瓶身有裂纹、色泽异常或有霉菌生长者均不能使用。

（二）免疫接种前的准备

①根据动物免疫程序和免疫计划，确定接种日期，准备足够的疫苗、免疫器械和消毒用品等，安排及组织接种和动物保定人员。

②免疫接种前，对动物进行临诊观察，必要时进行体温检查。凡体质过于瘦弱的动物、妊娠后期的母畜、未断奶的幼畜、体温升高者或疑似患病动物均不宜接种疫苗，对这些动物在等到条件适宜时及时补种。

③将免疫器械用高压蒸汽灭菌器灭菌 20～30 min，或煮沸消毒 30 min，冷却后用无菌纱布包裹备用。

④免疫接种前，对饲养员及相关人员进行免疫接种知识的教育，明确免疫接种的重要性，注意对免疫接种后动物的管理与观察。

（三）免疫接种的途径和方法

1. 注射法

（1）冻干疫苗的稀释　许多灭活苗不需稀释即可使用，冻干苗必须经稀释后才能使用。不同种疫苗使用的稀释液、稀释倍数和稀释方法都有明确规定，必须严格地按生产厂家的使用说明书进行。准备好稀释瓶和稀释液后，用镊子开启疫苗瓶的铝封，用酒精消毒棉球擦拭橡皮瓶盖，再用带针头的灭菌注射器吸取少量稀释液注入疫苗瓶中，充分振荡溶解后，全部抽出注入稀释液瓶内，摇匀即可。

稀释疫苗用的器械必须是无菌的，否则，不但影响疫苗的效果，而且会造成人为的污染和感染。

（2）注射途径和方法

①皮下注射法

注射部位：给马、牛等大动物皮下注射时，一律采用颈侧部位，猪在耳根后方，家禽在颈部或大腿内侧，羊在股内侧、肘后或耳根处，兔在耳后或股内侧。

注射方法：左手拇指与食指捏取皮肤成皱褶，右手持注射针管在皱褶底部稍倾斜快速刺入皮肤与肌肉间，缓缓推药。注射完毕，将针拔出，立即用药棉揉擦，使药液散开。

②皮内注射法　目前仅羊痘弱毒疫苗采用皮内注射。

注射部位：尾根皮肤皱襞。

注射方法：将羊尾巴翻转，用酒精棉球消毒，以左手拇指和食指将尾根部皮肤绷紧，针头与皮肤平行方向慢慢刺入，缓慢推入药液，有一豌豆大的小包鼓起，即为注射成功（图 2-5）。

注意：进针深度不宜过浅，否则药液会逸出，造成注射失败。

③肌内注射法

注射部位：马、牛、猪、羊的肌内注射一律采用臀部或颈部，禽多在胸部肌内注射。

注射方法：左手固定注射部位，右手拿注射器，针头垂直刺入肌肉内，然后左手固定注射器，右手将针芯回抽一下，如无回血，可将药液慢慢注入。若发现有回血，应变更位置。如动物不安或皮厚不易刺入，可将注射针头取下，右手拇指、食指和中指紧持针尾，对准注射部位迅速刺入肌内，然后针尾与注射器连接可靠后，注入疫苗。

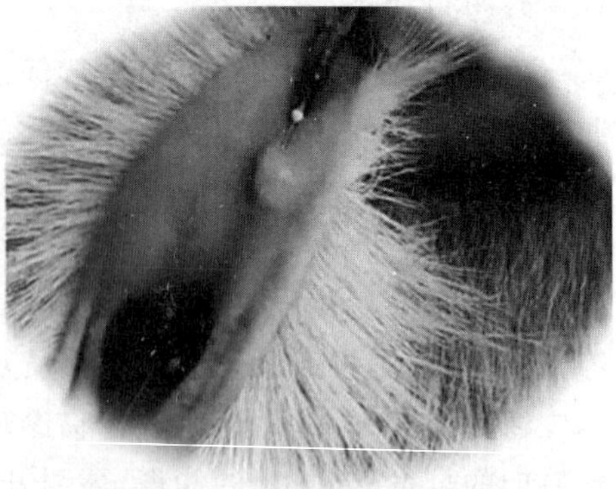

图 2-5 羊痘皮内注射

2. 饮水免疫法

饮水免疫法是将可供口服的疫苗混于水中，动物通过饮水而获得免疫，适用于鸡群的免疫。按鸡总羽数和每 100 羽鸡不同周龄每天的饮水量，准确计算所需总饮水量；将疫苗以 2～3 倍的量，溶入盛有饮水的容器内，混匀后，供鸡饮用。免疫前应限制饮水，夏季一般为 4 h，冬季一般为 6 h，以保证疫苗稀释后在 1～2 h 内能全部饮完。

3. 刺种法

用于刺种的疫苗为鸡痘活疫苗，免疫器械为刺种针（图 2-6），刺种部位为鸡翅膀内侧翅翼膜无血管处，用刺种针蘸取疫苗刺入皮下，20～30 日龄雏鸡刺 1 针，30 日龄以上刺 2 针。

4. 滴鼻和点眼法

主要用于雏鸡和育成鸡的疫苗接种，如鸡新城疫克隆苗的免疫接种。使用标准滴管或滴瓶，将稀释好的疫苗液滴入鸡的鼻孔或/和眼睛，每滴的量为 0.03～0.04 mL（图 2-7 和图 2-8）。滴管和滴瓶的滴头不能紧挨着眼皮或鼻孔，要保持一定距离，以防因污染而传播疫病。

5. 气雾免疫法

气雾免疫法是用压缩空气通过气雾免疫发生器（图 2-9）将稀释疫苗喷射出去，使疫苗形成直径 1～10 μm 的雾化粒子，均匀地浮游在空气之中，动物通过呼吸道吸入，以达到免疫目的。气雾免疫法最适合于鸡群的免疫。

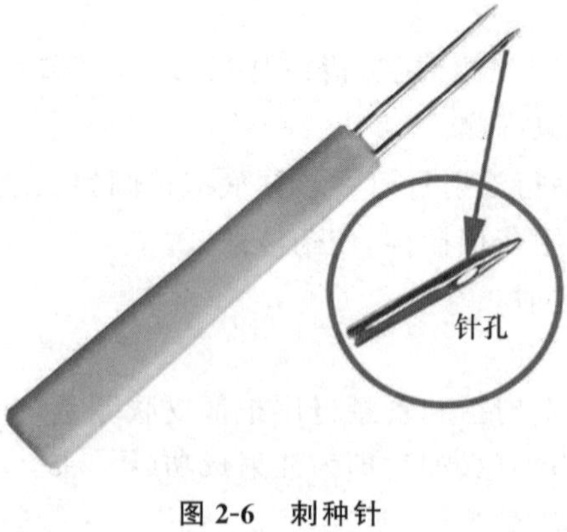

图 2-6 刺种针

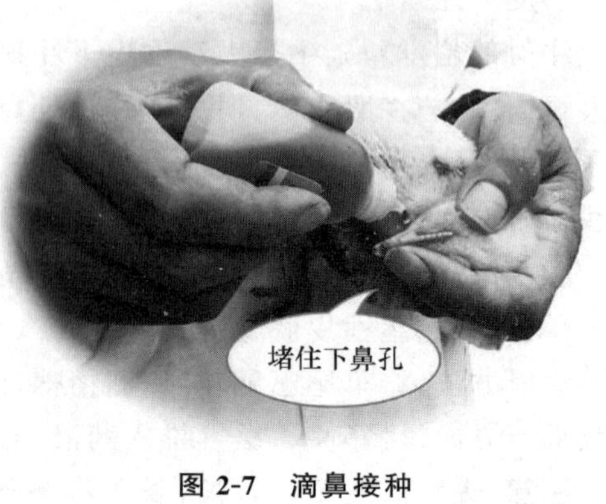

图 2-7 滴鼻接种

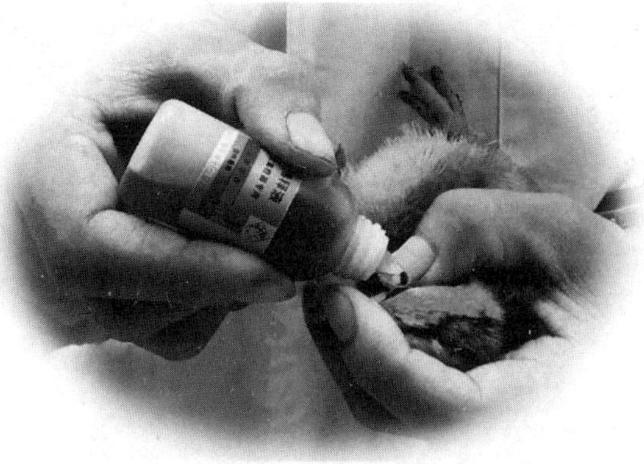

图 2-8　点眼接种

图 2-9　气雾免疫发生器

将稀释好的疫苗装入气雾免疫发生器的容器内，调节气雾发生器喷头的调节旋钮，将雾粒大小调至所需范围内。关闭门窗和通风设备，接通电源，打开气雾免疫发生器的电源开关；喷头距离动物头上方 30～50 cm，往返 2～3 遍喷完疫苗；20 min 后再开启门窗。为了达到好的免疫效果和防止惊群，气雾免疫宜在傍晚或清晨进行，环境温度应保持在 15～20 ℃，相对湿度保持在 70%以上。操作人员要注意个人防护，戴上大而厚的口罩，如出现症状，应及时就医。

四、评价标准

要求选择的接种途径适当，方法步骤正确，剂量准确，同时要注意以下事项。

①接种人员须穿工作服及胶鞋，必要时戴口罩。工作前后均应洗手消毒，工作中不应吸烟和吃食物，注意个人安全。

②接种时严格执行消毒及无菌操作。稀释疫苗时，用酒精棉球消毒瓶塞；在瓶塞上固定一个消毒的针头专供吸取药液，吸液后不拔出，用酒精棉包好，以便再次吸取。给动物注射用过的针头不能吸液，以免污染疫苗。注射器、针头、镊子应均高压灭菌或煮沸消毒。注射时最好每注射一头家畜更换一个针头，在针头不足时可每吸液一次更换一个针头，但每注射一头后，应用酒精棉球将针头拭净消毒后再用。注射部位皮肤用 5%的碘酊消毒，皮内注射及皮肤刺种用 70%酒精消毒，被毛较长的剪毛后再消毒。

③疫苗使用前，必须充分振荡，使其混合均匀后才能使用。已经打开瓶塞或稀释过的疫苗，必须当天用完，未用完的处理后弃去。

④针筒排气溢出的药液，应吸集于酒精棉球上，并将其收集于专用的瓶内。用过的酒精棉球、碘酊棉球和吸入注射器内未用完的药液都放入专用瓶内，集中销毁。

病料的采集、包装和送检

一、考核题目

提供动物病尸或濒死期动物，选择适当的器械进行解剖检查，并采集常见病料，对病料进行合理的包装。

二、材料准备

(1)解剖和采集用具　手术刀、外科剪、镊子、注射器、采血针头、解剖台或解剖盘。

(2)盛放和包装器具　试管、平皿、小瓶、载玻片、棉签、线绳、火柴棍和广口瓶。

(3)消毒用品和保存液　煮沸消毒器或高压蒸汽灭菌器、酒精灯、酒精棉球、2%来苏儿、0.1%新洁尔灭或其他消毒剂、保存液。

三、方法步骤

(一)病料的采集

1.采集的原则

(1)时间性　内脏病料最好死后立即采集,以不超过 6 h 为宜。

(2)针对性　需要采集的病料的种类,应根据传染病的种类、特性,相应地采集其相关病料。在无法估计是某种传染病时,应进行全面采集。最好采集有病变的脏器组织,但心(血)、脾、肺、肾、淋巴结等,不论有无肉眼可见病变,一般均应采集。

(3)无菌性　采集病料须坚持无菌操作。所用刀、剪、镊子、注射器、针头等可煮沸消毒 30 min。盛放病料的试管、平皿、小瓶等玻璃器皿经高压灭菌或干热灭菌,或于 0.5%～1%碳酸氢钠水中煮沸 30 min。载玻片在 1%～2%碳酸氢钠水中煮沸 10～15 min,水洗后用清洁纱布擦干,将其保存于酒精与乙醚等份液中备用。软木塞和橡皮塞于 0.5%石炭酸水溶液中煮沸 10～15 min。每采集一种病料,使用一套器械,如果无此条件,则每采集一种病料,用酒精棉球擦拭消毒。不同动物的病料、同一动物的不同病料分别置于灭菌容器中,绝不可将多种病料或多头动物的病料混放在同一容器内。

(4)解剖前检查　采集病料前须作尸体外观的检查,如营养状况、被毛状况、可视黏膜、天然孔等,当怀疑是炭疽(急性死亡、天然孔出血)时,不可随意解剖,应先采集末梢血液,涂片镜检。当确定不是炭疽时方可解剖,再采集病料。

(5)顺序性　同解剖检查的顺序,即先胸腔,后腹腔;先实质器官,后管状器官。

针对禽类,未死亡病禽需要致死剖检,可选择颈部放血或硬腭后方放血或颅颈脱位致死。在检查外观后,将死鸡于消毒液中浸湿后放入托盘或解剖台上,将腹壁和大腿内侧的皮肤切开,髋关节脱臼,两大腿向外展开,仰卧固定鸡体。横切胸骨末端后方皮肤,与两侧大腿的竖切口连接,剥离皮肤,充分暴露整个胸腹及颈部的皮下组织和肌肉。用酒精棉球沿切口方向擦拭消毒鸡体;用酒精棉球擦拭,再用火焰消毒剪刀(两面)和镊子,剪断肋骨和胸肌,夹住胸骨用力向上向前翻拉,暴露胸腹腔,再行采集病料。

针对哺乳动物,也可用消毒液或清水打湿胸、腹被毛;从腹后部开刀,沿腹中线由后向前一直到脖子下,先打开皮肤层,再打开皮下层,暴露胸腹腔,再行采集病料。

2.常见病料的采集

(1)血液　生前从静脉采血,每 9 mL 血液加 1 mL 3.8%的枸橼酸钠抗凝剂,可先在试管或小瓶内加入适量的抗凝剂,再接入血液。动物死亡后可从心脏抽取血液,先用烧红的铁片或刀片烙烫心肌表面,或用镊子夹持点燃的酒精棉球灼烧心肌表面,然后用灭菌的注射器吸入适量抗凝剂，自烙烫处刺入，吸出血液，盛于灭菌试管或小瓶中。

(2)血清　以无菌操作采取血液 10 mL，置于灭菌的试管中，待血液凝固析出血清后，以灭菌滴管吸出血清置于另一灭菌试管内。如供血清学检查时，可于每 9 mL 血清中加入 1 mL 5%石炭酸溶液。

(3)乳汁　乳房和挤乳者的手用新洁尔灭等消毒，弃去最初所挤的 3～4 股乳汁，再采集 10 mL 左右的乳汁于灭菌的试管中。若仅供镜检，则可于其中加入 0.5%的福尔马林溶液。

(4)脓汁及渗出液　用注射器或吸管抽取，置于灭菌试管中。若为开口病灶或鼻腔等，可用无菌棉签浸蘸后放在试管中。

(5)胆汁　采取方法同心血烧烙采取法。

(6)淋巴结及内脏　将淋巴结、肺、肝、脾、肾等有病变的部位各采取 1～2 cm^3 的小方块，分别置于灭菌试管或平皿或小瓶中。

(7)肠道　取肠道 7～10 cm，经双结扎后剪取，置于灭菌器皿中；也可用烧烙采取法采取肠管黏膜或其内容物。

(8)皮肤　取大小约 10 cm×10 cm 的皮肤一块，保存于 30%甘油缓冲溶液中，或 10%饱和盐水溶液或 10%福尔马林溶液中。

(9)胎儿、禽类和小动物　将整个尸体包入不透水的塑料薄膜、油布或数层油纸中，装入箱内送检。

(10)脑、脊髓、管骨　可将脑、脊髓浸入 50%甘油盐水中，或将整个头割下，或将整个管骨包入浸过 0.1%升汞溶液的纱布或油布中，装箱送检。

(11)抹片　液体病料作涂片，组织病料作触片，每份病料制片不少于 2～3 张。制成后的抹片经自然干燥后，每两张抹片以涂面相对，两边垫以火柴棍或厚纸片，重叠后用线捆扎，用纸包好。每张抹片应注明号码，并附说明。

(二)病料的保存

采集的病料应尽量使其保持新鲜状态，以免病料送达实验室时已失去原来状态，影响正确诊断。

1.低温保存

距离检查时间较短者，可暂保存于低温环境，如阴暗的角落、冰箱冷藏室等。

2.加入保存剂保存

距离检查时间较长者，为了防止病料腐败或病原体失活，可按照病原体种类和检查的目的不同加入适当的保存液。病毒检验材料一般用灭菌的 50%甘油缓冲盐水；细菌检验材料一般用 30%甘油缓冲盐水；血清材料可在每毫升中加入 3%～5%石炭酸溶液 1～2 滴；病理组织材料用 10%福尔马林溶液和 95%酒精。

(三)病料的包装和送检

1.填写送检单

送检病料时应附病料送检单，一式三份，其中一份留为存根，两份寄往检验室，待检查完毕后，退回一份。送检单格式见附录 3。

2. 病料的包装和送检

液体病料(如黏液、渗出液、尿及胆汁等)最好收集在不易碎裂的灭菌瓶内,封口后用棉花纸包裹,装入较大的容器内,再装盒运送。用棉签蘸取的鼻液及脓汁等物,可置于灭菌试管内,剪除多余的棉签,严密加塞,用蜡密封管口,再装盒送寄。盛装组织或脏器的玻璃容器,包装时力求细致而结实,最好用双重容器或广口热水瓶。将盛材料的器皿和塞,用蜡封口后,置于容器中,内容器中须垫充棉花或废纸。气候温暖时须加冰块,但避免病料与冰块直接接触,以免冻结。外容器内垫以废纸、木屑等,装入内容器后封好,外容器上需注明上、下方向,最好以箭头注明,并写明"病理材料""小心玻璃"等标记。当怀疑为危险传染病(炭疽、口蹄疫等)的病料时,应将盛病料的器皿置于金属匣内,将病料匣焊封加印后装入木盒寄送。

病料装于容器内至送到检验部门的时间越快越好。运送途中应避免病料接触高温及日光,以免材料腐败或病原微生物死亡。

四、评价标准

能按照采集病料的原则采集病料,方法正确,操作熟练。

【知识链接】

1. https://law.pkulaw.com/chinalaw/acc2b25986934930bdfb.html? keyword 中华人民共和国动物防疫法;

2. https://law.pkulaw.com/chinalaw/5a4d620711e191a1bdfb.html? keyword 中华人民共和国进出境动植物检疫法;

3. http://law.pkulaw.com/chinalaw/de6a8619bb901537bdfb.html? keyword 动物检疫管理办法;

4. http://law.pkulaw.com/chinalaw/48f188b9b075c87ebdfb.html? keyword 病死畜禽和病害畜禽产品无害化处理管理办法。

项目三

多种动物共患的传染病

【学习目标】

通过学习，掌握口蹄疫、炭疽、巴氏杆菌病、布鲁氏菌病、沙门氏菌病、大肠杆菌病、结核病、痘病、狂犬病、附红细胞体病、链球菌病、李氏杆菌病、坏死杆菌病和伪狂犬病等的流行病学特点、症状、病理变化和诊断要点以及防制措施。

任务7 口蹄疫

口蹄疫是由口蹄疫病毒主要引起偶蹄兽的一种急性、热性和高度接触性传染病，也可感染人和其他动物。特征是在口腔黏膜、蹄部和乳房部皮肤发生水疱和烂斑。

［**病原**］

1. 形态特征

口蹄疫病毒属于小RNA病毒科口蹄疫病毒属，病毒粒子呈二十面体对称，近似球形，大小为(23±2) nm，无囊膜。可在胎牛肾、胎猪肾、乳仓鼠肾原代细胞及其传代细胞培养中增殖，常用于生产疫苗。

口蹄疫病毒具有多型性和易变异性。已知口蹄疫病毒有7个主型，即A、O、C、SATⅠ、SATⅡ、SATⅢ和AsiaⅠ型，我国流行的口蹄疫主型为A、O和AsiaⅠ型，人类感染以O型多见。每个主型之下又有不同的亚型，共65个亚型。口蹄疫的7个主型之间无交叉免疫性，同一主型的各亚型之间具有一定的交叉免疫性。口蹄疫病毒在实验和流行过程中都有可能出现变异，实践中疫苗的毒型与流行毒型不同时，不能产生预期的免疫效果。

2. 存在部位

口蹄疫病毒主要存在于患病动物的水疱液和水疱皮中；当水疱破溃时，病毒混入鼻液、唾液和乳汁中；在发热期血液中含毒量最高，退热后在粪、尿、唾液、眼泪、乳汁中都含有一定量的病毒，并随之散播。

3. 抵抗力

口蹄疫病毒对外界环境的抵抗力较强。冬季，病毒在饲料、土壤和毛皮中可保持传染性数周至数月；在夏季牧场上保持14 d；鲜奶中的病毒在37 ℃可生存12 h；在低温和蛋白质的保护下，病毒可长期存活。对紫外线、热、酸和碱敏感，1%～2%氢氧化钠溶液、3%～5%福尔马林溶液、0.2%～0.5%过氧乙酸、0.1%灭菌净和1%强力消毒灵(主要成分为二氯异氰脲酸钠)等是其良好的消毒剂。

[**流行病学**]

1. 易感宿主

口蹄疫主要感染偶蹄兽,其中牛最易感,猪、羊、骆驼次之。野生动物中野牛、野猪、鹿等也有感染发病的报道。一般幼龄动物较成年动物易感,特别是哺乳期幼龄动物,病毒侵害心肌,使心肌发生变性、坏死,常出现急性心肌炎而导致死亡,病死率较高。人也可感染。实验动物中以豚鼠和10日龄以内小鼠易感。

2. 传染源

患病动物和带毒动物是本病的传染源。患病动物的水疱液、水疱皮以及发热期的乳汁、唾液、眼泪、粪尿和呼出的气溶胶等都含有大量的病毒。另外,潜伏期和恢复期动物带毒和排毒,牛带毒可达24～27个月,绵羊和山羊6～7个月,猪在发病期和病后1个月左右带毒。

3. 传播方式和感染途径

本病通过直接接触传播和间接接触传播,以间接接触传播为主,经呼吸道、消化道和损伤的皮肤黏膜而感染。近年来有证明显示通过污染的空气经呼吸道传染更为重要。动物产品、饲料、垫草、用具、饲养管理人员以及犬、猫、鼠类、家禽等都可成为本病的传播媒介。人类主要是通过直接接触病畜而感染。动物产品如肉、血、骨、皮、蹄、乳等可能长期带有病毒,如处理不当,可将疫病传入其他地区或国家。

4. 流行特点

口蹄疫传播迅速,发病率高,常呈流行性或大流行性,并具有一定的周期性。一年四季均可发生,但在牧区一般从秋末开始,冬季加剧,春季减轻,夏季平息,在农区这种季节性则不明显。

[**临诊症状**]

潜伏期短的1 d,长的1周,平均2～4 d。

1. 牛

根据病死率高低分为良性口蹄疫和恶性口蹄疫。

(1)牛良性口蹄疫　病牛体温升高达40～41 ℃,精神沉郁,低头、耷耳,食欲减退或废绝,流涎咂嘴。经1～2 d后,在口腔内(唇内面、齿龈、舌面和颊部黏膜)发生蚕豆大至核桃大的水疱,有的相互融合成更大的水疱。此时体温高,大量流涎,呈白色泡沫状,挂满嘴唇边(图3-1)。经1 d,水疱破溃形成糜烂(红、圆、烂、齐、浅表),采食更加困难。随后体温降至正常,糜烂逐渐愈合,全身状况好转。如有细菌继发感染,则糜烂加重,愈合后形成瘢痕。有时继发纤维素性坏死性口膜炎、咽炎和胃肠炎,引起呼吸困难、咳嗽和腹泻。在口腔发生水疱的同时或稍后,趾间、蹄冠部的皮肤发生水疱,并很快破溃,形成浅表糜烂,以后干燥结痂而愈合;如有继发感染则

图3-1　牛大量流涎

发生化脓、坏死，病牛跛行，重者蹄匣脱落。有时乳房部皮肤也出现水疱和烂斑，如波及乳腺可引起乳腺炎，泌乳量显著减少，甚至停止。多取良性经过，经1～2周可痊愈。

(2)牛恶性口蹄疫　不表现典型症状，在上述病程中病情突然恶化，出现心肌炎和胃肠炎，最后因心肌麻痹而死亡，病死率达20%～50%。

2. 羊

口蹄疫症状与牛的相似但较轻。绵羊蹄部症状明显，山羊口腔多见弥漫性口膜炎，水疱发生于硬腭和舌面，蹄部症状较轻。孕羊有时流产。

3. 猪

体温升高达40～41 ℃，精神沉郁，食欲减退或废绝。在口腔黏膜形成小水疱、糜烂的同时，在蹄冠、蹄叉、蹄踵等处形成米粒大至蚕豆大的水疱，水疱破溃后形成出血性溃疡面，如无细菌感染，经1周左右痊愈。如有继发感染，严重者可侵害蹄叶，使蹄壳脱落，患肢不能着地，常卧地不起。病猪的鼻盘、乳房部位也可见到水疱和烂斑(图3-2)。

4. 幼龄动物

犊牛、羔羊、仔猪等，一般不出现水疱，而是表现急性心肌炎和胃肠炎，突然死亡。

[**病理变化**]

除在口腔黏膜和蹄部皮肤见到水疱和烂斑外，在咽喉、气管、支气管和反刍动物前胃黏膜上可见圆形烂斑和溃疡，真胃和肠黏膜有出血性炎症。心包膜有弥散性或点状出血，心肌松软似煮肉样，心肌切面有灰白色或淡黄色斑点或条纹，似老虎身上的斑纹，俗称"虎斑心"(图3-3)。

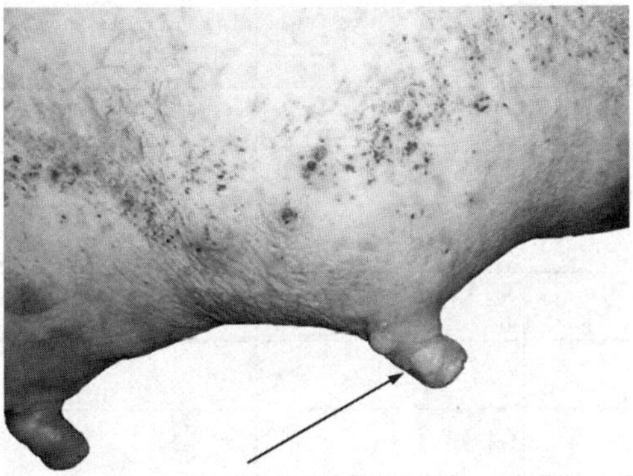

图3-2　猪口蹄疫乳头部水疱

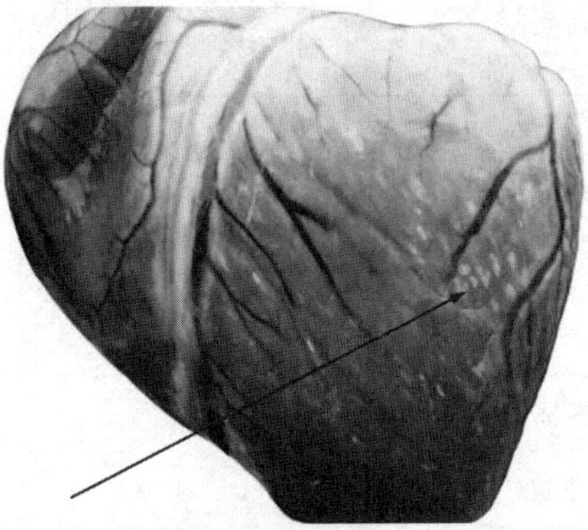

图3-3　虎斑心

[**诊断要点**]

1. 初步诊断

根据流行病学特点、临诊症状和病理变化初步诊断。

2. 确诊

采集患病动物的水疱液或水疱皮。水疱未破裂时用灭菌注射器抽取水疱液，装入灭菌小瓶中，加适量双抗(青霉素和链霉素)处理；水疱破裂后，剪取新鲜水疱皮置灭菌小瓶中，加适量50%甘油生理盐水，加盖密封；或取恢复期动物血清送检。

(1)病原学检测　用定型ELISA、定型RT-PCR、多重RT-PCR、荧光定量RT-PCR、病毒

VP1 基因序列分析等检测。

(2)血清学检测　用病毒中和试验、LPB－ELISA、SPC－ELISA、3ABC－I－ELISA 等检测。

3. 鉴别诊断

(1)牛口蹄疫与牛瘟、牛恶性卡他热、牛病毒性腹泻-黏膜病、传染性水疱性口炎鉴别　牛瘟病例口、舌黏膜上没有水疱，仅有灰色小结节或麸皮样坏死假膜或有边缘不整的烂斑，蹄部无病变，有严重的下痢，病死率极高。牛恶性卡他热在口鼻黏膜坏死之前无水疱，有角膜浑浊，全身症状严重，病死率高，常呈散发性。牛病毒性腹泻-黏膜病在口腔黏膜糜烂过程中没有水疱，并有较重的腹泻，发病率低。传染性水疱性口炎猪、牛、马都感染，流行范围小，发病率低。

(2)猪口蹄疫与猪水疱病、猪水疱性疹、猪水疱性口炎鉴别，鉴别要点见表 3-1。

表 3-1　猪四种水疱性疾病的鉴别

鉴别点		猪口蹄疫	猪水疱病	猪水疱性疹	猪水疱性口炎
病原体		口蹄疫病毒	猪水疱病病毒	猪水疱性疹病毒	猪水疱性口炎病毒
流行病学	易感宿主	猪，人也可感染	猪，人也可感染	猪	牛、猪、马等，人
	流行形式	流行性，主要发生在集中饲养的养猪场	流行性，主要发生在集中饲养的养猪场	地方流行性或散发	常在一定地区散发
	发病率	较高	较高	10%～100%	30%～95%
	病死率	成猪 3%～5%，仔猪 60%以上	无	无	无
症状	口腔水疱	少	少	100%	100%
	蹄部水疱	100%	100%	100%	无或很少
动物接种试验	2 日龄乳鼠	＋	＋	－	＋
	7～9 日龄乳鼠	＋	－	－	＋
	豚鼠	＋	－	±	＋
抗酸试验		对 pH 5.0 敏感	能耐受 pH 5.0	未知	对 pH 5.0 敏感

注：＋阳性反应；±不规则或轻度反应；－阴性反应。

[防制]

平时加强检疫，禁止从疫区引进动物和购买动物产品、饲料以及生物制品等。引进动物必须隔离观察 14 d，确认健康者方可混群。定期用相应毒型的口蹄疫疫苗对易感动物进行预防免疫接种，用于牛、羊、骆驼和鹿的口蹄疫疫苗有 O-A 二价灭活苗、O-Asia Ⅰ 二价灭活苗、O 型灭活苗和 A 型灭活苗。用于猪的口蹄疫疫苗有 O 型灭活疫苗和 O 型合成肽疫苗等。

规模化养殖场和种畜按推荐免疫程序进行免疫：仔猪、羔羊于 28～35 日龄初免；犊牛于 90 日龄左右初免；间隔 1 个月加强免疫一次，以后每隔 4～6 个月免疫一次。散养动物在春、秋两季各实施一次集中免疫，每月定期补免，有条件的地方可参照规模化养殖场和种畜的免疫程序进行免疫。

发生口蹄疫时，立即上报疫情，及时采集病料，迅速送检，确诊定型，划区封锁。相对独立的规模化养殖场（户），以患病动物所在的养殖场（户）为疫点；散养动物以患病动物所在的自然村为疫点；放牧动物以患病动物所在的牧场及其活动场地为疫点；患病动物在运输过程中发生疫情，以运载动物的车、船、飞机等为疫点；在市场发生疫情，以患病动物所在市场为疫点；在屠宰加工过程中发生疫情，以屠宰加工厂（场）为疫点。疫点向外延伸 3 km 即为疫区。扑杀疫点内的患病动物及同群动物，对尸体深埋或焚烧处理；对排泄物、被污染饲料、垫料、污水等进行无害化处理，对污染的环境和用具进行彻底消毒；对疫区内的假定健康动物及受威胁区的易感动物应进行紧急免疫接种。在最后 1 头（只）动物被扑杀后，经过 14 d，无新的病例出现，经终末消毒后方可解除封锁。

［**公共卫生**］

人类因饮食带毒乳汁或通过挤奶接触患病动物等可引起感染。潜伏期一般为 3～8 d。症状主要表现为唇、齿龈、颊部黏膜及指尖、指甲基部等处发生水疱，水疱破裂后形成薄痂或溃烂。病程 1 周左右，愈后良好。儿童感染后发生胃肠卡他，严重者可因心肌麻痹而死亡。在口蹄疫流行时注意个人防护，防止感染和散毒。

任务 8 炭 疽

炭疽是由炭疽杆菌引起家畜、野生动物和人共患的一种急性、热性和败血性传染病。其特征是天然孔出血，血液凝固不良呈煤焦油样，尸僵不全，脾脏显著肿大，皮下和浆膜下结缔组织出血性胶样浸润。

［**病原**］

1. 形态特性

炭疽杆菌为革兰氏阳性、两端平截的粗大杆菌，大小（3～8）μm×（1～1.5）μm，单在、成双或呈链状排列。在动物体内可形成荚膜，组织触片和血涂片用瑞特氏或碱性亚甲蓝染色时，可见蓝色菌体和淡红色荚膜。暴露于空气可形成芽孢（图 3-4）。

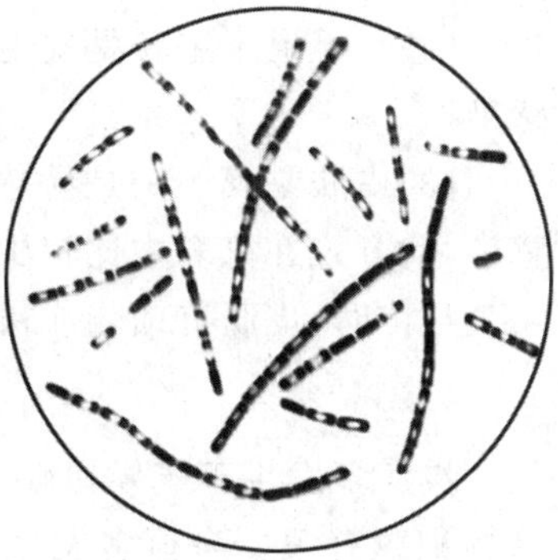

图 3-4 炭疽杆菌

2. 培养特性

在普通琼脂培养基上形成扁平、灰白色、不透明、干燥、边缘不整齐的菌落，在低倍显微镜下观察可见卷发状结构。在普通肉汤中培养可产生白色絮状沉淀，液体澄清并悬浮有菌丝或菌团。明胶穿刺培养可沿穿刺线生长呈倒立松树状，由表面沿穿刺线向下、向外液化成漏斗状。

3. 抵抗力

炭疽杆菌繁殖体的抵抗力不强，但芽孢的抵抗力很强，在土壤中能存活数年至数十年。实践中常用10%～20%热氢氧化钠溶液、20%漂白粉溶液、0.1%升汞以及环氧乙烷等进行消毒。本菌对青霉素和磺胺类药物敏感。

[**流行病学**]

1. 易感宿主

各种家畜、野生动物和人均有不同程度的易感性。在不同地区，易感动物的种类因该地区动物种类的不同而异，以草食动物中羊、牛、马和鹿的易感性较高，水牛和骆驼次之，猪的易感性较低。在同一区域内，牛、羊、猪、犬及人均有感染时，大多都是牛或羊先感染发病，然后才波及其他动物和人。在自然条件下，禽类一般不感染炭疽，但鸡因吃死畜内脏而发病死亡已有报道。实验动物中以小鼠、豚鼠最易感。

2. 传染源

患病动物是主要的传染源。炭疽杆菌存在于患病动物的各组织器官，并可通过其排泄物、分泌物，特别是濒死期动物天然孔流出的血液排菌，污染饲料、饮水、草地、土壤和用具等，如不及时处理或处理不彻底，则形成长久的疫源地。另外，急宰炭疽病畜或随意解剖炭疽病尸，也可造成病原体的广泛传播，尤其草场被污染时形成广阔的疫源地，消毒工作难以实施，炭疽芽孢在环境中长期存活，始终存在一定的隐患。

人类炭疽病例几乎都是畜源性炭疽，人与人之间很少传播，但有家人与皮肤型炭疽患者共用洗洁用具而感染炭疽的报道，因此人作为传染源也不容忽视。

3. 传播方式和感染途径

(1)消化道　草食动物可因摄食污染的牧草、饲料、饮水或啃食尸骨而感染；猪可因拱污染的地面而感染；犬和人类则可因食入炭疽病尸肉而感染。该途径是家畜感染炭疽病的主要途径。

(2)呼吸道　主要是皮毛加工厂的工人在处理皮张、兽毛时吸入混有炭疽芽孢的尘埃而感染。

(3)皮肤黏膜　一是易感宿主与传染源直接接触或接触了其污染物经损伤的皮肤、黏膜而感染，此方式在家畜中比较少见，主要是屠夫及其帮工、饲养人员、兽医人员在屠宰或处理病畜及其尸体时，皮肤有损伤或被损伤而感染。二是吸血节肢动物(如硬蜱)叮咬可传播炭疽。

4. 流行特点

炭疽多发生于气候比较温暖的季节，以6—9月发病最多，这与夏秋季节多雨或吸血节肢动物猖獗有关。炭疽多发生于饲养草食动物比较多的地区，主要是牧区和半牧区，其次是农区。常呈地方流行性或散发性。

[**临诊症状**]

潜伏期一般为1～5 d，最长可达14 d。临诊病型根据病程长短可分为以下四种类型。

1. 最急性型

突然发病，全身颤抖，站立不稳，倒地昏迷，呼吸、心跳加速，可视黏膜发绀，天然孔出血，常在数分钟内死亡，有时在使役或放牧中突然死亡。常见于绵羊和山羊，偶尔也见于牛、马。

2. 急性型

此型最为常见。体温升高 40～42 ℃，精神沉郁，食欲废绝，肌肉震颤。呼吸困难，黏膜发绀或有小点出血。初便秘，后拉稀带血；有的有血尿。濒死期体温下降。病程 1～2 d。

3. 亚急性型

症状类似急性，病情缓和，常在咽部、颈部、胸前、腹下、肩胛或乳房等部位皮肤，以及直肠或口腔黏膜等处发生局限性肿胀（也称炭疽痈），初期热痛、硬固，后热痛消失，指压呈捏粉样，最后中心发生坏死，有时形成溃疡。牛发生肠道炭疽痈时，病牛腹痛、下痢，粪中带血。病程 2～5 d。

4. 慢性型

主要发生于猪，大多不表现明显临诊症状，宰后检查时，发现在下颌淋巴结或肠系膜淋巴结和肺等部位有病变。有的病猪发生咽炭疽，咽喉部肿胀，甚至蔓延到颈部和胸部。病猪呼吸困难、吞咽困难，黏膜发绀，最后窒息死亡。

［**病理变化**］

由于炭疽杆菌暴露于空气中易形成芽孢，芽孢的抵抗力极强，所以严禁解剖炭疽病尸。

1. 尸体外观变化

天然孔出血，血液凝固不良呈煤焦油样；可视黏膜发绀；尸僵不全；尸体易腐败膨胀，肛门突出。

2. 剖检变化

皮下、肌间、浆膜下结缔组织有出血性胶样浸润。脾脏显著肿大，可增至 2～5 倍，脾髓暗红色，软化如泥。全身淋巴结肿大出血，呈黑色或黑红色。胃、肠道呈出血性坏死性炎症，以十二指肠和空肠严重，有炭疽痈。

猪咽炭疽病例咽喉部周围的结缔组织呈现出血性胶性浸润；咽、喉及颈部淋巴结肿胀、出血、坏死；扁桃体肿胀、出血、坏死并有黄色假膜覆盖。

［**诊断要点**］

1. 初步诊断

对急性死亡、天然孔出血，出现痈性肿胀、腹痛、高热、病情发展急剧的病畜，应首先怀疑为炭疽。结合流行病学，调查本地区是否为历史疫源地，动物发病的时间，免疫接种情况等，为确诊提供依据。

2. 确诊

采取末梢血液或末梢部位（耳朵）。在切下耳朵时，其断端应烫烙处理，并用 0.2％升汞或 5％石炭酸纱布棉花包裹后送检。必要时，在脾脏的体表投影部位，切一小口，钩取一小块脾脏，装入密闭容器中送检，切口用 0.1％升汞纱布棉花堵塞。

炭疽检验程序如图 3-5 所示。

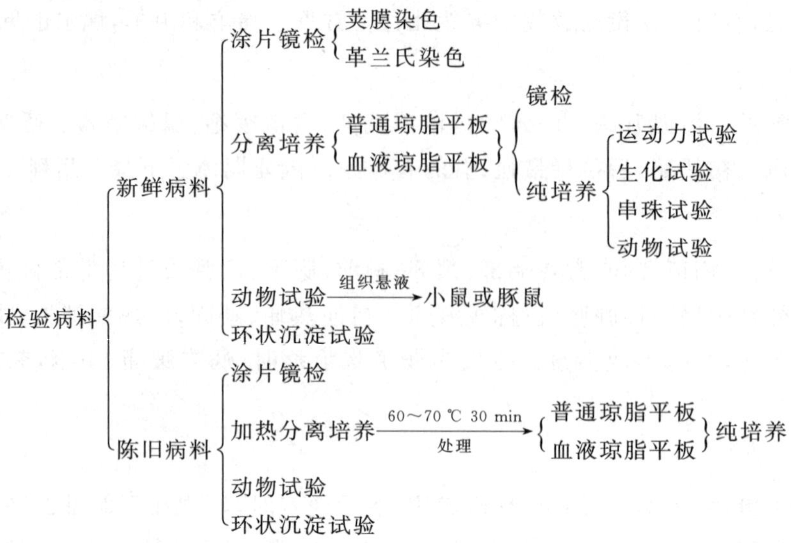

图 3-5　炭疽检验程序

(1)细菌学诊断　用病料抹片,经瑞氏染色法或亚甲蓝染色法染色,在显微镜下检查发现有单在、成双或链状排列,菌端平直有荚膜的粗大杆菌。为了与类炭疽杆菌相区别,再作分离培养,将新鲜病料接种于普通琼脂平板、血液琼脂平板和普通肉汤中培养,根据生长性状即可确诊。对污染病料或陈旧病料,应采用加温分离培养的方法(70 ℃,30 min),并对分离的可疑菌株进行噬菌体裂解试验、荚膜形成试验及串珠试验等。

必要时可进行动物接种试验,取病料悬液或肉汤培养物 0.5 mL,经腹腔注射小鼠。1～3 d 后小鼠发生败血症死亡,腹部皮下有胶样浸润,取其脾脏或血液抹片,染色后镜检即可确诊。

(2)血清学诊断　常用环状沉淀试验(也称 Ascoli 氏试验)。炭疽沉淀原能耐腐败和高温,对于陈旧和腐败的病料用此试验仍能检出结果,所以常用于皮张和兽毛的检疫。但炭疽的菌体抗原与某些需氧芽孢杆菌(如蜡样芽孢杆菌)有一定的类属性,判定反应结果时应注意交叉反应。

3. 鉴别诊断

猪咽炭疽与最急性猪肺疫颈部都出现肿胀,皮下组织有出血性胶样浸润,应注意区别。猪咽炭疽咽部淋巴结出血、坏死,扁桃体肿胀及坏死,病料涂片、染色、镜检可见革兰氏阳性竹节状的炭疽杆菌;而猪肺疫病料涂片染色镜检时可见革兰氏阴性两极浓染的球杆状多杀性巴氏杆菌。

[防制]

1. 预防措施

平时要坚持自繁自养的原则。在引进家畜时,应隔离观察 14 d,未发病者方可混群。每年对常发区的易感动物定期免疫接种,目前常用的疫苗有无毒炭疽芽孢苗(山羊不宜使用)和炭疽Ⅱ号芽孢苗,皮下注射,注射后 14 d 产生免疫力,免疫期 1 年。加强宣传教育,提高自我防病意识,不急宰或剥食可疑牲畜肉;对于急性死亡和天然孔出血的病尸严禁解剖,要将疫情及时报告当地兽医防疫部门。加强动物及其产品的检疫，并做好动物及其产品的处理。

2. 发生炭疽时的处理措施

发生炭疽时，及时上报疫情，隔离患病动物，由专人看管，限制其活动，对经济价值比较大的患病动物用抗炭疽血清及抗菌药物（青霉素或磺胺类）治疗，对价值不大的小个体动物如羊、猪、犬等可直接扑杀处理。同栏同舍的家畜测温，体温升高者按患病动物处理，体温正常者紧急接种抗炭疽血清，2～7 d后接种炭疽菌苗。动物尸体以及被急宰或误剖的胴体、内脏、皮毛、骨、蹄、角、血液等置密闭容器运至指定地点焚烧处理。尸体也可深埋处理，在尸坑底部和尸体上面均应撒上厚层的漂白粉。患病动物所在的圈舍、畜栏、用具、地面及运送尸体的工具须彻底消毒，清除舍内粪便、垫草、草料、污物等，并烧毁处理。污染的地面用10%～20%的热氢氧化钠溶液或20%的漂白粉溶液以1 h间隔喷洒消毒3次，金属用具和病死动物躺过的地面可用火焰喷射消毒。

［**公共卫生**］

疫点内的人群应及早给予药物治疗或预防。兽医防疫人员、实验室诊断及饲养场、皮毛加工企业的工作人员要注意个人防护，参与疫情处理的有关人员，应穿防护服、戴口罩和手套，做好自身防护。

任务9　巴氏杆菌病

巴氏杆菌病是由巴氏杆菌属的细菌引起人、畜、禽、野生动物疾病的总称。急性型呈败血症变化，慢性型表现为皮下组织、关节和各器官的局灶性坏死性炎症，多与其他传染病混合感染或继发感染。

［**病原**］

主要是多杀性巴氏杆菌。

1. 形态特性

巴氏杆菌为革兰氏阴性、卵圆形、细小球杆菌，无芽孢，无鞭毛。病料组织触片、血涂片和新分离的培养物涂片，用碱性亚甲蓝染色或瑞氏染色时呈现明显的两极着色（图3-6），有荚膜；培养后荚膜消失，两极着色也不明显。在血液、血清的培养基上生长良好，血琼脂平板上培养24 h，形成灰白色露滴样小菌落，不溶血；在普通肉汤中生长，肉汤轻度混浊，管底有黏稠沉淀物，表面形成菌环。

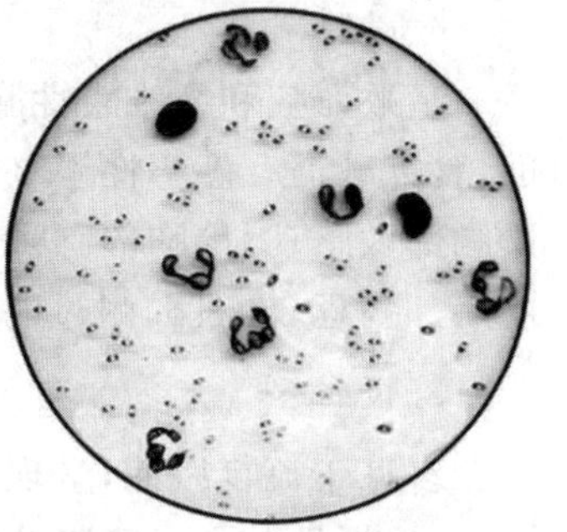

图3-6　巴氏杆菌

2. 分型

多杀性巴氏杆菌的分型根据有菌落荧光分型和血清分型。

（1）菌落荧光分型　分为3种。①蓝绿色荧光型（Fg）。菌落小，呈蓝绿色带金光，边缘有狭窄的红黄光带，对猪、牛和羊等毒力强。②橘红色荧光型（Fo）。菌落大，呈橘红色带金光，边缘有乳白光带，对鸡和兔毒力强。③无荧光型（Nf）。对小鼠有毒力。

(2)血清分型　根据荚膜(K)抗原结构的不同可将本菌可将本菌分为A、B、D、E、F群。目前我国对本菌的血清学鉴定证明只有A、B、D三个血清群；根据菌体(O)抗原的不同，分为1～12个血清型；K抗原与O抗原结合可构成15个血清型。不同动物感染的血清型不同，如牛常见的是6∶B、6∶E；猪以5∶A、6∶B为主；家禽以5∶A最常见。各型之间多无交叉保护性或保护性不强，但在一定条件下，各种动物之间可发生交叉感染，如猪肺疫可传染给水牛；猪吞食禽霍乱病死鸡，可以发生感染。

3. 抵抗力

巴氏杆菌抵抗能力较弱。对热、日光敏感，干燥空气中2～3 d即可死亡，60 ℃ 10 min死亡，常用的消毒剂在短时间内均可将其杀死。

[**流行病学**]

多杀性巴氏杆菌对各种动物都有致病性，其中以猪、禽和兔最易感，其次是黄牛、牦牛、水牛和绵羊，鹿、骆驼和马也可发病，但较少见。本病的发生多无明显的季节性，但以冷热交替、气候骤变、闷热、潮湿、多雨的时期多发。健康动物的呼吸道内带菌，当饲养管理不当、气候不适、圈舍潮湿、拥挤、营养缺乏、长途运输、过度劳役和寄生虫病感染等使动物机体抵抗力降低时，病原菌可经淋巴循环进入血液，发生内源性传染。患病动物通过排泄物、分泌物向体外排出大量病原菌，污染圈舍、用具、饲料和饮水，健康动物可经消化道感染；或由咳嗽、喷嚏排出病原，通过呼吸道感染；也可经损伤的皮肤、黏膜及吸血节肢动物的传播发生感染。一般为散发性，水牛、牦牛、猪有时呈地方流行性；家禽，特别是鸭群发病时，也可呈流行性。

一、猪巴氏杆菌病

猪巴氏杆菌病又称为猪肺疫。

[**临诊症状**]

潜伏期1～3 d，最长12 d。

1. 最急性型

呈败血症和急性咽喉炎，常见不到症状而突然死亡。病程稍长的，体温可升高达41～42 ℃，食欲废绝。咽喉部急性肿胀(红、肿、坚硬)，严重时蔓延至颈部和耳根部，俗称大红颈、锁喉风、肿脖瘟。由于肿胀导致呼吸极度困难，常呈犬坐势，伸长脖子喘息。可视黏膜发绀，口鼻流沫，最后因窒息而死，病程1～2 d，病死率达100%。

2. 急性型

呈败血症和纤维素性胸膜肺炎，此型最常见。病初体温升高，一般在40～41 ℃，精神沉郁，食欲减退。痉挛性干咳，后转为痛性湿咳。呼吸困难，流出黏稠的鼻液，有时混有血液。触诊胸部敏感；听诊胸部有啰音，严重时有摩擦音。初期便秘，后期腹泻。皮肤出现紫斑或小出血点。病程5～8 d，耐过的转为慢性。

3. 慢性型

多见于流行后期，呈现慢性肺炎、慢性胃肠炎和慢性关节炎等局部炎症。

(1)慢性肺炎　病猪持续性咳嗽，有不同程度的呼吸困难，鼻流少量黏液性或脓性分泌物。

(2)慢性胃肠炎　食欲减退，经常腹泻。

(3)慢性关节炎　主要见于四肢关节，关节部位肿胀，跛行。

(4)有的病猪皮肤发生痂样湿疹，逐渐消瘦。

慢性病例如治疗不及时，可衰竭死亡。病程约 2 周，病死率达 60%～70%。

[**病理变化**]

1. 最急性型

皮肤、皮下组织、浆膜、黏膜有大量出血点，尤其以咽喉部及其周围组织的出血性胶样浸润最为特征。切开颈部皮肤及其周围组织，可见有大量淡黄色胶冻样液体流出。全身淋巴结出血，心外膜和心包膜有小出血点。肺急性水肿、充血。脾脏出血。

2. 急性型

除具有上述变化外，特征性病变是纤维素性胸膜肺炎。肺出现不同程度的肝变，肺叶紫红色或灰黄色或灰白色，并伴有水肿和气肿，切面呈"大理石样"花纹。病程长的肺肝变区内常见大小不等的坏死灶，胸膜有黄白色纤维素样附着物，严重时与肺发生粘连。心包及胸腔积液。气管、支气管内有大量红色泡沫样的液体。

3. 慢性型

肺肝变区扩大，有黄色或灰色坏死灶，外有结缔组织包裹，切开内含脓液或干酪样物质，或形成空洞与支气管相通。心包与胸腔积液。胃肠呈卡他性炎症。

[**诊断要点**]

根据高热、咽喉部肿胀、呼吸困难、咳嗽，剖检呈败血症变化或纤维素性胸膜肺炎变化可初步诊断为猪巴氏杆菌病。确诊时，采集除上呼吸道以外的病变组织或胸腔液，抹片，染色，镜检，如见到两极浓染的卵圆形小球杆菌，结合临诊症状即可确诊。

[**防制**]

平时加强饲养管理，消除诱发因素。定期进行预防免疫接种，单苗有猪肺疫氢氧化铝甲醛苗和口服猪肺疫弱毒菌苗，联苗有猪肺疫-丹毒二联苗。一般于 5～6 周龄或断奶后接种。

发病后，及时隔离病猪，用庆大霉素、环丙沙星和磺胺类药物治疗，同时还应对症治疗。同群猪用抗血清或药物紧急预防。病死猪尸体无害化处理，圈舍应彻底消毒。

二、牛巴氏杆菌病

牛巴氏杆菌病又称牛出血性败血症，简称"牛出败"。

[**临诊症状**]

潜伏期 2～5 d，根据临诊表现可分为败血型、浮肿型和肺炎型。

1. 败血型

多见于水牛。最急性型无任何症状突然倒地死亡。急性型病初高热，体温达 40～41 ℃，精神沉郁，食欲废绝，鼻镜干燥，结膜潮红，脉搏加快，泌乳、反刍停止；继而腹痛、下痢，粪便中含有黏液及血液，恶臭。体温随之下降，迅速死亡，病程 12～24 h。

2. 浮肿型

多见于牦牛。除上述症状外，咽喉部、颈部及胸前皮下组织出现炎性水肿。初有热痛，后无热,疼痛减轻。口腔黏膜潮红,舌肿胀伸出口外,流涎。出现急性结膜炎,流泪。呼吸极度困难,皮肤、黏膜发绀,最后窒息死亡。病程 12～36 h。

3. 肺炎型

主要呈纤维素性胸膜肺炎。病牛干咳,流泡沫样或脓性鼻液,呼吸困难。听诊胸部有支气管呼吸音和水泡音,严重时有摩擦音;叩诊有浊音区。便秘或下痢。病程 3～7 d。

[**病理变化**]

1. 败血型

内脏器官出血;黏膜、浆膜、舌、皮下组织和肌肉有出血点;脾脏无变化或仅有小出血点;淋巴结显著水肿;胸腹腔有大量渗出液。

2. 浮肿型

咽喉部及其周围组织和颈部皮下组织有黄色胶样浸润;颈淋巴结肿大;上呼吸道黏膜有卡他性炎症。

3. 肺炎型

呈纤维素性肺炎和胸膜炎变化。胸腔中有大量浆液性纤维素性渗出物;有时可见纤维素性心包炎和腹膜炎病变;肠道呈急性卡他性炎症;支气管淋巴结和纵隔淋巴结显著肿大、出血。

[**诊断要点**]

根据流行病学、症状和病理变化,可作出初步诊断,确诊需进行细菌学检查。

[**防制**]

平时加强饲养管理,长途运输时避免过度拥挤和劳累,必要时可提前注射免疫血清进行预防。发生本病时,立即隔离病牛,用高免血清、长效抗生素或磺胺类药物治疗。对可疑牛先用高免血清紧急接种,隔离观察 1 周后再注射疫苗。对污染的圈舍、用具、场地彻底消毒。

三、绵羊巴氏杆菌病

绵羊巴氏杆菌病多发生于羔羊,特征是败血症、腹泻和水肿。

[**临诊症状**]

根据病程长短可分为最急性型、急性型和慢性型。

1. 最急性型

多见于哺乳羔羊,突然发病,寒战、虚弱,呼吸困难,常于数分钟至数小时内死亡。

2. 急性型

体温升高达 41～42 ℃,精神沉郁,食欲废绝,呼吸急促,咳嗽,鼻孔流出黏液性带血的分泌物,眼结膜潮红,眼有黏性分泌物。初期便秘,后期下痢,有时粪便全部为血水。颈部、胸下部发生水肿。常在严重腹泻后虚脱而死,病程 2～5 d。

3. 慢性型

病羊消瘦,流黏液性脓性鼻液,角膜炎,咳嗽,呼吸困难。有时颈部和胸下部发生水肿。腹泻,粪便恶臭。最后体温下降,极度衰弱死亡。病程 3 周左右。

[**病理变化**]

皮下有胶样浸润和点状出血。胸腔内有黄色渗出物。肺淤血,有点状出血和肝变,偶尔可见黄豆大至核桃大的化脓灶。胃肠道黏膜出血。脾脏不肿大,其他脏器水肿和淤血,间有小出血点。病程较长的可见纤维素性胸膜肺炎和心包炎,肝有坏死灶。

[**诊断要点**]

根据流行病学、症状及病理变化可初步诊断,确诊需进行细菌学检查。

应注意羔羊巴氏杆菌病与败血型肺炎链球菌病相区别。肺炎链球菌病剖检可见肺充血肿胀,脾脏肿大、出血,内脏器官表面附着一层纤维蛋白渗出物,病料涂片镜检可见呈短链排列的肺炎链球菌。

[**防制**]

参照牛巴氏杆菌病。

四、兔巴氏杆菌病

[**临诊症状**]

潜伏期一般为数小时至5 d或更长,临诊分型有以下四种类型。

1.鼻炎型

这是常见的一种类型,其特征为流浆液性、黏液性或脓性鼻液。病兔常用前爪擦揉外鼻孔,使该处被毛潮湿缠结;打喷嚏、咳嗽,并有鼻塞音。

2.地方流行性肺炎型

表现为食欲不振,精神沉郁;肺炎症状多不明显,常因败血症死亡。

3.败血型

突然发病,迅速死亡,常与鼻炎型、肺炎型混合感染。

4.中耳炎型

中耳炎型又称斜颈病。当细菌感染扩散到内耳或脑部时则引起斜颈,不是单纯中耳炎的症状。严重的病例,病兔头颈向一侧倾斜或扭转,打滚。采食和饮水困难,体重减轻。如感染扩散到脑膜和大脑时,则出现运动障碍或其他神经症状。

除上述病型外,病兔还可能表现为生殖器官感染、结膜炎或全身各部位脓肿。

[**病理变化**]

鼻炎型常见鼻腔、鼻窦黏膜潮红肿胀,分泌物增多,鼻孔周围皮肤发炎。

肺炎型有急性纤维素性肺炎和胸膜炎病变,有时出现脓肿。

败血型皮下组织、各组织器官、浆膜充血、出血。

中耳炎型可见鼓室内有白色奶油状的渗出物,鼓膜及鼓室内壁发红,有时鼓膜破裂,脓性渗出物流入外耳道。

此外还可见子宫炎、子宫脓肿、睾丸炎和附睾炎、皮下组织及全身各处的脓肿等病变。

[**诊断要点**]

鼻炎型和中耳炎型症状明显,根据症状可作出诊断。其他各型症状不明显,常同时或相继发生,临诊诊断较为困难,必须采集血液、肝、脾、渗出液或脓汁进行病原检查才能确诊。此外可用0.2%～0.5%的煌绿溶液2～3滴,滴入病兔鼻孔内,18～24 h后检查,如鼻孔有化脓性白色黏液为阳性或隐性带菌,无变化者为阴性。

[**防制**]

平时加强饲养管理,改善环境卫生,注意防寒保暖,防治寄生虫病等。定期进行检疫,淘汰病兔。兔舍、用具要严格消毒。兔场可用兔巴氏杆菌氢氧化铝甲醛灭活苗或兔巴氏杆菌-魏氏梭菌二联苗免疫接种,对预防本病有一定效果。

发病时,隔离病兔,用链霉素、诺氟沙星、增效磺胺及头孢菌素等治疗,加强环境消毒。

五、禽巴氏杆菌病

禽巴氏杆菌病又称为"禽霍乱"。各种家禽都可感染发病,以鸡、鸭最易感。在鸡中,以3～4月龄和成年产蛋鸡多发,2月龄内鸡很少发病。

[**临诊症状**]

潜伏期2～9 d或更长,根据病程长短可分为以下三种类型。

1. 最急性型

特征是败血症,常见于流行初期,以产蛋率高的鸡最常见。病鸡发病突然,无明显症状,仅见倒地挣扎,拍翅抽搐,经数分钟或数小时死亡。

2. 急性型

特征是败血症和剧烈下痢。病鸡体温高达43 ℃以上,精神委顿,羽毛蓬乱,缩颈闭目,呆立不动;不采食,饮水增加。鸡冠、肉髯呈黑紫色。呼吸困难,口、鼻流出淡黄色泡沫样黏液。剧烈腹泻,排出铜绿色或灰黄色稀便。最后衰竭昏迷死亡,病程1～3 d。

3. 慢性型

多见于流行后期,表现为慢性呼吸道炎症和慢性消化道炎症等局部炎症。

①慢性呼吸道炎症。鼻孔流黏液性分泌物,鼻窦肿胀,喉部有少许分泌物蓄积而影响呼吸,有一定程度的呼吸困难。

②慢性消化道炎症。采食减少,常有腹泻。

③慢性关节炎。常见于腿和翼关节,关节肿胀,疼痛,跛行。

④鸡冠、肉髯苍白、肿胀。

病鸡消瘦,精神委顿,病程1个月以上,病死率不高。

鸭霍乱多为急性型,鸭两脚麻痹或瘫痪,表现不愿下水,行动缓慢无力或不能行走。张口呼吸,口、鼻流黏液,频频摇头,故称"摇头瘟"。剧烈腹泻,排出灰白色或铜绿色混有血液的粪便,1～3 d死亡。病程稍长者可见关节肿胀,跛行。雏鸭有多发性关节炎,多见于跗、腕及肩关节。雏鸭消瘦,发育迟缓。

成年鹅与病鸭症状相似,仔鹅发病以急性为主,食欲废绝,喙角及蹼呈紫色,眼结膜有出血斑点,喉头有黏液性分泌物,腹泻,常于发病后1～2 d死亡。

［**病理变化**］

1.最急性型

病变不明显，仅见心外膜和心冠状沟部有针尖大出血点，肝脏可能有灰白色坏死灶。

2.急性型

皮下组织、腹膜、肺脏、心冠脂肪、肠系膜脂肪、十二指肠的黏膜和浆膜等点状出血，以心冠脂肪出血点最为明显。心包增厚，心包液增多，呈不透明的淡黄色液体，混有纤维素凝块。肝脏稍肿，呈棕色或黄棕色，质脆，表面有灰白色或灰黄色针尖大坏死灶。

3.慢性型

缺乏典型病变，仅见局限性病灶，如鼻窦炎、肺炎、气囊炎、化脓性关节炎、肠炎，有脓性或干酪样渗出物。

鸭、鹅的病变与鸡基本相似。患多发性关节炎的雏鸭，其关节面粗糙，附有淡黄色的干酪样物或鲜红的肉芽组织。关节囊增厚，内有灰黄色黏稠或淡红色浆液状渗出物。肝脏脂肪变性和局灶性坏死。

［**诊断要点**］

1.初步诊断

根据本病鸡、鸭、鹅可同时发病，表现剧烈下痢，剖检见各组织器官的广泛性出血和肝脏的坏死病变，一般可以确诊。但本病的慢性型常与大肠杆菌病、葡萄球菌病等混合感染，在诊断中须进行病原学检查。

2.病原学诊断

采集心血、心包液、肝脏组织等抹片、染色、镜检，如见两极浓染的卵圆形小球杆菌可确诊。还可进一步做细菌的分离培养，鉴定其血清型。也可取分离培养物，皮下接种于家兔(1 mL)或小鼠(0.2 mL)，接种的动物多在接种后 24～48 h 死亡，取其心血、肝脏组织涂片、染色、镜检。

3.鉴别诊断

急性禽霍乱应注意与鸡新城疫鉴别，鸭霍乱应注意与鸭瘟鉴别。

鸡新城疫是由病毒引起的，抗菌药物治疗无效，只发生于鸡，水禽一般不感染，有神经症状，腺胃乳头出血，盲肠扁桃体出血、坏死，肝脏无坏死灶变化；禽霍乱是由多杀性巴氏杆菌引起的，肝脏有针尖大小坏死灶，可用抗菌药物治疗。

鸭瘟又称大头瘟，头颈部肿大，流泪，食道、泄殖腔黏膜有灰黄色假膜，肝脏的坏死灶外绕出血环，有些坏死灶中央还有出血点，抗菌药物治疗无效。

［**防制**］

平时加强饲养管理，消除诱因。一般从未发生过禽霍乱的鸡场(群)不进行菌苗接种，在常发区和流行严重的地区，当药物预防的效果日渐降低时，才可考虑菌苗接种。预防药物有氨基糖苷类抗生素和喹诺酮类药物，饮水或混饲。在流行地区注射菌苗，菌苗种类较多，有禽霍乱 G190E40 弱毒冻干苗、禽霍乱氢氧化铝甲醛苗、禽霍乱油乳剂灭活苗、禽霍乱-鸡新城疫二联油乳剂苗等。

发病时，隔离和淘汰病禽，尸体深埋或焚烧处理，同群家禽进行药物预防，用恩诺沙星、环丙沙星、诺氟沙星、链霉素、土霉素、磺胺类药物（磺胺二甲基嘧啶、磺胺甲基异恶唑）等饮水或拌饲。对污染的环境和用具进行彻底消毒。

任务 10 布鲁氏菌病

布鲁氏菌病简称“布病”，是由布鲁氏菌引起人畜共患的慢性传染病。特征是主要侵害生殖器官、妊娠动物的胎膜和所有动物的关节，引起不育、流产和关节炎。

[**病原**]

布鲁氏菌为革兰氏阴性的小杆菌，球杆状或短杆状，无特殊结构，在病料涂片中成丛，很少呈短链。常用的染色方法是柯氏染色法，本菌染成红色，其他细菌染成蓝色或绿色。布鲁氏菌属有 7 个种 21 个型，常见的是羊布鲁氏菌、牛布鲁氏菌和猪布鲁氏菌，以羊型布鲁氏菌毒力最强，猪型次之，牛型较弱。羊布鲁氏菌主要感染绵羊、山羊，也能感染牛、猪、鹿、骆驼等；猪布鲁氏菌主要感染猪，也能感染鹿、牛和羊；牛布鲁氏菌主要感染牛、马、犬，也能感染水牛、羊和鹿。

本菌对外界环境因素的抵抗力较强。在污染的土壤中能存活 20～40 d、羊毛上 75～120 d、乳汁中 10 d、胎儿体内 4～6 个月。对湿热敏感，100 ℃数分钟、巴氏消毒灭菌法能很快杀灭。对一般消毒剂敏感，对盐酸四环素、卡那霉素、庆大霉素、链霉素、复方新诺明等也敏感。

[**流行病学**]

1. 易感宿主

能侵害 60 多种动物，其中羊、牛、猪最易感，人类也较易感；其次是羚羊、鹿、骆驼、野猪、犬、猫、狐、狼、野兔、猴等，鸡、鸭及一些啮齿类动物也有感染的报道。一般性成熟动物较幼龄动物易感。实验动物中以豚鼠、小鼠最易感，家兔次之。

2. 传染源

传染源主要是患病动物和带菌动物。特别是流产前后的病畜，是最危险的传染源，随着胎儿、胎水、胎衣和阴道分泌物排菌。带菌动物可通过乳汁、精液排菌。

3. 传播方式和感染途径

一是易感动物通过摄食被污染的饲料或饮水经消化道感染。二是通过交配或人工授精经生殖道感染。三是损伤的皮肤、黏膜接触了污染物而感染；现已证实，正常的皮肤、黏膜也可感染。四是经呼吸道感染，此途径在动物比较少见，主要是畜产品加工人员接触污染的畜产品时经呼吸道感染。

4. 流行特点

本病多发于牧区和农牧区，以产仔季节多发。妊娠母畜感染后第一胎流产的多，以后多不再流产，呈带菌免疫。新疫区流产率高。

[**临诊症状**]

潜伏期 2 周至 6 个月。

1. 隐性感染

多数动物感染后表现隐性感染，血清学检查为阳性。

2. 孕畜流产

孕畜流产是布鲁氏菌病的主要症状。流产可发生于妊娠的任何时期，以怀孕后期多见。流产胎儿多为死胎、弱胎，弱胎出生后不久死亡。牛通常于怀孕后的6～8个月发生流产，大多数牛只流产1次；羊流产多发生于妊娠后3～4个月，山羊可流产2～3次；猪流产多发生于妊娠后的4～12周；犬流产发生在妊娠后的40～50 d，流产后阴道长期排出分泌物。

孕畜流产后，可发生胎衣滞留和引起生殖道炎症，尤其是牛在流产后常胎衣滞留，从阴道流出污秽不洁的红褐色恶臭液体。如引起子宫内膜炎，病牛可长期不孕；如流产后胎衣不滞留或能及时剥除，病牛可迅速康复并再次受孕。

3. 乳腺炎

乳用动物感染布病可引起乳腺炎，乳汁中乳糖含量降低，乳汁易变质，乳房部有硬肿。

4. 关节炎和滑膜炎

感染动物易引起关节炎和滑膜炎，多见于膝关节和腕关节，关节部位肿胀，跛行或卧地不起。

5. 睾丸炎和附睾炎

公畜感染后主要引起睾丸炎和附睾炎，睾丸肿胀，坚硬，阴茎红肿，性欲消失，不育。

[**病理变化**]

牛、羊的病变大致相同。流产牛的子宫黏膜或绒毛膜的间隙中有污灰色的渗出物或脓块，绒毛膜可见化脓灶和坏死灶。公畜的睾丸和附睾有炎性坏死灶和化脓灶。

胎衣水肿增厚，并有出血点，呈黄色胶样浸润，表面覆以纤维蛋白絮片和脓液。绒毛叶贫血，覆有纤维素性、脓性渗出物或黄色脂样渗出物。脐带呈浆液性浸润，肥厚。

胎儿皮下、肌间结缔组织出血性浆液性浸润；胸腹腔积有淡红色液体；真胃内有淡黄色或白色黏液絮状物；胃、肠黏膜出血；淋巴结、肝和脾不同程度肿大，有散在坏死灶。

猪的病变与牛、羊基本相似，但流产猪的子宫可见多发性黄白色高粱米大小的结节病变，病变位于黏膜深层，并向黏膜面凸起，称为子宫粟粒性病变。

[**诊断要点**]

1. 初步诊断

根据流行病学调查，孕畜发生流产，胎衣不下，子宫内膜炎，不孕；公畜发生睾丸炎、附睾炎，不育；以及同群家畜中有发生关节炎、腱鞘炎，结合胎儿、胎衣的病理变化，可怀疑为本病。

2. 细菌学检查

取胎儿、胎衣、母畜阴道分泌物、乳汁及肿胀部的渗出液等涂片，经柯氏染色法染色，镜检发现红色的细小球杆菌，结合临诊可以确诊。但本法的检出率很低，必要时应同时进行分离培养或动物实验。

3. 血清学检查

包括血清凝集试验、全乳环状试验和补体结合试验等。血清凝集试验分试管法和平板法，是牛、羊、猪检疫常用的方法；全乳环状试验常用于奶牛群的布病监测；补体结合试验适用于低凝集反应者及非特异反应动物。此外，还可采用酶联免疫吸附试验、DNA 探针及 PCR 诊断技术等。

［**防制**］

防制本病应坚持预防为主的方针，坚持自繁自养，定期检疫，培养健康畜群，定期免疫接种，加强以消毒为主导环节的综合性措施。

1. 坚持自繁自养原则

禁止从疫区引进动物和购买饲料；引进动物时需经产地检疫，引进后隔离观察 2 个月，隔离期间进行 2 次血清学检查，均为阴性者方可混群。

2. 加强检疫工作

在无布病地区（或养殖场），每年至少进行 1 次检疫。在疫区每年至少 2 次对易感家畜进行检疫。检出的阳性家畜，如数量不多，应及早淘汰；如数量多淘汰困难或经济价值极高的病畜，应建立病畜群，隔离饲养，逐步淘汰。

3. 加强消毒工作

乳与乳制品经消毒后才可食用；皮张、羊毛在收购地点用环氧乙烷熏蒸消毒，包装后方可外运；在发生流产时，对流产胎儿、胎衣深埋或烧毁处理；被污染的圈舍、场地、用具等以 2%热氢氧化钠液或 10%石灰乳进行彻底消毒，粪便经生物热发酵处理。

4. 免疫接种

我国普遍使用猪布鲁氏菌 2 号弱毒菌苗（S_2）和羊布鲁氏菌 5 号弱毒菌苗（M_5）均有较好的免疫效果。猪 2 号弱毒菌苗适用于牛、羊、猪，可口服、皮下注射、肌内注射及气雾等方法接种，免疫期牛 2 年，羊 3 年，猪 1 年。羊 5 号弱毒菌苗适用于牛、绵羊、山羊，对猪无效，可用气雾、肌内注射、皮下注射或口服接种，免疫期 2～3 年。

5. 做好布病监测

采用流行病学调查、血清学诊断方法，结合病原学诊断对牛、羊、猪等易感动物进行布病监测。免疫地区对新生动物、未免疫动物、免疫一年半或口服免疫一年以后的动物进行监测（猪可在口服免疫半年后进行），监测至少每年进行一次；非免疫地区的监测至少每年进行一次。不到污染的牧场放牧，牧区最好施行轮牧。

6. 做好防疫监督工作

布病监测合格是奶牛场、种畜场发放或审验"动物防疫合格证"的必备条件。动物防疫监督机构要对辖区内奶牛场、种畜场的检疫净化情况监督检查。

［**公共卫生**］

人类感染布鲁氏菌病主要由患病动物传染给人类。人们食入带菌的乳汁、肉品经消化道感染；畜牧、兽医工作人员接触病畜，接产时可经皮肤而感染；畜产品加工人员接触污染的畜产品可经呼吸道或皮肤而感染。人感染后主要表现为长期低热（过去的波浪热已不多见），多汗，关节痛，肝、脾肿大，睾丸炎（多为一侧性），滑液囊炎和腱鞘炎。病人出现头痛、失眠、坐骨神经痛和多发性神经炎等症状，躯干及四肢有皮疹。此外还可见淋巴结肿大、恶心、呕吐、腹泻等症状。急性病例有的可迅速康复，但易复发；慢性感染可持续多年。

为了防止人类感染布鲁氏菌病，肉、乳制品应严格消毒，工作人员在处理病畜以及接产时要做好严格防护。对于长期从事兽医、实验室工作人员、饲养人员、挤奶工人和屠宰人员等，如果经常受布鲁氏菌的威胁，除做好必要的防护工作外，还应接种 M_{104} 冻干活菌苗，免疫期 1 年，第 2 年复种 1 次。

任务 11　沙门氏菌病

沙门氏菌病是由沙门氏菌属的细菌引起人、畜、禽疾病的总称，其特征是败血症和肠炎，孕畜可发生流产（马、羊）。

［**病原**］

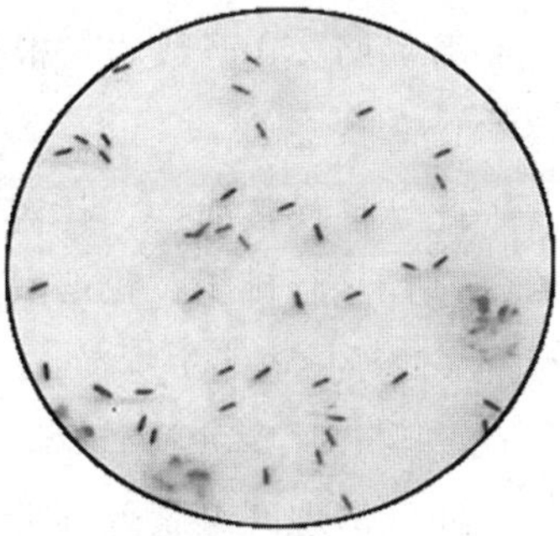

图 3-7　沙门氏菌

沙门氏菌为革兰氏阴性杆菌，两端钝圆，中等大小，长 1～3 mm，宽 0.4～0.6 mm，无荚膜，无芽孢；除鸡白痢沙门氏菌和鸡伤寒沙门氏菌外，其余均有周鞭毛（图 3-7）。除鸡白痢、鸡伤寒、猪伤寒、羊流产和甲型副伤寒等沙门氏菌在普通培养基上生长贫瘠外，其他沙门氏菌在各种普通培养基上均生长良好。在 SS 琼脂或麦康凯琼脂平板上形成无色透明或半透明、边缘整齐的小菌落。沙门氏菌根据菌体抗原（O）、鞭毛抗原（H）和表面抗原（K）分成许多群和血清型。沙门氏菌不只含有一种 O 抗原，不同种的沙门氏菌含有的 O 抗原个数、种类不同。目前根据 O 抗原的不同将沙门氏菌分为 A、B、C1-C4、D1-D3、E1-E4、G1-G2、H-Z 和 O51-O63 以及 O65-O67 共 51 个群。沙门氏菌属血清型众多，到目前为止已有 2 610 种血清型，多数都为肠道沙门氏菌。沙门氏菌能够产生毒力很强的内毒素，引起动物发热、黏膜出血、白细胞增多和中毒性休克。其中肠炎沙门氏菌、鼠伤寒沙门氏菌和猪霍乱沙门氏菌，可使人发生食物中毒。

本菌对干燥、腐败和日光具有一定的抵抗力，在外界环境中可存活数日至数周，熏腌处理不能将其杀死。对化学消毒剂敏感，常用的化学消毒剂都可以达到消毒的目的。

［**流行病学**］

1. 易感宿主

人、畜、禽以及其他动物对沙门氏菌属中的许多血清型都有易感性，各种年龄畜禽均可感染，但以幼龄畜禽易感性高。

2. 传染源及传播途径

患病动物和带菌动物是主要的传染源。病原菌通过粪、尿、乳及流产胎儿、胎衣和羊水等排出，污染饲料、饮水，经消化道引起感染，也可经交配或用患病公畜的精液进行人工授精时感染以及经胎盘发生垂直传播。鼠类可传播本病。另外，健康畜禽的消化道、淋巴组织和胆囊内存在本菌，在诱因（圈舍潮湿、拥挤、粪便堆积、长途运输、饥饿、疲劳、气候骤变、分娩、断奶过早、寄生虫感染、病毒感染等）作用下，导致动物机体抵抗力降低，沙门氏菌大量繁殖可引起内源性感染。

禽沙门氏菌病传播方式有水平传播和垂直传播，往往形成复杂的传播循环。最常见的是通过带菌卵而传播，带菌卵来自康复鸡或带菌母鸡，或健康卵壳被病菌污染后成为污染卵。将带菌卵和污染卵孵化时，出现死胚及病雏，病雏通过其分泌物、排泄物等污染饲料、饮水、孵化器、育雏器等，又使同群的健康雏鸡经消化道、呼吸道或眼结膜而感染，耐过鸡可长期带菌，成年后产带菌卵，带菌卵再进行孵化，如此周而复始，使本病代代相传。本病在畜禽中呈散发性或呈地方流行性。

一、猪沙门氏菌病

猪沙门氏菌病又称为“副伤寒”，主要由猪霍乱沙门氏菌及其变种、猪伤寒沙门氏菌及其变种、鼠伤寒沙门氏菌和肠炎沙门氏菌引起。该病多发于多雨潮湿季节，以 2～4 月龄猪发病较多。

[**临诊症状**]

潜伏期 2 d 至数周。根据病程长短分为急性型、亚急性型和慢性型。

1. 急性型

此型呈现败血症。体温升高至 41～42 ℃，精神沉郁，食欲减退或废绝，呼吸困难。初便秘，后期下痢，排淡黄色恶臭稀粪，有时混有血液。耳根、胸腹部皮肤出现紫红色斑点。病程一般为 2～4 d，病死率很高。

2. 亚急性型和慢性型

此型呈现纤维素性坏死性肠炎。病猪轻度发热，精神不振，食欲减退，寒战。有结膜炎，眼有黏性或脓性分泌物。持续性或断续性下痢，粪便黄褐色或灰绿色，有时混有血液、坏死组织，恶臭。有些病猪于中、后期皮肤出现痂样湿疹，有些病猪还发生咳嗽。病程 2～3 周或更长，最后衰竭而死亡，病死率达 25%～50%。耐过猪生长发育不良。

[**病理变化**]

1. 急性型

此型主要呈败血症变化。脾脏肿大，呈暗紫红色或暗蓝色。全身淋巴结，尤其是咽及肠系膜淋巴结肿大、充血、出血。肝、肾不同程度地肿大、充血和出血，有时肝实质内有小坏死灶。全身黏膜、浆膜均有不同程度的出血斑点，胃肠黏膜还有急性卡他性炎症。

2. 亚急性和慢性型

特征性病变为纤维素性坏死性肠炎，主要发生在盲肠、结肠和回肠段，肠壁增厚，黏膜坏死(图 3-8)，表面覆有灰黄色或淡绿色粗糙麸皮样坏死假膜，剥离，可见边缘不整的红色溃疡。肝、脾及肠系膜淋巴结肿大，常见到针尖大至粟粒大的灰黄色坏死灶或灰白色增生性结节。肺常见有卡他性肺炎或干酪样肺炎病灶。

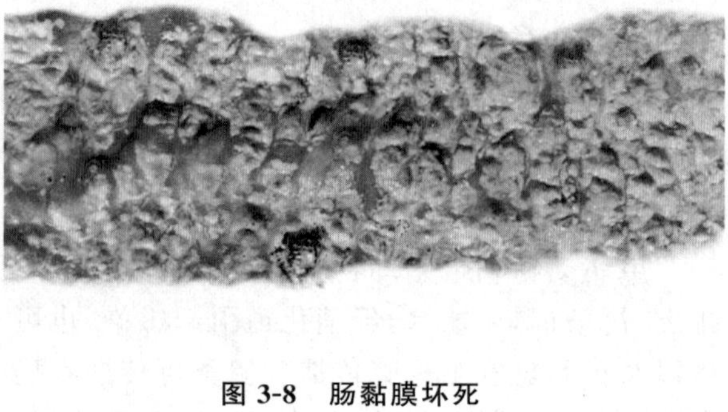

图 3-8 肠黏膜坏死

[**诊断要点**]

根据流行病学、临诊症状和剖检变化可作出初步诊断；确诊时，可采集肝、脾等病料作病原分离培养和生化鉴定，也可作免疫荧光试验。诊断时应注意与猪瘟、猪丹毒、猪肺疫相区别。

[防制]

加强饲养管理，执行严格的卫生防疫制度。对常发地区应定期做好预防免疫接种工作。目前，普遍使用的是仔猪副伤寒弱毒冻干苗，断奶后的健康仔猪应空腹口服免疫，如断奶前免疫，断奶后再免疫1次。

猪群发病后，隔离病猪，进行治疗或淘汰。治疗用抗生素如盐酸土霉素、盐酸多西环素、硫酸新霉素、金霉素等，也可用磺胺类药物，如口服磺胺嘧啶加三甲氧苄啶或肌内注射磺胺嘧啶。同群猪用药物预防。被污染的猪舍、场地、用具用10%～20%的石灰乳彻底消毒。耐过猪多数带菌，应隔离育肥。病死猪尸体应销毁处理，禁止宰杀食用病猪肉，以防引起食物中毒。

二、牛沙门氏菌病

牛沙门氏菌病主要由鼠伤寒沙门氏菌和都柏林沙门氏菌引起，表现为下痢，母牛可发生流产。该病多发于1月龄以内的犊牛，死亡率较高，成年牛多为良性经过。

[临诊症状]

犊牛出生后48 h即可发病，拒食，卧地不起，迅速衰竭，常于3～5 d内死亡。多数犊牛于出生后10～14 d发病，体温升高达40～41 ℃，24 h后排灰黄色稀粪，粪便中混有黏液和血液，恶臭。病程5～7 d，病死率5%～10%，多数犊牛可以康复。病程长者有关节炎，腕关节和跗关节肿大；或有支气管炎和肺炎症状。

成年牛体温升高，精神沉郁，食欲废绝，呼吸困难；下痢，粪便恶臭，混有血液和纤维素絮片以及坏死组织。病牛迅速脱水、消瘦，多于1～5 d内死亡。症状轻者可自行康复，怀孕母牛多发生流产。

[病理变化]

1. 犊牛

在腹膜、小肠后段及结肠黏膜有出血斑点；肠系膜淋巴结肿大，有时出血。脾脏充血、肿胀，有坏死灶。肝、肾色泽变淡，胆汁黏稠而混浊。肺有肺炎病变。关节损害时，腱鞘和关节腔内有胶样液体。

2. 成年牛

脾脏充血肿大。肠系膜淋巴结水肿、出血。肝发生脂肪变性和有小坏死灶，胆囊壁增厚，胆汁混浊呈黄褐色。急性出血性肠炎病变：肠黏膜潮红出血，大肠黏膜脱落，有局限性坏死区。病程长的病例，其肺可见肺炎病变。

[诊断要点]

根据流行病学资料、症状和剖检变化可做出初步诊断；确诊需进行细菌学检查。在发热期，采集血液或乳汁；下痢病例可采取粪便；急性病例，采集脾、淋巴结等进行沙门氏菌的分离培养和鉴定。

诊断时应注意与犊牛大肠杆菌病相区别。

[防制]

牛群发病后，及时隔离病牛，治疗或淘汰（治疗可参照猪沙门氏菌病）。对严重下痢的病例要补糖补液，防止脱水。犊牛发病可喂服发酵初乳，4～5 d即可痊愈。尸体要深埋或焚烧，对污染的圈舍和用具要彻底消毒。

三、羊沙门氏菌病

羊沙门氏菌病主要由鼠伤寒沙门氏菌、羊流产沙门氏菌和都柏林沙门氏菌引起，多发生于育成期的羔羊。临诊特征主要表现为下痢，孕羊流产。

[**临诊症状**]

根据临诊表现分为下痢型和流产型。

1. 下痢型

病羊体温升高达 40～41 ℃，精神沉郁，食欲减退。腹泻，排黏液性、带血恶臭稀粪。病羊虚弱，卧地不起，经 1～5 d 死亡，病死率达 25%。

2. 流产型

妊娠绵羊在妊娠后期发生流产或死产。流产前病羊体温升高，精神沉郁，厌食，有的腹痛，阴道分泌物增多。产下的活羔表现衰弱，不能站立，腹泻，常于出生后 1～7 d 内死亡。母羊可在流产后发生死亡。羊群暴发 1 次，一般持续 10～15 d，流产率和病死率可达 60%。

[**病理变化**]

1. 下痢型

卡他性出血性胃肠炎病变：真胃空虚，肠内容物呈半液状，混有小血块；肠黏膜充血、水肿，附有多量黏液。肠系膜淋巴结充血、肿大。胆囊黏膜水肿，心内、外膜有小出血点。

2. 流产型

流产或死产胎儿呈败血症变化：胎儿组织充血、水肿；肝、脾肿大，胎盘水肿、出血。病死母羊有急性子宫内膜炎：子宫内有坏死组织、浆液性渗出物和滞留的胎盘。

[**诊断要点**]

根据病羊出现下痢、流产、死亡率高等特点可作出初步诊断，确诊须进行细菌学诊断。采集肠系膜淋巴结、脾、胆囊、心血、母羊阴道分泌物和流产胎儿组织等进行沙门氏菌的分离培养和鉴定。

[**防制**]

参照牛沙门氏菌病。

四、禽沙门氏菌病

禽沙门氏菌病是由沙门氏菌属中的一种或多种沙门氏菌所引起禽类的急性或慢性疾病的总称，根据病原体的不同可分为鸡白痢、禽伤寒和禽副伤寒三种。

(一)鸡白痢

鸡白痢是由鸡白痢沙门氏菌引起，主要侵害 2～3 周龄雏鸡和雏火鸡，以排白色糊状粪便为特征。雏鸡的发病率和死亡率很高，成年鸡呈慢性或隐性经过。

[**临诊症状**]

1 日龄雏鸡可发病，多于出壳后 4～5 d 开始发病，7～10 日龄病雏增多，2～3 周龄是发病和死亡的高峰期。最急性者，无明显症状突然死亡。病程稍长者表现精神委顿，绒毛蓬乱，两翅下垂，不愿走动，拥挤在一起，缩颈闭目昏睡。腹泻，排灰白色糊状粪便，肛门周围的绒毛被粪便所污染，干结后糊住了肛门(图 3-9)，引起排便困难，常发出“叽叽”的尖叫声，最后因衰竭而死亡。有些病鸡出现眼盲，有的有关节炎，肢关节肿胀，跛行；也可发生肺炎，出现呼吸困难。病程短的 1 d，长的 4～7 d，病死率 40%～70%。耐过鸡生长发育不良，转为慢性或带菌鸡。

中雏与幼雏症状相似，但腹泻明显，粪色不一，鸡冠苍白，病程较长，病死率在 10%～20%。

成年鸡多为隐性感染，母鸡产蛋减少或停止，种蛋受精率和孵化率降低。少数病鸡表现精神委顿，食欲减退，鸡冠苍白，排灰白色、石灰渣样稀便。有些病鸡因卵黄性腹膜炎而使腹围增大，呈现“垂腹”现象。

[**病理变化**]

急性死亡的雏鸡一般无明显病变，仅见内脏器官充血。病程稍长者，在肝、心肌、脾、肺、肾、肌胃等处形成黄白色坏死灶或大小不等的灰白色结节(图 3-10)。肝、脾肿大，胆囊充盈。输尿管扩张，充满白色尿酸盐。盲肠中有白色干酪样栓塞物，常见腹膜炎。

育成鸡除具有上述病变外，还常见心包炎。肝脏肿大至正常的 2～3 倍，呈暗红或深紫色，有的略带土黄色，质脆易碎，表面有散在或弥漫性红色或黄白色坏死灶。肠道多呈卡他性炎症。

成年鸡的病变主要见于生殖系统。母鸡卵泡变色、变形和变性(图 3-11)，呈淡青色或铅黑色，表面凹凸不平，像“石头块”样，内容物呈油脂状或干酪样。有的卵泡从卵巢坠落于腹腔或黏附于腹膜上，外包结缔组织，卵泡破裂引起卵黄性腹膜炎，肠管和脏器粘连(图 3-12)。公鸡睾丸肿大或萎缩，睾丸组织内有小坏死灶，输精管扩张，内有渗出物。

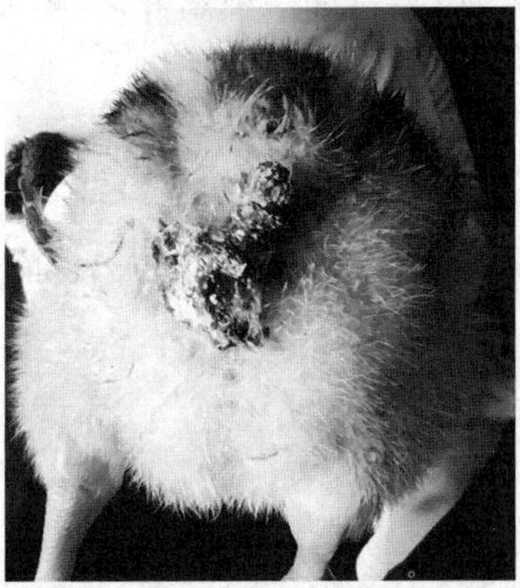

图 3-9　粪便干结后糊住肛门

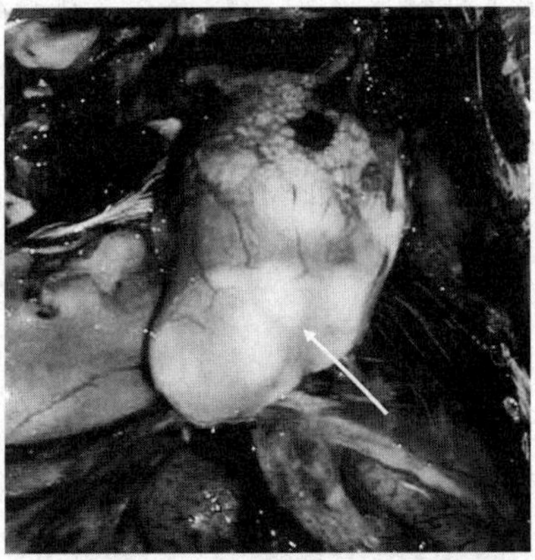

图 3-10　心脏灰白色结节

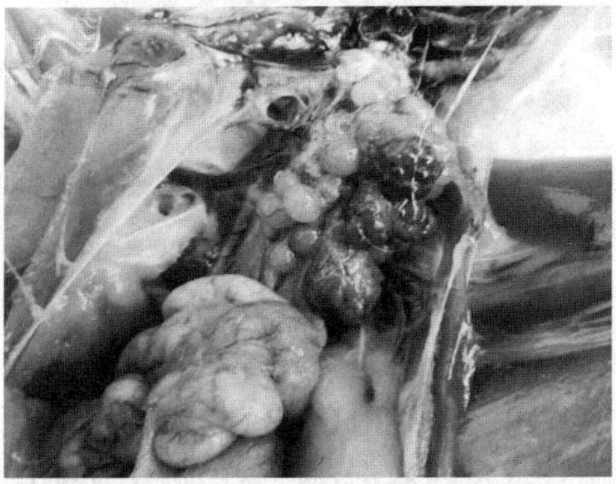

图 3-11　卵泡变色、变形和变性

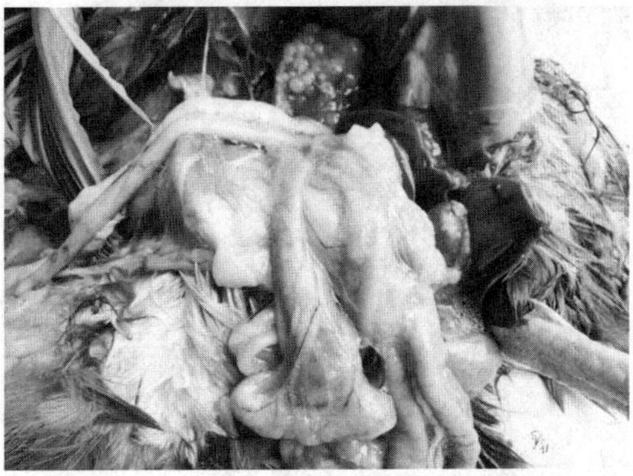

图 3-12　卵泡破裂与肠道发生粘连

[**诊断要点**]

针对雏鸡发病，可根据流行病学、症状和病理变化做出初步诊断，确诊需从病变脏器分离出沙门氏菌。成年鸡没有明显的临诊症状，除进行细菌学诊断外，还可用血清学方法检出阳性病鸡。

1. 细菌的分离和鉴定

无菌采集病死鸡的心、肝、脾、肺、卵巢或睾丸等病料，接种于普通琼脂平板培养基，于37 ℃培养18～24 h后，形成细小、光滑、半透明菌落。在载玻片上滴加1滴生理盐水，挑取可疑菌落于盐水中涂抹，再滴加1滴沙门氏菌多价血清，混匀。如在2 min内发生凝集作用，则属于沙门氏菌。再挑取菌落与D组血清做凝集反应，出现凝集的为鸡白痢沙门氏菌。

2. 血清学检查

常用的方法有全血平板凝集反应和血清试管凝集反应，其中以全血平板凝集反应简便易行，适用于现场检疫，但只适用于性成熟的鸡，对性未成熟的病鸡检出率低。

[**防制**]

预防本病的原则是杜绝病原传入，清除鸡群内带菌鸡与慢性感染鸡，执行严格的卫生防疫制度，建立健康的种鸡群。

1. 孵化环节

孵化前1周，对孵化室和孵化设备进行一次彻底消毒。清扫孵化室，擦洗孵化设备和用具，用福尔马林熏蒸消毒孵化室。挑选健康种蛋，健康种蛋应来自健康种鸡群，入孵前用福尔马林对种蛋熏蒸消毒30 min。

2. 育雏阶段

进雏时严格消毒育雏室。在2～3周龄时用抗菌药物(诺氟沙酸、环丙沙星、庆大霉素等)饮水或拌饲，剂量为治疗量的一半。为防止长期应用单一的药物预防引起耐药菌株的出现，应将药物交替使用。

3. 成年鸡(种鸡)

每年定期检疫，检出的阳性鸡淘汰处理，使鸡群逐步净化。

4. 治疗

雏鸡群发病时，全群鸡用药物饮水或拌饲。用药前最好作药敏试验，选择最敏感的药物可收到更好的效果。

(二)禽伤寒

禽伤寒由鸡伤寒沙门氏菌引起，主要特征是腹泻，肝、脾肿大；主要感染鸡和火鸡，特别是生长期和产蛋期的母鸡。

[**临诊症状**]

潜伏期4～5 d，雏鸡和雏火鸡的症状与鸡白痢相似。中雏和成年鸡呈急性暴发时，体温升高至43～44 ℃，精神委顿，羽毛松乱，采食减少。鸡冠和肉髯呈暗紫色或苍白皱缩，排黄绿色稀便。一般经5～10 d死亡，病死率5%～30%。亚急性或慢性病例，腹泻，生长发育不良，病死率低，耐过者长期带菌。

［病理变化］

雏鸡病变与鸡白痢相似。肺、心肌和肌胃有灰白色的小坏死灶。成年鸡最急性病例眼观变化不明显，病程长的可见肝、脾、肾脏肿大，肝脏呈淡绿色或青铜色，俗称“青铜肝”（图 3-13），表面有粟粒大小的灰白色坏死灶。胆囊充盈。卵泡出血、变形，常有卵黄性腹膜炎和卡他性肠炎。公鸡睾丸有大小不等的坏死灶。

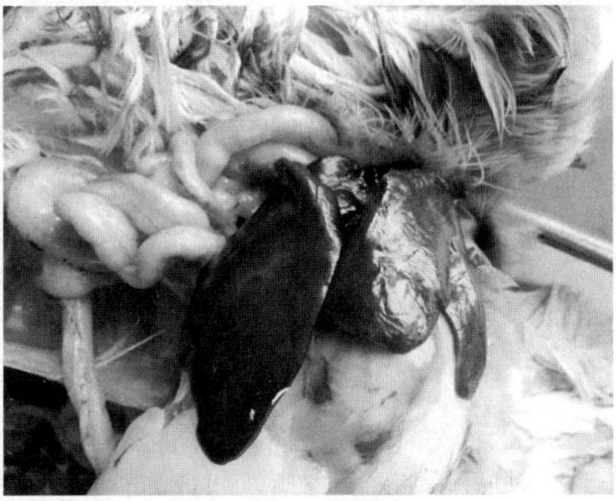
图 3-13　青铜肝

［诊断要点］

根据流行病学、临诊症状和病理变化可作出初步诊断，确诊须进行细菌的分离和鉴定，或用血清学方法检查。血清学检查方法同鸡白痢。

［防制］

参照鸡白痢。

（三）禽副伤寒

在沙门氏菌属中，除鸡白痢和鸡伤寒沙门氏菌外，凡是对禽有致病性的沙门氏菌所引起的传染病都称为禽副伤寒，其中以鼠伤寒沙门氏菌最为常见；各种禽类均可感染，而以鸡、火鸡和鸭最为多见，常于出壳后 2 周之内发病，6～10 日龄达高峰，病死率可达 10%～20%。1 月龄以上的家禽很少死亡，成年鸡呈隐性或慢性经过。禽副伤寒呈地方流行性，特征是下痢和内脏器官的局灶性坏死。

［临诊症状］

潜伏期为 12～18 h 或稍长，2 周龄以内的幼禽发病多呈急性败血症，日龄较大的禽呈亚急性、慢性或隐性经过。经带菌卵感染或孵化器内感染的雏禽，多在出壳后 1 周内发病死亡，症状不明显。多数病例表现嗜睡，垂头闭眼，翅膀下垂，绒毛松乱，怕冷集堆，食欲减少，饮水增加，呈现白色水样下痢，肛门周围污染严重。病程 1～4 d。

雏鸭可见颤抖、喘息和眼睑肿胀，常猝然倒地死亡，故称“猝倒病”。

成年禽症状不明显，有时出现厌食、倦怠、水样下痢，大多数能自行康复，但长期带菌。

［病理变化］

急性死亡的病雏，一般无明显病变。病程稍长者可见消瘦、脱水，卵黄凝固。肝、脾充血，有条纹状出血和针尖大小的坏死灶。肾脏充血。出现心包炎并伴发心包粘连。十二指肠呈出血性炎症，盲肠内有干酪样物。

雏鸭感染莫斯科沙门氏菌时，肝脏呈青铜色，有灰白色坏死灶，气囊膜浑浊并有纤维素样斑点。北京鸭感染鼠伤寒沙门氏菌时，肝、脾肿大，有坏死灶，盲肠内有干酪样物质。

成年鸡可见肝、脾、肾充血肿胀，有出血性或坏死性肠炎；出现心包炎、腹膜炎。产蛋鸡的卵巢化脓、坏死，输卵管发生坏死、增生。

[**诊断要点**]

根据临诊观察和尸体剖检可作出初步诊断，确诊必须进行实验室诊断。急性病例采集病变内脏器官，慢性病例取盲肠或泄殖腔内容物进行病原菌的分离和鉴定。

[**防制**]

防制本病必须对孵化场和养鸡场实施严格的卫生防疫措施，方法参照鸡白痢。

任务12 大肠杆菌病

大肠杆菌病是主要由致病性大肠杆菌引起幼龄动物的一种传染病，呈现肠炎、败血症或毒血症。

[**病原**]

大肠杆菌是革兰氏染色阴性、中等大小的杆菌（图3-14），有鞭毛，有荚膜或微荚膜，无芽孢，一些菌株的菌体表面有一层具有黏附性的纤毛，黏附性的纤毛是一种毒力因子。多数菌株在普通培养基上生长后，形成光滑、湿润、凸起的乳白色菌落。在血液琼脂平板上，某些致病性菌株形成β型溶血。对碳水化合物发酵能力强，能发酵乳糖并产酸，在麦康凯琼脂培养基和远藤氏琼脂培养基上形成红色菌落。常用的化学消毒剂都可将其杀死。

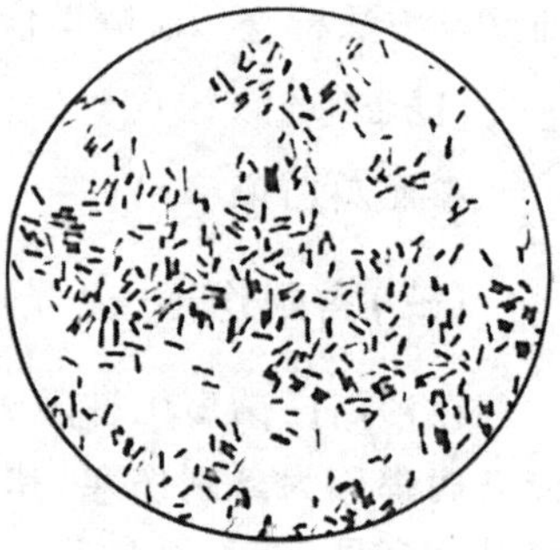

图3-14 大肠杆菌

致病性和非致病性大肠杆菌在形态、染色、培养特性和生化反应方面没有区别，但其抗原结构不同。大肠杆菌的抗原结构由已知菌体抗原（O）171种、表面抗原（K）103种和鞭毛抗原（H）64种构成，它们之间可组合成几千个血清型，如O_8：K_{25}：H_9、O_8：K_{88}、O_{166}：H_{27}等。按其对人和动物的致病性分为肠产毒素性大肠杆菌（ETEC）、肠致病性大肠杆菌（EPEC）、肠侵袭性大肠杆菌（EIEC）、肠出血性大肠杆菌（EHEC）。EHEC主型为O_{157}：H_7，如1996年在日本暴发流行的大肠杆菌病，主要是由O_{157}：H_7引起的，造成上万人发病，死亡20余人，引起了人类的恐慌。

一、仔猪大肠杆菌病

仔猪大肠杆菌病按发病日龄分为仔猪黄痢、仔猪白痢和仔猪水肿病。

（一）仔猪黄痢

仔猪黄痢又称为早发性大肠杆菌病，是初生仔猪的一种急性、高度致死性传染病。其特征是排黄色稀粪。引起仔猪黄痢的血清型很多，如O_8：K_{87}、O_{138}：K_{81}、O_{139}：K_{82}、K_{88}、O_{157}：K_{88ac}、O_{115}：K_{99}、K_{99}等。

[**流行病学**]

本病无明显季节性，主要发生于1周龄以内的仔猪，以1～3日龄多见，随日龄的增长逐渐减少，7日龄以上很少发生。同窝仔猪发病率常在90%以上，病死率几乎达100%。传染源主要是带菌母猪，由粪便排出大量病原性大肠杆菌，污染母猪乳头和体表皮肤，仔猪吮乳或舔舐母猪皮肤时，经消化道引起感染。

[临诊症状]

潜伏期最短 12 h，长的达 1～3 d。同窝仔猪中突然有 1～2 头表现全身衰弱死亡，其他仔猪相继发生下痢，排黄色稀粪，稀粪内含大量的气泡和凝乳块。病猪迅速消瘦、脱水、昏迷而死亡。

[病理变化]

尸体脱水严重，常见颈、腹部皮下水肿。肠道膨胀，内充满黄色液体和气体，肠黏膜呈急性卡他性炎症，尤以十二指肠最为严重。肠系膜淋巴结有弥散性小出血点，肝、肾有小的坏死灶。

[诊断要点]

根据本病发病日龄、排黄色稀便、发病率和病死率高等特点可作出初步诊断。确诊须采集病死猪小肠前部内容物，接种于麦康凯或远藤氏琼脂平板上进行鉴别培养，或用大肠杆菌因子血清进行定型。

[防制]

平时要加强母猪饲养管理，给予优质的饲料。圈舍要经常消毒。母猪产仔前应对产房进行彻底清扫和消毒，对母猪乳头及乳房部皮肤用 0.1%高锰酸钾溶液擦洗。在母猪产前 40 d 和 15 d 各注射一次大肠杆菌 K_{88}-K_{99}-987P 三价灭活苗，或在产前 15～20 d 注射大肠杆菌 K_{88}-LTB 二价基因工程菌苗，仔猪通过吃初乳获得母源抗体而保护。此外，也可用微生态制剂如促菌生、乳康生和调利生等，均有较好的预防效果。仔猪发病时应全窝给药，内服诺氟沙星、硫酸新霉素等药物，也可肌内注射硫酸多黏菌素 B。最好分离出病原菌株做药敏试验，选择抑菌作用最强的药物，以提高治疗效果。

(二)仔猪白痢

临诊特征是排出灰白色的浆糊样稀便，其血清型以 O_8 ∶ K_{88}、K_{99} 较多见。

[流行病学]

本病发生于 10～30 日龄仔猪，以 10～20 日龄仔猪多发，1 月龄以上仔猪很少发病。本病发病率约 50%，病死率很低。本病主要由内源性感染引起，其诱发因素主要有猪舍卫生条件差、阴冷潮湿、气候骤变、母猪的乳汁不足或过浓等，均可促进本病的发生。

[临诊症状]

病猪突然发生腹泻，排出乳白色或灰白色浆糊样粪便，黏腻腥臭，排便次数不等。病猪消瘦，拱背，行动缓慢，被毛粗乱无光泽，发育迟缓。体温、食欲无明显变化。病程 2～3 d，长者达 1 周，绝大多数病猪能够康复。

[病理变化]

尸体外表苍白、消瘦。结肠内容物为灰白色浆糊状，肠黏膜呈卡他性炎症，肠系膜淋巴结轻度肿胀。

[诊断要点]

根据发病日龄、排出灰白色浆糊状粪便、死亡率低等特点可以做出初步诊断，必要时进行细菌学诊断和血清学鉴定。

[防制]

参照仔猪黄痢。仔猪发病后要早期给药，可在饲料内添加适宜的抗生素，如盐酸土霉素、多西环素、硫酸新霉素等，也可口服促菌生、痢菌净、磺胺脒、碱式硝酸铋等药物，一般连用 2～3 d，同时给予矽炭银、鞣酸蛋白、活性炭等收敛止泻药，可提高疗效。

（三）仔猪水肿病

仔猪水肿病是由溶血性大肠杆菌引起仔猪的一种肠毒血症，以头部皮肤和胃壁水肿为特征。其血清型常见的有 O_2、O_8、O_{138}、O_{139}、O_{141} 等。

[流行病学]

本病常散发，有时呈地方流行性，主要发生于断奶后的仔猪，尤以体况健壮、生长快的仔猪多见，育肥猪和 10 日龄以下仔猪很少见。本病多发于春、秋两季，发生与饲喂方法的改变、饲料单一、气候骤变等因素有关。一般发病率为 10%～35%，病死率达 90%以上。

[临诊症状]

突然发病，精神沉郁，食欲减少或废绝，口流白沫，呼吸、心跳加快。初期轻度腹泻，后期便秘。病猪静卧时肌肉震颤，有时倒地抽搐、四肢划动如游泳状；触之敏感，发出呻吟声和嘶哑的鸣叫声；站立时腰背拱起，全身发抖，站立不稳；行走时四肢无力，共济失调，盲目冲撞或做圆圈运动。眼睑水肿，然后波及头面部，有的蔓延至颈部和腹部皮下。有些病猪水肿不明显。病程一般为 1～2 d，少数达 7 d，多数以死亡转归。

[病理变化]

头部皮下胶样水肿。胃大弯和贲门部的黏膜层和肌层之间有厚度达 2～3 cm 的淡黄色水肿液。肠系膜淋巴结、肺水肿也较常见。有些病例的胆囊、喉头、肾脏、直肠也发生水肿。有的病例无水肿变化，但内脏器官出血明显，常见出血性胃肠炎。

[诊断要点]

根据发病猪的年龄、临诊症状、病理变化以及病死率高等特点可做出诊断。必要时可采集小肠前部内容物进行细菌学检查和血清学诊断。

临诊上应注意与猪贫血性水肿、缺硒性水肿相鉴别，二者均无明显的神经症状，用牲血素和亚硒酸钠治疗效果明显。

[防制]

加强断奶仔猪的饲养管理。不要突然更换饲料和改变饲养方法，饲料配比要合理，适当增加饲料中维生素的含量。发现病猪时，可肌内注射亚硒酸钠、盐酸土霉素、硫酸新霉素等，也可用仙鹤草、龙胆草、车前子等中草药煎服。

二、犊牛大肠杆菌病

犊牛大肠杆菌病是初生犊牛的一种急性传染病，最常见的血清型是 O_{78}，其次是 O_{101}、O_9、O_8、O_{111}、O_{115}、O_{15}、O_{26} 等。

[流行病学]

本病多发于冬春舍饲期间，呈地方流行性或散发性，主要见于 10 日龄以内的犊牛。本病主要经消化道感染，也可经子宫内感染和脐带感染发病。凡能降低犊牛机体抵抗力的因素都可以促进本病的发生，如母牛体质瘦弱，饲料中蛋白质供应不足，维生素缺乏，厩舍阴冷潮湿，犊牛未吮食初乳或哺乳不及时等。

[临诊症状]

潜伏期仅为数小时。

1. 败血型

呈急性败血症经过。病犊发热，精神沉郁，间有腹泻，常于出现症状后数小时至 1 d 死亡，有的未出现明显症状即死亡。可在血液和脏器分离到致病性大肠杆菌。

2. 肠毒血型

此型较少见，常突然死亡。病程稍长的病例，可见到神经症状，先兴奋不安，后沉郁、昏迷而死亡，死前多发生腹泻。

3. 白痢型(肠型)

病初体温升高，食欲减退。腹泻，初期排出黄色粥样粪便，后期排灰白色水样粪便，混有未消化的凝乳块、血凝块和泡沫，酸臭。病犊腹痛，肛门失禁。出现下痢后体温下降至正常。病程长的还有肺炎和关节炎症状。如能及时治疗，一般可治愈，但发育缓慢。

[病理变化]

因急性败血型、肠毒血型死亡的犊牛，病变不明显。有下痢症状的病犊，真胃黏膜水肿、充血、出血，肠内容物混有血液和泡沫。小肠黏膜充血、出血，上皮组织脱落。肠系膜淋巴结肿大。病程长的有肺炎和关节炎病变。

[诊断要点]

根据发病年龄、临诊症状和病变怀疑为本病，确诊须进行细菌学检查，必要时进行因子血清鉴定。

[防制]

在母牛分娩前后，对圈舍要彻底清扫和消毒。犊牛出生后要尽早地哺乳，注意保暖。给母牛补充营养，可防止本病的发生。犊牛发病后要及时治疗，常用痢菌净、硫酸新霉素、多西环素、盐酸四环素、杆菌肽、恩诺沙星等。另外要注意调整胃肠机能，防止酸中毒。

三、羔羊大肠杆菌病

羔羊大肠杆菌病是危害 6 周龄以内羔羊的一种急性传染病，呈现肠炎或败血症。其血清型以 O_{78} 最常见，其次是 O_1、O_{13}、O_{27}、O_{37}、O_{39}、O_{42}、O_{48}、O_{55} 等。

[流行病学]

本病常发生于冬春舍饲期间，呈地方流行性或散发性，主要危害 6 周龄以内的羔羊，有的地方 3～8 月龄的羊也有发病。本病的发生与羔羊营养不良、圈舍潮湿和气候骤变等因素有关。

[临诊症状]

潜伏期数小时至 2 d。

1.肠炎型

主要发生于1周龄以内的羔羊。病初体温升高，精神沉郁。腹痛、腹泻，排出黄色或灰色混有血液或带有泡沫的液体状粪便。病羔体质十分虚弱，如不及时治疗，可经24～36 h死亡，病死率达15%～75%。

2.败血型

主要发生于2～6周龄的羔羊。病初体温升高达41.5～42 ℃，精神沉郁，呼吸浅表，脉搏微弱。眼结膜潮红、充血，视力减弱。四肢僵硬，运动失调，头向后仰，磨牙，做游泳样运动，多于发病后4～12 h死亡。有的地区3～8月龄的绵羊羔也发生败血型大肠杆菌病，发病急，死亡快，病原主要是O_{78}。

[**病理变化**]

1.肠炎型

尸体严重脱水，真胃、小肠和大肠内容物呈黄灰色半液体状，黏膜充血。肠系膜淋巴结肿胀发红。

2.败血型

胸腹腔和心包内积有大量液体，内有纤维蛋白。某些关节，尤其是肘关节和腕关节肿大，关节腔内液体混浊，内含纤维素性絮片或脓样渗出物。脑膜显著充血，有弥漫性小出血点，大脑沟回常见多量脓性渗出物。

[**诊断要点**]

根据本病主要发生于6周龄以内的羔羊，以败血症、腹泻、神经症状为特征，再结合细菌学检查可作出诊断。

[**防制**]

防制措施参照犊牛大肠杆菌病。预防败血型羔羊大肠杆菌病的菌苗有两种：一是用O_{78}制成的羊大肠杆菌甲醛菌苗，3月龄以上的绵羊或山羊皮下注射2 mL，3月龄以内的羔羊皮下注射0.5～1 mL，免疫期6个月；二是用驯化的O_{78}弱毒株制成的菌苗，免疫方法为气雾免疫。肠炎型大肠杆菌病由于致病性血清型较多，国内曾用多价灭活苗免疫，但效果不理想。

四、禽大肠杆菌病

禽大肠杆菌病是多种家禽共患的传染病，其中，引起雏鸡发病的血清型主要为$O_1:K_1$、$O_2:K_1$，其次为$O_8:K_1$、O_{15}、O_{18}等；引起雏鸭发病的血清型为O_{119}、O_{78}、O_{14}、O_{147}、O_2等；引起母鹅发病的血清型为$O_{141}:K_{85}$、$O_7:K_1$等。

[**流行病学**]

大肠杆菌在自然界分布广泛，饲料、饮水、器具以及禽舍的空气、尘埃常被其污染，家禽可通过呼吸道和消化道感染，也可通过污染的蛋壳侵入卵黄囊而引起禽胚感染死亡。各年龄的家禽均可感染，以幼龄家禽最易感。当环境卫生和饲养管理不良、气候骤变或鸡群存在传染性法氏囊病、包涵体肝炎时，容易引起本病的暴发，并常与鸡新城疫、鸡支原体病、传染性支气管炎、鸡球虫病、鸭霍乱等混合感染。

[**临诊症状和病理变化**]

潜伏期数小时至3 d。根据症状及病变分为大肠杆菌急性败血症、死胎、初生雏败血症及脐炎、卵黄性腹膜炎和输卵管炎、气囊炎、关节炎和滑膜炎、出血性肠炎、全眼球炎、大肠杆菌性肉芽肿等。

1. 大肠杆菌急性败血症

鸡、鸭最常见，多见于雏鸡和6～10周龄幼龄鸡发病，病死率达5%～10%。本病常在应激极严重的情况下发生。受感染的鸡突然死亡，死亡鸡多为营养良好的鸡(肌肉丰满，嗉囊内充盈)。

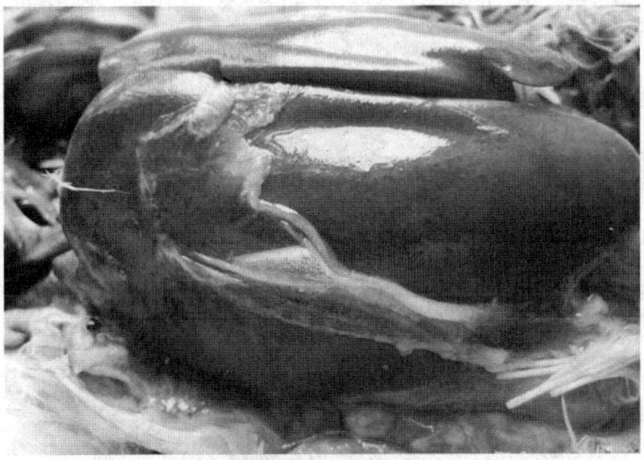

图 3-15　肝周炎

剖检：一般无明显病变，有的可见肝脏呈铜绿色，脾脏肿大，胸肌出血。有时可见纤维素性心包炎并发肝周炎(图 3-15)，心包膜表面附有多量灰白色纤维蛋白，心包腔内充满淡黄色纤维素性渗出液，肝浆膜上附有一层白色纤维蛋白膜，剥脱，肝脏呈紫褐色。

2. 死胎、初生雏败血症及脐炎

内源性带菌或外源性污染的种蛋在孵化过程中，大肠杆菌大量繁殖引起感染，多数鸡胚在孵化的后期或雏鸡出壳前死亡，勉强出壳的雏鸡在出壳后几天内死亡。有的在出壳后2～3 d内发生败血症死亡；有的病雏腹部膨胀，发生脐炎，卵黄吸收不良；有的还发生腹膜炎。死亡率达10%～12%。

3. 气囊炎

常为继发感染所致。鸡群感染新城疫、传染性支气管炎、支原体病或接种这些病的疫苗时，造成呼吸道损伤，大肠杆菌趁机侵入，并在气囊增殖。本病主要发生于5～12周龄的肉鸡，多以6～9周龄为发病高峰期。病鸡表现呼吸困难和咳嗽等症状，死亡率达8%～10%。

剖检：气囊膜增厚、浑浊；囊腔内有白色或淡黄色干酪样渗出物(图 3-16)。有时也可出现心包炎、肝周炎以及输卵管炎(在输卵管内出现淡黄色干酪样渗出物)。

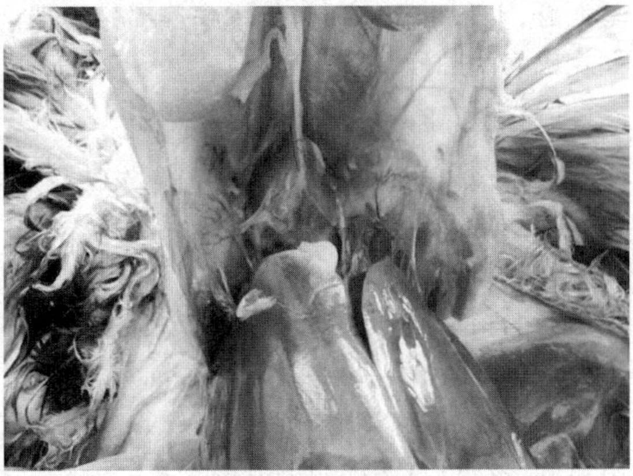

图 3-16　气囊炎

4. 卵黄性腹膜炎和输卵管炎

主要发生于产蛋期的母鸡，采食减少，鸡冠萎缩，肛门周围羽毛上粘着蛋白或蛋黄状物质，产蛋量急剧减少或停产，死亡率与气候变化和治疗情况有关，时高时低。本病多见于管理差和环境污染严重的鸡场。

剖检：打开腹腔便会闻到一股腥臭味，并积有多量的卵黄状物，卵泡变色、变形，呈褐色或灰色，有的卵泡脱落于腹腔，蛋黄液广泛分布于肠系膜表面，使肠系膜发生炎症，肠道互相粘连，病程稍长的在腹腔器官及肠系膜上有纤维蛋白物附着，卵黄凝固成块状，沉积于腹腔中后部(图 3-17)。输卵管膨大，黏膜出血，壁变薄，管内有条索状的干酪样物。

5. 出血性肠炎

病鸡消瘦，排出带血的粪便。主要病变为肠黏膜充血、出血或溃疡，肠道内容物稀薄，并混有黏液和血性物。严重时肠浆膜可见小出血点。

6. 全眼球炎

鸡舍内空气中大肠杆菌密度过高，感染雏鸡引起眼球炎，单侧性或双侧性，开始可见眼睑肿胀、闭合、突出，眼眶内积脓液或干酪样物(图 3-18)，角膜浑浊，后期失明。

图 3-17 腹膜炎

图 3-18 全眼球炎

7. 关节炎及滑膜炎

多发生于幼雏及中雏，跗关节周围呈竹节状肿胀，病雏跛行；有的发生腱鞘炎，步行困难。剖检关节液浑浊，关节腔内有脓液或干酪样物。

8. 大肠杆菌性肉芽肿

多发生于产蛋期将近结束的母禽，生前无特征症状，病鸡主要表现消瘦、衰弱。主要病变是在肝、十二指肠、盲肠、肠系膜等部位出现肉芽肿结节，粟粒大至核桃大，灰白色，外观与鸡马立克氏病的肿瘤结节相似。

［**诊断要点**］

大肠杆菌病在多数情况下为继发性疾病，与原发疾病的症状混合在一起，使症状出现多样化和复杂化。本病没有特征性症状，在诊断中应注意与其他疾病相鉴别。大肠杆菌急性败血症易与沙门氏菌、支原体、巴氏杆菌引起的病变相混淆；死胎、初生雏败血症及脐炎易与雏鸡白痢的病变相混淆；气囊炎易与支原体引起的病变相混淆；卵黄性腹膜炎易与沙门氏菌病相混淆；出血性肠炎易与新城疫、禽霍乱引起的病变相混淆；大肠杆菌肉芽肿易与马立克氏病、淋巴性白血病、沙门氏菌病引起的病变相混淆；眼炎、关节炎易于支原体、葡萄球菌引起的病变相混淆。确诊须进行病原菌的分离鉴定。

[防制]

1. 加强种鸡的饲养管理

大肠杆菌病是一种条件性疾病，在良好的饲养管理条件下，该病可以不发生或少发生。因此，提高种鸡饲养管理水平是预防本病的关键，尤其是要加强种蛋的收集、保存和孵化过程中的卫生消毒工作。

2. 重视消毒

常用于环境消毒的药物有百毒杀、威岛和过氧乙酸等，坚持带鸡消毒制度。

3. 免疫接种

对于发病的鸡场，如果药物一时难以控制，可以考虑疫苗接种预防，用本场分离的菌株制成大肠杆菌多价苗，能有效地防制本病的发生。首次于 4 周龄时接种，18 周龄时进行二免。种鸡在开产前接种疫苗，在产蛋期大肠杆菌病的发病明显减少，种蛋受精率和孵化率提高，发病率也明显降低。

4. 治疗

治疗药物有庆大霉素、阿米卡星、新霉素、诺氟沙星、环丙沙星、恩诺沙星等，有条件的鸡场最好做药敏试验，选择高敏药物，以便获得理想的治疗效果。值得注意的是，20 日龄以上的鸡群单纯感染大肠杆菌病的较少，常与某些病原体混合感染，所以在确诊的基础上还要选择对另一种病原体有效的药物；若有发病诱因存在，应注意消除诱因，以提高疗效。

任务 13　结核病

结核病是由结核分枝杆菌引起的人、畜、禽共患的慢性传染病。其特征是渐进性消瘦和在多种受害组织器官中形成结核结节。

[病原]

结核分枝杆菌呈革兰氏弱阳性，普通染色法较难着色，常用萋-尼二氏抗酸染色法。用该法染色后，结核分枝杆菌呈红色，其他非抗酸菌呈蓝色。菌体纤细、平直或稍弯曲，无荚膜，无芽孢，无鞭毛(图 3-19)。该菌在病料中常成对、成堆排列。常见的分型有牛型、人型和禽型结核分枝杆菌。人型结核杆菌是直或微弯的细长杆菌，多为棍棒状，间有分枝状，主要侵害人、猴、牛、猪和犬等。牛型结核杆菌短粗，且着色不均，主要侵害牛，其次是猪、鹿和人等。禽型结核杆菌短小，具多形性，主要侵害家禽和鸟类、猪，人和牛极少见。

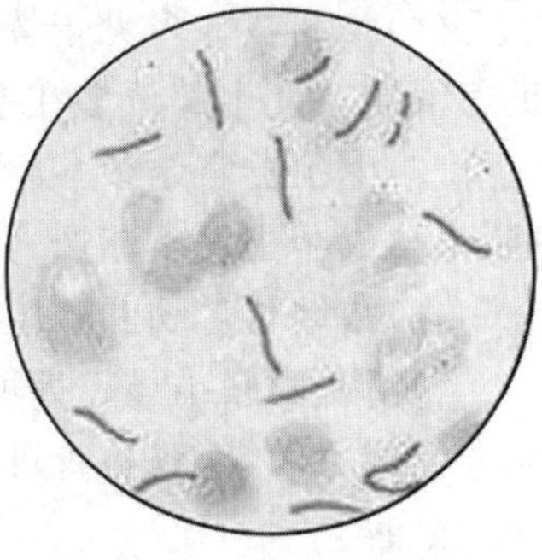
图 3-19　结核分枝杆菌

本菌为专性需氧菌，对营养要求严格，在初次培养时须加入蛋黄、血清、马铃薯、甘油等特殊营养成分。

结核分枝杆菌含有丰富的脂类，对外界环境的抵抗力很强，在干燥空气中能存活 90 d，在痰液中能存活 10 个月，病变组织中能存活 2～7 个月，在土壤和粪便中能存活 6 个月，但对热敏感，70～80 ℃经 5～10 min 即可死亡。对消毒剂抵抗力较强，5%石炭酸、5%来苏儿需 24 h 才能将其杀死；有效的消毒剂为 75%酒精、10%漂白粉、4%福尔马林等。在药物中，对链霉素、利福平、异烟肼、对氨基水杨酸钠等敏感。

［**流行病学**］

1. 易感动物

约有 50 种哺乳动物、25 种禽类可感染本病。在家畜中以牛最易感，特别是奶牛，其次是黄牛、牦牛和水牛；猪、禽次之；单蹄兽和羊极少发病；野生动物中猴、鹿感染较多见。

2. 传染源

患病动物和病人是传染源，尤其是开放性患病动物和患者，通过咳嗽、飞沫、鼻液、粪、尿和乳汁等排出结核杆菌，污染空气、饲料、饮水和环境。

3. 感染途径

主要经呼吸道和消化道侵入易感机体而感染，也可经生殖道（交配）、胎盘和损伤的皮肤黏膜而感染。

4. 诱因

营养不良、瘦弱、圈舍拥挤、潮湿和通风不良时，都可促进本病的发生。

［**临诊症状**］

潜伏期长短不一，一般为 10～45 d，长的达数月至 1 年以上。

通常呈慢性经过，初期症状不明显，仅见消瘦、倦怠，随病情发展症状逐渐明显。

1. 牛

牛结核病因感染部位不同，其症状不同。

（1）肺结核　牛最常见的结核是肺结核。病初食欲、反刍无明显变化，日渐消瘦，易疲劳；常发生短而干的咳嗽，尤其当起立、运动和吸入冷空气或尘埃时易发生咳嗽；随病情进展，发展为痛性湿咳，咳嗽频繁，病情加重；病牛呼吸加快或气喘，流黏性鼻液。听诊肺部有干性或湿啰音，严重时可听到摩擦音，叩诊有浊音区。

（2）淋巴结核　病牛体表淋巴结肿大，触摸时发硬，无热无痛，常见于肩前淋巴结、股前淋巴结、腹股沟淋巴结、下颌淋巴结、咽及颈淋巴结。

（3）乳房结核　奶牛常发生乳房结核，乳房淋巴结肿大，无热无痛，泌乳量减少，严重者乳汁水样稀薄。最后乳腺萎缩，触摸有局限性或弥漫性硬块；两侧乳房不对称，乳头变形。

（4）肠结核　多见于犊牛，主要表现消化不良，顽固性下痢，粪便半液状，混有黏液和脓液，迅速消瘦。发生部位多在空肠和回肠。

（5）生殖器官结核　牛的生殖器官结核较少见，表现性机能紊乱。母畜发情频繁，性欲亢进，不孕或孕牛发生流产；公畜睾丸、附睾肿大，有硬结，有的阴茎前部有结节或糜烂等。

（6）脑结核　脑和脑膜发生结核病变，常引起癫痫样症状或运动障碍。

（7）胸、腹膜结核　即所谓的“珍珠病”，在胸膜、腹膜上布满密集的结核结节，葡萄串状，粟粒大至豌豆大，直肠检查可见。

2. 猪

多表现淋巴结核，常在下颌淋巴结、咽淋巴结、颈淋巴结以及扁桃体发生结核病灶。淋巴结肿大、硬固，表面凸凹不平，以后化脓破溃，排出脓汁和干酪样物。当肠道有感染时常引起下痢。牛型结核分枝杆菌感染猪时，常导致猪死亡。

3. 禽

主要危害鸡和火鸡，以成年鸡多发。临诊表现消瘦，贫血，鸡冠萎缩，跛行，产蛋减少或停止，腹泻等。病禽多因衰竭死亡或因肝、脾破裂而死亡。

4. 鹿

常由牛型结核分枝杆菌引起，症状与牛相似。鹿患肺结核时表现咳嗽、消瘦、贫血，体表淋巴结肿大；患肠结核时，表现顽固性下痢。

5. 猴

动物园里的猴多由人型结核分枝杆菌引起，表现消瘦、咳嗽等症状。

6. 水貂

病貂表现体弱无力，活动减少，消瘦、贫血，咳嗽和气喘等。消化道感染时，出现消化不良和下痢。

[病理变化]

特征病变是在患病组织器官中形成结核结节，有增生性结核结节和渗出性结核结节两种。

1. 增生性结核结节

当机体抵抗力强时，机体对结核菌的反应以细胞增生为主，形成增生性结核结节。针尖大至粟粒大或豌豆大，甚至有鸡蛋大，灰白色，坚实，外有肉芽组织包裹。切开，内为钙盐沉着或为干酪样物，多见于肺部。

2. 渗出性结核结节

当机体抵抗力降低时，机体则出现渗出性炎症和变质性炎症，纤维素性渗出物浸入组织，组织细胞发生凝固性坏死，形成干酪样物质，化脓或钙化。如干酪样肺炎，切面呈灰白、黄色交错的斑驳状；其他干酪样坏死脏器呈黄色干酪样坏死，病灶四周有明显的炎性水肿，有的干酪区变为脓样液体，有的坏死组织溶解排出，形成空洞。

[诊断要点]

根据动物不明原因的渐进性消瘦、咳嗽、肺部异常、慢性乳腺炎、顽固性下痢和体表淋巴结肿胀等，可怀疑为本病，结合死后特异性结核结节病变，可以确诊。对无明显临诊症状的动物和怀疑为本病的动物以及常规检疫时，用变态反应方法诊断；对于开放性结核患畜可进行细菌学诊断。

1. 细菌学诊断

生前采集痰液、乳汁、粪便或其他分泌物，死亡后采集病变组织，抹片，经抗酸染色法染色，镜检。另外，还可采用荧光抗体试验和酶联免疫吸附试验检查，诊断快速、准确，检出率高。

2. 变态反应诊断

变态反应诊断是对动物结核病实施检疫的主要方法，具体操作方法及判定标准见项目三的考核评价——牛结核病的检疫。

[**防制**]

防制动物结核病应采取加强检疫、防止疫病传入、净化污染畜群、培育健康畜群和加强消毒等综合性防制措施。以奶牛场为例，简述如下。

1. 坚持自繁自养原则

平时尽量减少引进，引进牛须经产地检疫，并隔离观察1个月以上，隔离期间进行一次检疫，确认健康者方可混群饲养。结核患者不能饲养牛。

2. 加强检疫

检疫是发现和净化牛结核病的重要手段。

(1)健康牛群　每年春、秋各进行一次检疫，阳性反应牛及时淘汰。

(2)污染牛群　反复多次检疫，阳性反应牛陆续淘汰，有价值的种畜可用链霉素、异烟肼及对氨基水杨酸钠治疗。

3. 培育健康犊牛群

在犊牛出生后吃5 d初乳，然后与母牛隔离饲养，喂以消毒乳或健康牛乳；分别于20～30日龄、100～120日龄和6月龄进行三次检疫，根据检疫结果分群隔离饲养，呈阳性反应的予以淘汰处理。

[**公共卫生**]

人类可因食入含有结核菌的牛奶、畜产品，或与结核病畜接触经消化道或呼吸道感染。人患结核病时全身不适，倦怠乏力，食欲不振，体重减轻，长期低热，心悸和盗汗，其他症状随结核菌侵害器官不同而异。常见的有肺结核、颈淋巴结核、肠结核、结核性腹膜炎、结核性胸膜炎、结核性脑膜炎、肾结核、骨关节结核等。为预防人类结核病，婴儿应注射卡介苗，乳制品经消毒后食用，与病人、病畜接触时要注意个人防护。

任务14　狂犬病

狂犬病是由狂犬病病毒引起人、畜、禽和野生动物共患的一种急性、接触性传染病，俗称“疯狗病”。其特征是神经机能兴奋和意识障碍，继而局部或全身麻痹而死亡。

[**病原**]

狂犬病病毒属弹状病毒科狂犬病病毒属，RNA病毒，有囊膜，是一种嗜神经性病毒，专门侵害神经系统。在患病动物体内主要存在于中枢神经系统、唾液腺和唾液中，尤其在大脑海马角、大脑皮层和小脑等部位存在最多。

狂犬病病毒在所寄生的细胞中增殖可形成胞浆包涵体——内基氏小体，呈圆形或卵圆形，嗜酸性染色。用苏木素-伊红染色，镜检，在红色的背景上可见嗜碱性颗粒，这些小颗粒就是病毒本身。

狂犬病病毒对外界环境因素的抵抗力不强，1%～2%肥皂水、0.01%碘液可灭活病毒；70%酒精、0.1%升汞、新洁尔灭、来苏儿等常用消毒剂均能迅速灭活病毒。其不耐热，100 ℃ 2 min可灭活；日光、紫外线也可杀灭该病毒。冷冻或冻干可长期保存，在50%甘油缓冲溶液中的脑组织病料，狂犬病病毒可存活1个月以上。

［**流行病学**］

1. 易感宿主

人和各种温血动物（包括鸟类、禽类）均可感染；在自然界中，以肉食目的犬科动物（犬、狼、狐）和猫科动物最易感染，尤以犬科动物在世界分布甚广，常成为人、畜狂犬病的传染源和病毒的贮存宿主。禽类发病报道较少，基本上都是被咬伤后立即处理。

2. 传染源

传染源包括患病动物和带毒动物。在我国，首先病犬是人、畜狂犬病的主要传染源；二是疯狼，一些牧区常有疯狼袭击畜群和放牧人员引起狂犬病流行；三是獾类，山区居民常因捕捉獾类被其咬伤感染和剥皮时感染；因逗猫被家猫抓伤感染者也有报道。另外，吸血蝙蝠、某些啮齿类动物是狂犬病病毒的保毒宿主，在传播本病方面也起着重要的作用。

3. 传播方式和感染途径

易感动物主要被患病动物或带毒动物咬伤、抓伤，或经带毒的唾液污染损伤的皮肤、黏膜感染，此外还可通过呼吸道、消化道和胎盘感染。

4. 流行特点

在农村，人、畜狂犬病的发病率高于城市。我国农村养犬较多，因未很好地调教或放养，野性较大，易伤人、畜；预防接种工作难以有效实施；群众防病意识淡薄，被犬等一些可疑动物咬伤、抓伤后，清创不彻底，只做简单处理；边远山区疫苗管理不到位，或因条件限制无法较长时间保存疫苗，或距医院路途遥远，暴露者不能接种或不能及时接种等诸多因素致使农村狂犬病发病率高于城市。狂犬病病死率极高，几乎达100%。

［**临诊症状**］

潜伏期因感染病毒的数量、毒力、伤口距中枢神经的距离以及易感性不同而长短不一。最短者8 d，长者达数月至1年以上，大多在15～55 d，但有文献报道最长者达33年。

1. 犬

临诊类型根据兴奋期长短分为狂暴型和麻痹型两种。

(1)狂暴型　根据临诊症状分为前驱期、兴奋期和麻痹期。

①前驱期。精神沉郁，常躲暗处，不安（换地蹲卧或来回走动或朝天狂吠），不识主人（不听主人召唤，主人驱赶或牵动时会咬主人），受到刺激易兴奋，轻微刺激表现惊恐，食欲反常，异食（吃木片、碎布、羽毛等异物），吞咽困难，唾液分泌增多，伤口发痒，性欲亢进，舔舐伤口和性器官。

②兴奋期。狂暴不安，攻击人、畜，有时也咬伤自己，斜视和惶恐，无目的地奔走、游荡，叫声嘶哑，咽麻痹，舌拖出，流涎增多，下颌下垂，眼球下陷，瞳孔散大，夹尾。

③麻痹期。后躯及四肢麻痹，卧地不起，最后因呼吸中枢麻痹或衰竭而死亡，病程6～8 d，有时可延至10 d。

(2)麻痹型　以麻痹症状为主，兴奋期很短。主要表现麻痹症状，喉头、下颌和后躯麻痹；流涎，张口，吞咽困难，恐水。随后发生四肢麻痹，行走困难，进而全身麻痹而死亡。病程一般为5～6 d。

2. 牛

多为狂暴型。病初精神沉郁，反刍及食欲减少，不久出现兴奋症状，表现起卧不安，前肢搔地，挣脱绳索，冲撞墙壁，跃踏饲槽，磨牙，性欲亢进。一般无攻击人、畜现象。随着病程的发展，逐渐出现麻痹症状，如采食困难，轻度臌气，反刍停止，里急后重等，最后卧地不起，经 3～4 d死亡。

3. 羊

羊的狂犬病较少见，症状与牛相似。多无兴奋期或兴奋期很短，伤口处发痒，常舔咬伤口，并攻击其他动物，后期发生麻痹。绵羊病程为 3～6 d，山羊为 8 d左右。

4. 猪

病猪兴奋不安，横冲直撞，攻击人、畜，叫声嘶哑，大量流涎。在发作间歇期常钻入草堆，稍有声响立即跃起，无目的地奔跑，最后麻痹死亡，病程 2～4 d。

5. 猫

猫的狂犬病多为狂暴型，症状与犬相似，多于出现症状后 2～4 d内死亡。发作时具有攻击性。因猫常与人接近且动作敏捷，其危险性更大。

[**病理变化**]

尸体消瘦，皮肤有咬伤或裂伤。胃内空虚，或有异物。口腔黏膜、喉部黏膜及胃肠黏膜肿胀、充血或出血。脑膜水肿、充血、出血。病理组织学检查可见非化脓性脑炎病变，在神经细胞的细胞质内可见包涵体。

[**诊断要点**]

典型病例根据临诊症状，结合被咬伤病史可作出初步诊断，确诊还须结合实验室检查。

1. 病理组织学检查

取大脑海马角或小脑做触片，用赛勒氏染色法或曼氏染色法染色，镜检。内基氏小体嗜酸性，位于神经细胞胞质中，呈圆形、椭圆形或棱形，直径 3～20 μm，一个细胞内通常含有一个内基氏小体，但也可含有几个。用赛勒氏染色法染色时，内基氏小体呈桃红色，神经细胞为蓝紫色，组织细胞为深蓝色；用曼氏染色法染色时，内基氏小体为鲜红色，神经细胞的细胞核为蓝色、细胞质为淡蓝色。有时，在鲜红色的内基氏小体中还可以见到嗜碱性的蓝色小颗粒。一旦检出内基氏小体，即可确诊。发病动物脑神经细胞包涵体的阳性检出率为 70%左右，所以并非所有发病动物都可检出包涵体。

2. 血清学检验

荧光抗体法是狂犬病特异、快速的诊断方法，其阳性检出率可达 95%。取可疑动物的脑组织或唾液腺制成冰冻切片，用荧光抗体染色，在细胞的细胞质内出现蓝绿色的荧光颗粒即为阳性。近年来，应用基因探针位点杂交检测技术也取得了进展和成功。

[**防制**]

1. 免疫接种

免疫接种是预防人、畜狂犬病的重要措施。

(1)动物主要依赖于预防免疫接种　在我国各地，患病犬仍是人、畜狂犬病的主要传染源。

因此，严格贯彻《家犬管理条例》，养犬登记管理，定期实施免疫接种是控制本病的关键。在农村，给犬进行免疫注射时，须要保定好犬，防止咬伤防疫人员，影响工作开展。随着“宠物热”的兴起，城市养猫增多，但我国目前尚无猫的管理措施，应引起注意和重视，也应接种疫苗。狂犬病在野生动物之间的流行逐渐扩大，给人、畜狂犬病的预防增加了难度。野生动物的疫苗接种是消灭狂犬病的有效办法。但野生动物具有一定的隐匿性和对人具有一定的危险性，接种疫苗较为困难，一般通过投放具有特别诱饵的疫苗，让其自行采食，以获得免疫。

(2)人类主要依赖于暴露后的紧急免疫接种，以降低发病率　人一旦被疯狗、可疑兽咬伤或抓伤后，应于 2 h 内彻底清创，先用力挤压伤口直至有血液流出为止，用 20%肥皂水或 0.1% 新洁尔灭或清水充分冲洗，再用 75%酒精或 3%碘酊处理，同时接种疫苗，有条件者还可加用免疫血清。另外，对受狂犬病威胁的人员，如兽医人员、饲养员、实验室检验人员及野外工作人员等应定期做好预防免疫接种工作。

2. 宣传教育

加强宣传教育，增强自我防病意识；不滥捕野生动物；遇到野生动物尸体，不剥皮吃肉。扑杀患病家畜，尸体深埋处理。儿童不逗犬、猫。

任务 15　痘　病

痘病是由痘病毒引起各种家畜、家禽和人的一种急性、热性、接触性传染病，特征是在皮肤和黏膜上发生丘疹和水疱。

［**病原**］

痘病毒属于痘病毒科，核酸为双股 DNA。病毒呈砖形或卵圆形，长 250～350 nm，宽 200～250 nm。痘病毒的结构比较复杂，中央为 DNA 芯髓，其两旁有两个侧体，外包裹着具有特征管状结构的脂蛋白衣壳。病毒在细胞浆内复制，可形成包涵体。虽然各种动物的痘病毒在形态、结构上相似，但对宿主的感染性严格专一，一般不发生互相传染。

痘病毒对热抵抗力不强，55 ℃ 220 min 或 37 ℃ 24 h 可失去感染力。对冷及干燥抵抗力强，在干燥的痂皮中病毒能存活几个月，冻干可保存 3 年。直射日光和紫外线可迅速灭活病毒。0.5%福尔马林、3%石炭酸和 0.01%碘溶液等，在数分钟内使病毒失去感染力。

一、绵羊痘

绵羊痘是由绵羊痘病毒引起的，属于二类动物疫病。

［**流行病学**］

1. 易感性

不同品种、性别、年龄的绵羊均易感，但以细毛羊最易感；羔羊比成年羊易感，病死率也较高。

2. 传染源

病羊和带毒羊是传染源，可通过痘疱液、脱落的痂皮以及呼吸道分泌物排毒。

3. 传播方式和感染途径

传播方式为直接接触传播和间接接触传播，主要经呼吸道感染，也可通过损伤的皮肤、黏膜感染。饲养管理人员、护理用具、毛皮、饲料、垫草和外寄生虫都可成为本病的传播媒介。

4. 季节性

本病可发生于任何季节，但以冬、春寒冷季节多见。羊舍拥挤、阴暗潮湿、卫生和通风不良时，可加剧流行和加重病情。

[**临诊症状**]

潜伏期平均 6～8 d，短的 2～3 d，长的达 15～16 d。

1. 典型绵羊痘

病初体温升高达 41～42 ℃，精神沉郁，食欲减少，结膜潮红，流浆液、黏液或脓性鼻液，呼吸和脉搏增数。经 1～4 d，在皮肤少毛或无毛的部位，如眼周围、鼻、唇、四肢、尾内面、阴唇、阴囊、包皮和乳房等处出现红斑，1～2 d 后形成淡红色或灰白色突出于皮肤表面的丘疹，呈结节状。丘疹逐渐增大，变成水疱，充满浆液（图 3-20）。以后由于白细胞浸润和化脓菌的侵入变成脓疱。进而脓疱破溃，内容物逐渐干涸，形成棕色痂皮，痂皮脱落后留下一个红色瘢痕（以后颜色逐渐淡化消失），羊体康复。病程 3～4 周。

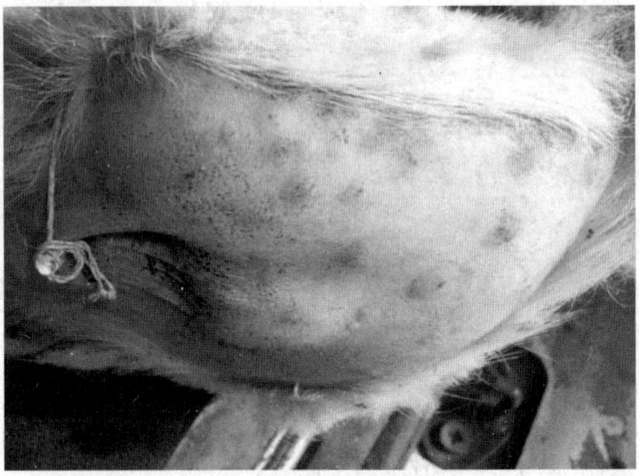

图 3-20 绵羊尾部皮肤皱襞的痘疱

2. 非典型绵羊痘

有的呈良性经过，仅出现体温升高和黏膜的卡他性炎症，或仅出现痘疹，并在几天之内干燥脱落，不形成水疱和脓疱；有的呈恶性经过，痘疱内出血和形成溃疡，病死率达 25%～50%。

[**病理变化**]

胃黏膜可见痘结；咽和支气管黏膜常有痘疹；肺痘为灰红色或灰白色圆形结节，内部呈干酪样坏死，发生率为 25%。

[**诊断要点**]

典型病例可根据皮肤、黏膜出现的特异性痘疹，结合流行病学可作出确诊，非典型病例可结合群的不同个体发病情况作出诊断。必要时采取痘疱液或痘疱皮，作荧光抗体染色检查或作包涵体检查，也可通过接种鸡胚或细胞培养，观察病变，以辅助诊断。

[**防制**]

平时加强饲养管理，冬、春适当补饲，在防寒保暖的同时注意通风换气。常发地区每年定期用羊痘鸡胚化弱毒苗接种，不论羊只大小，在尾部皮肤皱襞皮内注射 0.5 mL，4～6 d 可产生免疫力，免疫期 1 年。

发病时，隔离病羊，对症治疗和预防继发感染，尸体无害化处理，如为舍饲羊，加强圈舍的消毒。如果呈爆发流行时,按一类疫病处理,划定疫点、疫区并实施封锁。疫点一般是指患病羊所在的养殖场(户)或其他有关屠宰、经营单位;如为农村散养,应将自然村划为疫点。疫区为由疫点边缘外延 3 km 范围内的区域。受威胁区指疫区边缘外延 5 km 范围内的区域。扑杀疫点内的病羊及其同群羊,尸体处理按照 GB 16548—2006 执行;对病羊排泄物和被污染或可能被污染的饲料、垫料、污水等均须通过焚烧、密封堆积发酵等方法进行无害化处理。圈舍及用具可用 1%福尔马林、2%漂白粉、2%氢氧化钠进行彻底消毒。对疫区和受威胁区内的所有易感羊进行紧急免疫接种。在疫点内最后一只羊被扑杀处理后,经过 21 d,疫区内没有新的病例出现,经终末消毒后,方可解除封锁。

二、山羊痘

山羊痘由山羊痘病毒引起,其特征是在皮肤和黏膜上形成痘疹,其症状和病变与绵羊痘相似。在我国西北、东北和华北地区呈流行性,少数地区疫情较重。

中国兽药监察所研制的山羊痘细胞弱毒疫苗对山羊安全,免疫效果好,现已推广应用。山羊痘病毒对羊传染性脓疱具有免疫性,但羊传染性脓疱病毒对山羊痘却无免疫性。山羊痘应与羊传染性脓疱鉴别,后者可发生于绵羊和山羊,主要在口唇和鼻周围皮肤上形成水疱和脓疱,以后结成厚而硬的痂,一般无全身反应。

三、猪痘

猪痘由猪痘病毒和痘苗病毒引起,主要经猪血虱传播,也可经蚊、蝇等昆虫传播。猪痘病毒感染 4～6 周龄的仔猪及断奶仔猪,病毒在猪源组织细胞内增殖,形成核内包涵体;痘苗病毒感染各种年龄的猪,还可感染其他多种动物,并能在鸡胚绒毛尿囊膜和牛、绵羊及人的胚胎细胞内增殖,形成胞浆包涵体。

[**临诊症状**]

潜伏期 4～7 d。病猪体温升高,精神沉郁,食欲减退,眼结膜和鼻黏膜潮红、肿胀,并有分泌物。痘疹主要发生于腹下、股内侧、背部或体侧部的皮肤,开始为深红色、突出于皮肤表面的硬实结节,以后见不到水疱即转为脓疱,并很快结痂,脱落后遗留白色斑块而痊愈。病程 10～15 d,多取良性经过。如饲养管理不良或有继发感染,则使病死率增高。

[**诊断要点**]

根据病猪典型痘疹,结合流行病学可以作出诊断。必要时将病料接种于家兔,如为痘苗病毒则在接种部位引起痘疹,而猪痘病毒不感染家兔。

[**防制**]

平时加强饲养管理,消灭猪血虱、蚊子和苍蝇。新购入猪应隔离观察 1～2 周,确认无病者方可混群。发现病猪,立即隔离治疗,剥去痘痂,用 0.1%高锰酸钾溶液洗净患处,再涂龙胆紫或碘甘油,还可注射康复猪血清。病猪康复后可获得坚强免疫力。

四、禽痘

禽痘是由禽痘病毒引起禽类的一种急性、热性、高度接触性传染病,属于三类动物疫病。各种品种、年龄的鸡均易感,以雏鸡最易感。

［**临诊症状**］

潜伏期 4～10 d，临诊分型有以下三型。

1. 皮肤型

常在无毛或少毛部位，主要是头部(冠、髯、喙角、眼皮、耳球)的皮肤上发生小结节，灰白色或灰黄色，逐渐增大至豌豆大，凹凸不平，干而硬，内含黄脂状糊块；结节数目多时，相互融合形成大块的厚痂(图 3-21)，影响视力，或影响呼吸，或影响采食。幼龄鸡精神委顿，食欲减退，体重减轻。产蛋鸡产蛋减少或停止。

2. 黏膜型(白喉型)

多发于幼龄鸡。病初呈鼻炎症状，流黏液性鼻液，后转为脓性。眼睑肿胀，结膜蓄脓或有纤维素性分泌物，严重者导致失明。2～3 d 后，在口腔和咽喉黏膜发生痘疹，初为圆形黄色斑点或结节(图 3-22)，逐渐扩大，融合形成纤维素性坏死性假膜，凹凸不平，且有裂隙，不易剥落，强行剥落后，留下出血的创面。如假膜延伸至喉部时，会引起呼吸困难，甚至窒息死亡。

图 3-21　皮肤型鸡痘

图 3-22　黏膜型鸡痘

3. 混合型

兼有皮肤型和黏膜型症状。

火鸡痘与鸡痘的症状相似，产蛋量减少，种蛋的受精率降低。病程 2～3 周。

鸽痘一般发生在腿、脚、眼睑或喙的基部，个别还发生黏膜型。

［**诊断要点**］

皮肤型鸡痘，根据临诊症状即可确诊。对于单纯的黏膜型易与鸡传染性鼻炎混淆，应结合群体中的其他病型诊断。必要时，采取痘痂或假膜制成(1∶5)～(1∶10)的悬液，在鸡冠或肉髯划痕接种，5～7 d 出现典型的皮肤痘疹。也可进行包涵体检查或用血清学方法诊断。

［**防制**］

平时加强饲养管理，定期预防接种。我国普遍使用鸡痘鹌鹑化弱毒苗，经稀释后，在翅膀内侧三角区避开血管刺种。20～30 日龄雏鸡刺种 1 针，30 日龄以上刺种 2 针。

发病时，应立即隔离病鸡，淘汰处理。如需治疗，对皮肤痘痂，用镊子小心剥离，创面涂以碘甘油；口腔假膜，用镊子除去后用 0.1%高锰酸钾冲洗，涂上碘甘油或撒上冰硼散，也可用等量青黛、硼砂、冰片共研为末，每次取 0.1～0.15 g 吹入咽喉部；为防止继发感染，可在饲料中添加 0.08%～0.1%的土霉素和维生素 A，治疗效果较好。对其他鸡进行紧急免疫接种。尸体深埋或焚烧，禽舍和用具应进行严格消毒。

任务 16　附红细胞体病

附红细胞体病是由附红细胞体寄生于动物和人的红细胞表面、血浆及骨髓液等部位引起的一种传染病，简称附红体病，在临诊上以高热、贫血和黄疸为特征。

附红体病最早发现于 1928 年，过去常被人们所忽视，直至 1950 年确定猪的黄疸性贫血是由附红细胞体引起的，才逐渐被重视起来。目前本病已广泛分布于世界各地。1981 年，我国在家兔中首先发现附红细胞体，以后在牛、羊、猪及犬体内都相继发现，人群中也检查到有其感染。

［**病原**］

附红细胞体，既有原虫的某些特点，又有立克次氏体的一些特征，目前多将其归于立克次氏体目。

1. 形态特性

血液悬液中的附红体大小不一，直径 0.3～1.5 μm；形态多样，多为环形、球形、半月形或卵圆形，少数呈杆状或顿号形。附红体一般单个或多个散在，或多个聚成小团状附着在红细胞表面上，使红细胞表面有突起。附红体寄生在红细胞膜上时，也可改变细胞膜的结构和通透性，使附着的红细胞局部呈凹陷状态，个别可见细胞膜表面形成小洞。附红体也可游离于血浆中。

2. 运动性

悬液中的单个附红体运动活跃，可前、后、左、右做翻滚或扭转运动。一般单个大型附红体活动力弱于小型附红体；许多附红体聚成团状者其活动能力减弱，仅呈现滚动或摆动；接近红细胞的附红体活动力减弱，寄生在红细胞上的附红体外观上观察无活动力，其整个红细胞连同寄生的附红体成为一体，有轻微的摆动、扭动现象。在骨髓悬液中，其运动远不如在血液中活跃，仅有小幅度的摆动和扭动。

3. 染色特性

附红体为革兰氏染色阴性，吉姆萨染色时呈紫红色，瑞氏染色时为蓝紫色。采集感染动物末梢血液抹片，用瑞氏染色，置 1 000 倍油镜下观察，可见附红体以圆形、球形、环形为主，少数为点状、短杆状、逗号状、半月状等不规则小体，感染的动物种类不同时形态也有差异。大部分附红体附着在红细胞表面上，使红细胞呈菠萝形、锯齿形、菜花状、星状、花环状等(图 3-23)。少数虫体分散在血浆中。附着在每个红细胞表面的附红体数一般为 7～8 个，最少有 1 个的，多的达 20 个以上，甚至红细胞表面布满虫体，使红细胞体积显著增大。

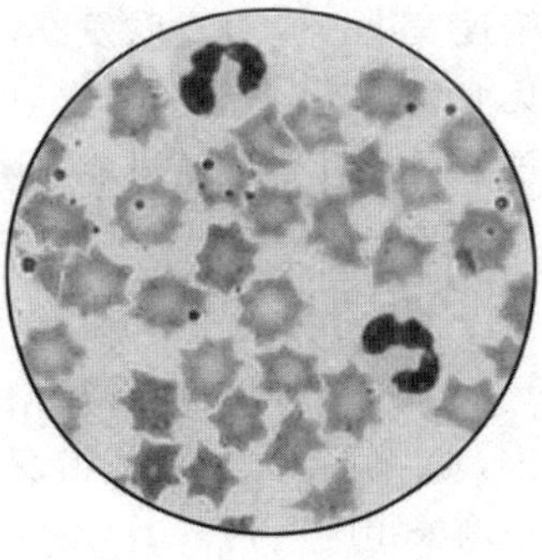

图 3-23　附红细胞体寄生引起的红细胞变形

4. 抵抗力

附红体对干燥、湿热和化学消毒剂都比较敏感。60 ℃ 30 min 即可使附红体失去致病活性，消毒剂数分钟可将其杀死。但附红体对低温抵抗力较强，在冷冻条件下可存活数年之久。

[**流行病学**]

1. 易感宿主

已报道的发病动物有猪、牛、山羊、绵羊、马、驴、骡、兔、骆驼、鸡、犬、猫、小鼠、貂、狐狸和人。在动物中，以牛和猪的附红体感染率最高，有些地区达 50%～90%；驴和羊的感染率较低，家禽中也有感染。在人群中，有些地区的附红体感染率高达 40%，青少年中甚至可达 70% 以上，一些献血人员的感染率也相当高。

2. 传染源

附红体病患病动物、患者及携带者均是本病的传染源，包括绵羊、山羊、牛、猪、马、驴、骡、犬、猫、兔、鼠、鸟类和人类。附红体可长期寄居于动物体内，康复动物可终生携带。附红体病人在康复后数年内仍可携带一定数量的附红体。

3. 传播方式和感染途径

包括接触传播、血源传播、垂直传播及吸血的节肢动物传播等。

(1)接触传播　动物之间、人与动物之间可通过直接接触而发生传播。

(2)血源传播　在进行注射或手术时，未坚持无菌操作，使用不洁的针头、耳号钳、断齿器、去势刀片等，引起传播感染。另外，在动物发生咬癖时，也可引起传播。

(3)垂直传播　调查中发现牛、猪、人可以通过胎盘垂直传播附红体，垂直传播率可达 98%～100%。

(4)节肢动物传播　吸血昆虫中的蚊、螯蝇、虱、蠓等为主要传播媒介。

4. 流行特点

夏、秋季节是各种吸血节肢动物活动繁殖的高峰期，也是本病的高发季节。本病呈世界分布，无地域性分布特征。

[**临诊症状**]

潜伏期一般为 2～45 d。动物感染附红细胞体后多呈隐性经过。

1. 猪

发病率为 20%～50%；架子猪、育肥猪病死率达 10%～30%，仔猪为 40%。病猪体温升高至 41～42 ℃，呈稽留热型。精神沉郁，食欲减退或不采食。可视黏膜初期潮红，继而苍白，轻度黄染。全身皮肤发红，以耳部、鼻端、腹部及四肢内侧皮肤最明显，逐渐变成蓝紫色。被毛无光泽，毛孔有铁锈样出血。有的病猪表现气喘，腹泻，粪便中混有血液、黏液和坏死组织。尿浅红色。母猪生殖机能下降，产仔率降低，泌乳量减少，仔猪出生后不久即可发病，耐过仔猪生长发育迟缓。

2. 牛

表现精神沉郁，食欲减退，使役时无力，易出汗，体温上升达 40 ℃以上，心跳加快，四肢无力，走路摇摆。随着病情发展，病牛症状加重，可视黏膜苍白或黄染，卧地不起，头弯向腹侧，并不断发出呻吟声。

3. 羊

急性型体温升高，呈稽留热。初期便秘，后期腹泻。尿液呈深红色或酱油色。有些羊颈部、耳部、鼻部、胸腹下部、四肢内侧皮肤发红，指压褪色，严重时全身紫斑，毛囊周围有铁锈色斑点。有的羊后肢不能站立，流涎，呼吸困难。眼结膜发炎，后期贫血和黄疸。母羊引起流产、死胎、弱胎，产仔数减少或不发情。公羊性欲减退，精子稀薄，变形，受胎率下降。羔羊发病突然，全身皮肤紫红色，指压褪色；有的突然瘫痪，呻吟，肌肉颤抖，四肢抽搐，死亡时口、鼻和肛门出血。

4. 犬

犬感染率达 60%，大多呈隐性经过。食欲与精神变化不大，往往不易被发现。当犬遭受某种应激性刺激，如长途运输，疲劳或饥饿，引起机体抵抗力下降时，可呈现急性经过。体温升高达 39～40 ℃，少数超过 41 ℃，精神沉郁，食欲减少或废绝，鼻镜干燥。呕吐，腹泻，粪便稀薄腥臭，常混有黏液和血液。尿少呈深黄色。严重者在 3～5 d 内死亡，多数转为慢性。慢性病犬，呈现贫血症状，眼结膜苍白或黄染，被毛粗乱、消瘦、皮肤缺乏弹性，喜卧、嗜睡而不愿走动，强行令其行走则步态蹒跚，摇晃不定。病程长达 1 个月以上。

［**病理变化**］

尸体皮肤苍白，皮下脂肪黄染。胸、腹腔积液。心外膜有出血点，心包腔内积液，心肌松软。肺瘀血肿大。肝脏肿大，呈黄棕色，表面有灰黄色或灰白色坏死灶；胆囊充盈，胆汁浓稠。脾脏肿大，呈蓝灰色，质地柔软。肾脏贫血，局部瘀血。全身淋巴结肿大，切面有灰白色坏死灶或出血点。十二指肠黏膜充血、出血或黏膜脱落。膀胱积尿，颜色较深，黏膜有散在的出血点。

［**诊断要点**］

1. 初步诊断

根据本病发病的季节性，患病动物皮肤暗红，可视黏膜苍白、黄染，血液稀薄、凝固不良等特点可作出初步诊断。

2. 实验室诊断

(1)悬滴标本检查　因高热期动物血液中有大量的附红体，很容易被检出。在疾病后期，血液中红细胞数量明显减少，检查比较困难。因此在高热期，取耳静脉血液 1 滴，滴于载玻片上，加等量生理盐水，混匀，盖上盖玻片，置显微镜高倍镜下观察，可见各种形态的附红体，红细胞在视野中震动，血浆中的附红体作伸展、翻滚、旋转运动，红细胞表面的附红体附着率很高，1 个红细胞可有 2～17 个附红体附着。

(2)染色标本检查　取耳静脉血液，用吉姆萨染色，在显微镜油镜下观察，可见红细胞表面凸凹不平，边缘不整，其表面及血浆中有许多紫红色，逗号状、杆状、圆形或椭圆形等各种形态的附红体。用瑞氏染色，红细胞被染成淡紫色，虫体则染成淡蓝色。

(3)血清学检查　补体结合试验首先用于猪附红体病的诊断，对急性病例效果显著。耐过猪可用间接血凝试验检出。荧光抗体试验可用于猪、牛、羊附红体病的诊断。现在已开始运用分子生物学技术，如 DNA 探针技术和 PCR 技术进行诊断。

［**防制**］

加强饲养管理，搞好圈舍卫生。消灭动物体表寄生虫。实施免疫注射和手术时必须坚持无菌操作，所用注射器、针头、器械要严格消毒。消除各种应激因素的刺激，避免“咬癖症”的发生。

发生本病，要及早治疗。青蒿素是中药青蒿的提取产物，是目前世界上最有效的治疗脑型疟疾和抗氯喹恶性疟疾的药物，也是治疗和预防猪附红细胞体病的首选药物之一。抗原虫类药贝尼尔(血虫净)、黄色素、磷酸伯胺喹啉等有一定疗效。另外,还可采用土霉素、四环素、多西环素等治疗猪附红体病。对于病情严重的,要进行对症治疗,强心补液,退热,肌内注射右旋糖酐铁注射液。对隐性感染和慢性病例要补铁,饲料中适当补充复合维生素和硫酸亚铁,在饮水中加入适量的盐。

任务 17 破伤风

破伤风,又名强直症、锁口风,是由破伤风梭菌经伤口感染,产生外毒素,引起人、畜共患的急性中毒性传染病。特征是骨骼肌持续性痉挛和对外界刺激的反射兴奋性增强。

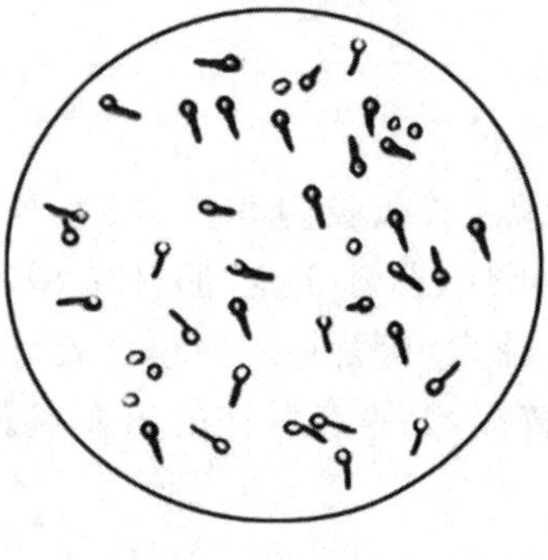

图 3-24 破伤风梭菌

[病原]

破伤风梭菌为革兰氏阳性杆菌,多单在,有周鞭毛,在动物体内、外均可形成芽孢。芽孢位于菌体一端,呈鼓槌状(图 3-24)。

破伤风梭菌为专性厌氧菌,在厌氧条件下生长繁殖产生两种外毒素,即痉挛毒素和溶血毒素。痉挛毒素是一种神经毒素,作用于神经系统,使动物骨骼肌发生痉挛性收缩,出现强直症状,这种毒素经甲醛处理后可成为类毒素。溶血毒素可使红细胞发生溶血,组织坏死。

破伤风梭菌芽孢的抵抗力很强,在土壤中可存活几十年,干热 150 ℃经 1 h,或煮沸 3 h 才能灭活,0.5%石炭酸 10～15 h、3%福尔马林需 24 h 才可将其杀死,对青霉素和磺胺类药物敏感。

[流行病学]

破伤风梭菌广泛存在于自然界,各种家畜均有易感性,其中单蹄兽最易感,其次是反刍兽、猪、犬、猫等。感染途径为各种创伤,如钉蹄铁、去势、断脐、断角、断尾、剪毛、剥胎衣、幼畜换齿及马类家畜体内外黏膜(有损伤)。感染破伤风还须具备厌氧条件,因此浅在的伤口不会感染破伤风。有些病例见不到伤口,可能是患病动物在潜伏期创伤已经愈合,或经损伤的胃肠道黏膜、子宫内膜感染而发病。本病多为散发,无明显季节性。

图 3-25 木马症

[临诊症状]

潜伏期一般为 1～2 周,短者 1 d,长者达 60 d。

1. 单蹄兽

主要表现为骨骼肌强直性痉挛及反射兴奋性增高。病初咀嚼缓慢,运步强拘,不易发现。随着病程发展,开口困难,采食和吞咽障碍。随着病程的延长,病情加重,牙关紧闭,不能采食和饮水。两耳竖立,眼睑半闭、瞬膜外露,鼻孔开张如喇叭状。头颈伸直,凹背弓腰,腹围蜷缩,尾根高举,四肢开张如木马状(图 3-25)。关节屈曲困难,易跌倒。反射兴奋性增高,遇到音响或光线等刺激时,表现惊恐,肌肉痉挛加重,全身战栗,大汗淋漓,往往不能站立。病畜体温正常，意识清醒。病程为 8～10 d，病死率达 45%～90%。

2. 牛

临诊病例不多见。常见反刍停止，伴有瘤胃臌气，其他症状与单蹄兽相似。但反射兴奋性增高不明显，病死率较低。

3. 羊

多由剪毛、断角、去势引起，病羊全身肌肉强直，角弓反张，伴有轻度瘤胃臌气及腹泻。母羊多发生于产死胎或胎衣停滞之后，羔羊多因脐带感染引起，病死率极高，几乎达 100%。

4. 猪

常因去势感染引起，病猪牙关紧闭，瞬膜外露，四肢僵硬，全身痉挛及角弓反张，多在 1～3 d 内死亡。

［**诊断要点**］

根据特征症状和创伤病史可确诊。对于症状不明显的应注意与急性肌肉风湿症、脑炎等鉴别。急性肌肉风湿症无创伤史，体温稍高，应激性不高，局部肌肉肿胀、疼痛，用水杨酸制剂可治疗。脑炎病畜也无创伤史，各种反射机能减退或消失，视力障碍，昏迷不醒并有麻痹症状。

［**防制**］

平时要爱护动物，尽量避免外伤。进行手术时，须坚持无菌操作。在破伤风常发区，手术前 3 周给动物免疫接种破伤风类毒素，如为紧急手术或动物发生严重创伤时，及时注射破伤风抗毒素血清，进行被动免疫。

一旦发病，应及时治疗。治疗原则为消除病原体，中和毒素，解痉镇静，解酸中毒，维护心脏机能，并加强护理，减少应激。

1. 消除病原体

发病期间，对伤口未愈合的进行清理，创伤深而小的要扩创，以彻底清除创内脓汁、坏死组织、异物等，然后用 3%过氧化氢或 0.1%高锰酸钾冲洗消毒，再用 2%～5%碘酊涂擦，之后撒布磺胺粉。创口周围用青霉素、链霉素分点注射。

2. 中和毒素

早期使用破伤风抗毒素以中和毒素。马首次量为 30 万～50 万 IU，以后每隔 3～5 d 注射 5 万～10 万 IU，幼畜用量略减。牛、羊用量 90 万～120 万 IU，猪用量为 20 万～80 万 IU。

3. 对症治疗

当病畜兴奋不安时，静脉或肌内注射镇静药盐酸氯丙嗪。解除痉挛时，可静脉注射 25%硫酸镁 100 mL。解除酸中毒时可静脉注射 5%碳酸氢钠。体温升高或有继发感染可肌内注射青霉素、硫酸链霉素。胃肠机能紊乱可内服健胃药或人工盐，同时进行强心补液，维护心脏机能。此外，还可用千金散、防风散等中药治疗。

4. 加强护理

将病畜隔离于光线较暗、安静的厩舍内，避免各种刺激。不能站立的用吊带吊起。发生褥疮时，局部涂擦碘酊或龙胆紫，防止继发感染。给予充足的饮水和易消化的饲料。不能采食者，用胃管投给流食。

任务18 链球菌病

链球菌病主要是溶血性链球菌引起的多种人畜共患病的总称。动物链球菌病中以猪、牛、羊、马、鸡较常见，兔、水貂、鱼等也可感染。链球菌病的临诊表现多样，可引起各种化脓创和败血症，也可表现为局限性感染。

[**病原**]

链球菌为革兰氏阳性菌，圆形或卵圆形，链状排列，链的长短不一，也可单个或成双存在。在固体培养基上常呈短链，在液体培养基中多呈长链。多数链球菌在幼龄培养物中可见到荚膜，不形成芽孢，多数无鞭毛，为需氧或兼性厌氧菌。多数致病菌的生长要求较高，在普通琼脂上生长不良，在有血液、血清的培养基中生长良好。按溶血性分为甲型(α)溶血性链球菌、乙型(β)溶血性链球菌、丙型(γ)溶血性链球菌3种。乙型溶血性链球菌为主要致病菌，其致病因子主要有溶血毒素、杀白细胞素、透明质酸酶和DNA酶等。

目前，链球菌分为20个血清群，分别以字母A、B……V（I、J除外）表示。其中，A群的化脓性链球菌主要引起人的败血症、猩红热、扁桃体炎等；B、C、D、E、L、N、P等群对动物有致病性。C群的马链球菌兽疫亚种和停乳链球菌等可导致多种动物发生败血症、关节炎、乳腺炎、肺炎、脓肿、心内膜炎等；R(D)群的猪链球菌Ⅱ型可引起人的败血症、脑膜炎，也可引起猪的败血症、脑膜炎和关节炎；S(D)群的猪链球菌Ⅰ型主要感染猪，可引起猪败血症、脑膜炎、关节炎和肺炎。

链球菌对热和常用消毒剂抵抗力不强，多数链球菌经60 ℃ 30 min均可杀死，100 ℃可立即死亡。直射阳光2 h可杀死。0～4 ℃可存活150 d，冷冻6个月特性不变。常用消毒剂如2%石炭酸、1%甲酚皂液均可在3～5 min内杀死。

[**流行病学**]

链球菌的易感动物种类较多，因而在流行病学上的表现多种多样。猪、牛、绵羊、山羊、马属动物、鸡、兔、水貂以及鱼等均有易感性。猪不分年龄、品种和性别均易感；3周龄以内的犊牛易患牛肺炎链球菌病；4月龄至5岁以内的马驹易患马腺疫，特别是1周岁左右的幼驹易感性最强。

患病动物和带菌动物是传染源，主要经呼吸道和受损的皮肤黏膜感染。

不同种动物的链球菌病流行季节不同。猪链球菌病无明显的季节性，但在7—10月易出现大面积流行；羊链球菌病多在每年的10月到翌年4月流行；马腺疫一般在9月开始流行，一直延续到翌年的3月、4月，5月逐渐减少，夏季则很少发生。

链球菌常以共栖菌和致病菌的方式存在于大多数健康的哺乳动物和人体，也可从冷血动物体分离到。其致病作用一般要在多种诱因作用下才能发生作用。当饲养管理不当，环境卫生差，夏季气候炎热、干燥，冬季寒冷潮湿，乍寒乍暖，遗传因素等使动物机体抵抗力降低时，都可引起动物发病。

一、猪链球菌病

急性猪链球菌病以败血症和脑膜炎为特征，慢性猪链球菌病以关节炎和化脓性淋巴结炎为临诊特征。

[**临床症状**]

因感染猪群日龄及猪链球菌血清型不同，发病猪群呈现的临床症状各异。

1. 最急性型

突然发病，常不见任何症状死亡。有的体温升至 41～42 ℃，呼吸急促，多在 1 d 内死亡。

2. 急性型

病猪体温升高至 41～43 ℃，高热稽留。食欲减少或废绝。流泪，结膜潮红。呼吸困难，鼻镜干燥，流浆液性或脓性鼻涕。耳郭、颈部、腹下、四肢等处皮肤出现紫红色及出血点。个别病例出现血尿、便秘或腹泻。病猪多在 3～5 d 内因心力衰竭而死亡。

3. 脑膜炎型

多见于哺乳仔猪和断奶仔猪。主要表现为神经症状，如磨牙、口吐白沫，转圈运动，抽搐、倒地四肢划动似游泳状，最后麻痹而死。

4. 慢性型

表现为心内膜炎，关节炎，关节肿大，跛行，重症者瘫痪，最后因衰弱、麻痹致死。

[**病理变化**]

1. 急性型

以出血性败血症病变和浆膜炎为主要变化。血液凝固不良，耳郭、腹下及四肢末端皮肤有紫斑，黏膜、浆膜及皮下出血。鼻黏膜充血、出血。喉头、气管黏膜出血，常见大量泡沫。肺充血肿胀。全身淋巴结有不同程度的充血、出血、肿大，有的切面坏死或化脓。心包及胸腹腔积液、浑浊、含有絮状纤维素。脾脏肿大。

2. 脑膜炎型

脑膜充血、出血，水肿，脑回沟变浅，脑脊液增多，脑切面和脊髓有明显的小点出血。

3. 慢性型

关节腔内有黄色胶冻样或纤维素性、脓性渗出物。淋巴结脓肿。有些病例心瓣膜上有菜花样赘生物。

[**诊断要点**]

1. 初步诊断

根据流行病学特点、临诊症状和病理变化不难做出诊断，确诊须进行实验室检查。

2. 确诊

根据不同的病型采集相应的病料。败血型可采集心血、肝、脾、肺、气管分泌物等作为病料；脑膜炎型可采集脑、肝、脾等作为病料；关节炎型可采集关节囊液、脓肿的关节、淋巴结、肌肉等作为病料。

(1)制片染色镜检　用革兰氏染色法或亚甲蓝染色法或瑞氏法染色后镜检，可见圆形或椭圆形，有时可见荚膜，3～5 个或更多的菌体呈链状排列的典型链球菌。

(2)细菌分离培养　取病料接种于鲜血琼脂平板和血清肉汤中，37 ℃培养 24～48 h，在鲜血琼脂平板上可见灰白色，半透明，湿润，露珠状，呈β溶血的中等大小的菌落或γ溶血的小菌落；在血清肉汤中先是均匀混浊，培养时间稍长时则见上部澄清，管底有沉淀。

(3)动物接种试验　将病料用灭菌生理盐水配制成(1∶5)～(1∶10)的悬液，或用细菌培养物悬液接种家兔，腹腔注射1～2 mL，家兔可于12～26 h死亡；或腹部皮下接种小鼠0.2～0.3 mL，小鼠常于18～24 h死亡。死亡后取病料涂片镜检，可见典型链状排列的链球菌。

[**防制**]

平时建立和健全防疫消毒制度；及时清除粪便，保持圈舍清洁、干燥和通风良好，注意防寒保暖。引进猪时必须经检疫和隔离观察，确证健康时方能混群饲养。

发病时及时隔离病猪，治疗或淘汰。病死猪尸体深埋处理。对被污染的圈舍、用具进行消毒，粪便、垫料进行无害化处理。对其他猪进行检查，发现体温升高者按病猪处理，体温正常者用抗菌药物预防，或用疫苗作紧急免疫接种。

目前较有效的治疗药物有头孢噻呋、青霉素类、恩诺沙星、氟甲砜霉素等。当分离出致病性链球菌后，应做药敏试验，选择敏感药物进行肌内注射治疗，一般连用3～5 d。

二、牛链球菌病

(一)牛链球菌乳腺炎

[**临床症状**]

病初常不被注意，只有当奶牛拒绝挤奶时才会被发现。呈急性和慢性经过，主要表现为浆液性乳管炎和乳腺炎。

1. 急性型

乳房明显肿胀、变硬、发热、有痛感；此时伴有全身不适，体温稍增高，烦躁不安，食欲减退，产奶量减少或停止。乳房肿胀加剧时则行走困难。常侧卧，呻吟，后肢伸直。病初乳汁保持原样，或呈微蓝色至黄色，或呈微红色，或出现微细的凝块至絮片。病情加剧时从乳房挤出的分泌液类似血清，含有纤维蛋白絮片和脓块，呈黄色、红黄色或微棕色。

2. 慢性型

多数病例为原发，也有不少病例从急性转变而来，无明显临诊症状。产奶量逐渐下降，特别是在整个牛群中广泛流行时尤为明显。乳汁可能带有咸味，有时呈蓝白色水样，细胞含量增多，间断地排出凝块和絮片。用手触之可摸到乳腺组织中不同程度的灶性或弥漫性硬肿。乳池黏膜变硬。出现增生性炎症时，则可表现为细颗粒状至结节状突起。

[**病理变化**]

1. 急性型

患病乳房组织浆液浸润，组织松弛。切面发炎部分明显膨起，小叶间呈黄白色，柔软有弹性。乳房淋巴结髓样肿胀，切面显著多汁，小点出血。乳池、乳管黏膜脱落、增厚，管腔为脓块和脓栓阻塞。乳管壁为淋巴细胞、白细胞和组织细胞浸润。腺泡间组织水肿、变宽。

2. 慢性型

以增生性发炎和结缔组织硬化、部分肥大、部分萎缩为特征。乳房淋巴结肿大；乳池黏膜可见细颗粒性突起;乳管壁增厚,管腔变窄;小叶萎缩,呈浅灰色,切面膨隆,坚实、有弹性、多细孔,部分浆液性浸润,还可见不同大小的囊肿。

(二)牛肺炎链球菌病

主要发生于犊牛,3 周龄以内的犊牛最易感。主要经呼吸道感染,呈散发性或地方流行性。

[**临诊症状**]

最急性病例病程短,仅持续几小时。病初全身虚弱,不愿吮乳,发热、呼吸极度困难,眼结膜发绀,心脏衰弱,出现神经紊乱,四肢抽搐、痉挛。常呈急性败血性经过,于几小时内死亡。如病程延长至 1～2 d,鼻镜潮红,流脓液性鼻汁,结膜发炎,消化不良并伴有腹泻。有的发生支气管炎、肺炎,伴有咳嗽、呼吸困难,共济失调,肺部听诊有啰音。

[**病理变化**]

剖检可见浆膜、黏膜、心包出血。胸腔渗出液明显增多并积有血液。脾脏呈充血性、增生性肿大,脾髓呈黑红色,质韧如硬橡皮,即所谓"橡皮脾",是本病病变特征。肝脏和肾脏充血、出血,有脓肿。成年牛感染则表现为子宫内膜炎和乳腺炎。

牛链球菌病的诊断要点和防制措施参照猪链球菌病。

三、羊链球菌病

羊链球菌病又称羊败血性链球菌病,主要特征是全身性出血性败血症及浆液性肺炎与纤维素性胸膜肺炎。绵羊最为易感,山羊次之。发病率为 15%～24%,病死率为 80%以上。

[**临诊症状**]

潜伏期一般为 2～4 d,少数可长达 10 d。

1. 最急性型

病羊初发临诊症状不明显,常于 24 h 内死亡,或清晨检查发现死于圈舍内。

2. 急性型

病羊病初体温升高达 41 ℃以上,精神沉郁,垂头、拱背、呆立,不愿走动。食欲减退或废绝,反刍停止。眼结膜充血,流泪,随后出现浆液性分泌物。鼻腔有浆液性脓性鼻汁流出。口流涎,混有泡沫。咽喉肿胀,咽背和颌下淋巴结肿大。呼吸困难,咳嗽,心跳加快。粪便有时带有黏液或血液。孕羊阴门红肿,多发生流产。最后衰竭倒地,多数窒息死亡。病程 2～3 d。

3. 亚急性型

体温升高,食欲减退。流黏性透明鼻汁,咳嗽,呼吸困难。粪便稀软,带有黏液或血液。嗜卧、不愿走动,走时步态不稳。病程 1～2 周。

4. 慢性型

轻度发热,食欲不振,消瘦、腹围缩小,步态僵硬。有的病羊咳嗽,有的出现关节炎。病程 1 个月左右,死亡转归。

[**病理变化**]

主要病理变化是各脏器广泛性出血。淋巴结肿大、出血。鼻、咽喉和气管黏膜出血。肺水肿或气肿、出血，出现肝变区。体腔积液。心冠状沟及心内外包膜有小点状出血。肝大呈灰白色，边缘钝厚，包膜下有出血点。胆囊肿大 2～4 倍，胆汁外渗。肾脏质脆、变软，出血梗死，包膜不易剥离。各个器官浆膜面附有黏稠的纤维素性渗出物。

[**诊断要点**]

参照猪链球菌病。

[**防制**]

参照猪链球菌病。

四、马腺疫

马腺疫俗称喷喉，中兽医称槽结。链球菌存在于病马的鼻液和脓肿内，有时健康马的扁桃体及上呼吸道黏膜也存在病菌。可通过污染的饲料、饮水、用具等经消化道感染，也可通过飞沫经呼吸道感染，还可通过创伤及交配感染。马最易感，骡、驴次之，尤以 1 岁左右的幼驹多发。气候环境突变，饲养管理不良，突然断乳等因素可促进本病的发生。患过本病的马可获得坚强的免疫力。本病多发生于春、秋季节，常呈地方流行性。

[**临诊症状**]

潜伏期平均为 4～8 d，有的仅为 1～2 d。临诊上可出现 3 种病型。

1. 一过型腺疫

主要表现为鼻黏膜的卡他性炎症，鼻黏膜潮红，流出浆液性或黏液性鼻液，体温轻度升高，颌下淋巴结轻度肿胀。如加强饲养管理，增强体质，则病菌常被消灭，病程不继续发展，很快自愈。

2. 典型腺疫

病初体温升高达 39～41 ℃，精神沉郁，食欲减少，结膜稍潮红黄染，呼吸、脉搏增数，心跳加快。鼻黏膜潮红，流鼻液，初为浆液性，以后为黏液性，经 3～4 d 后则变为黄白色脓性分泌物。当炎症波及咽喉时，则咽喉部感觉过敏，按压时有疼痛感。咳嗽、呼吸及咽下有困难。有时食物和饮水由鼻腔逆流而出。在出现鼻卡他的同时，颌下淋巴结肿胀，可达鸡蛋大或拳头大，充满整个下颌间隙。其周围炎性肿胀，甚至波及颜面部和喉部，初硬固、热痛，以后肿胀逐渐成熟而变软，并常有一处或数处呈现波动。波动处被毛脱落，皮肤变薄，并于皮肤表面渗出浅黄色液体，继而脓肿破溃，流出大量黄色黏稠乳脂状的脓液。随后体温下降，炎性肿胀亦渐消退，全身症状好转，创腔内肉芽组织增生。血液的变化主要是白细胞总数增加，中性粒细胞增多。如不发生转移性脓肿或并发症，病畜可逐渐痊愈，病程 2～3 周。

3. 恶性型腺疫

当病马抵抗力低，治疗不当，则病原菌可由颌下淋巴结的化脓灶经淋巴或血液转移到其他淋巴结，特别是咽淋巴结、颈前淋巴结以及肠系膜淋巴结等，甚至转移到肺和脑等器官，发生脓肿。咽淋巴结脓肿位于深部，触摸不到，破溃后由鼻腔排脓，可流入喉囊，继发喉囊炎，引起喉囊蓄脓，低头时，由鼻孔流出大量脓液。颈前淋巴结肿大时，可在喉部两侧摸到，破溃后，常于颈部皮下或肌间蓄脓，甚至继发皮下组织的弥漫性化脓炎症。肠系膜淋巴结肿大化脓时，病马消化不良，有时轻度腹泻，直肠检查可在肠系膜摸到肿大部。此型病马的病程长短不定，体温多稽留不降。如治疗不及时，抗菌药物治疗效果不显著，病马则逐渐消瘦、贫血、黄染加重，常因极度衰弱或继发脓毒败血症而死亡。

[病理变化]

常见的是鼻黏膜和淋巴结的急性化脓性炎症。此外，还可见到脓毒败血症的病理变化，在肺、肾、脾、心、乳房、肌肉和脑等处，见有大小不一的化脓灶和出血点，并有化脓性心包炎、胸膜炎和腹膜炎。

[诊断要点]

参照猪链球菌病。

[防制]

参照猪链球菌病。

任务 19　李氏杆菌病

李氏杆菌病是李氏杆菌引起人和多种动物共患的传染病。家畜主要表现脑膜脑炎、败血症和孕畜流产；家禽和啮齿类动物表现坏死性肝炎和心肌炎，有的还可出现单核细胞增多。

[病原]

李氏杆菌为革兰氏阳性的小杆菌，无芽孢、荚膜，有鞭毛。多单在或两个菌排成“V”形或互相并列。

1. 培养特性

需氧或兼性厌氧，对营养要求不高。在普通琼脂培养基中可生长，但在血液或全血琼脂培养基上生长良好，加入 0.2%～1%的葡萄糖及 2%～3%的甘油生长更佳，呈圆形、光滑、透明，露滴状菌落，出现狭窄 β 溶血（菌落下溶血）。在 1～45 ℃的温度范围内可以生长，但以 30～37 ℃生长最佳。在 4 ℃可缓慢繁殖，约需 7 d，故可用低温增菌法从病料中分离病菌。

2. 血清型

用凝集素吸收试验，已将本菌抗原分出 15 种 O 抗原（Ⅰ至ⅩⅤ）和 4 种 H 抗原（A 至 D）。现在已知有 7 个血清型、16 个血清变种。

3. 抵抗力

本菌对外界抵抗力较强，在土壤、粪便内能长期存活，对盐、碱耐受力较大，在 pH 为 9.6 的盐溶液中仍能生长，在 20%的食盐溶液中经久不死，但不耐酸。对热的耐受性比大多数无芽孢杆菌强，常规巴氏消毒法不能将其杀灭。一般消毒剂都易使其灭活。对青霉素有一定的抵抗力，对链霉素、四环素和磺胺类药物敏感。

[流行病学]

自然发病多见于绵羊、猪、家兔，牛、山羊次之，马、犬、猫很少；在家禽中，以鸡、火鸡、鹅较多，鸭较少；许多野兽、野禽、啮齿动物特别是鼠类都易感染，且常为本菌的贮存宿主。各种年龄的动物都可感染发病，妊娠母畜和幼龄动物较易感。患病动物和带菌动物是本病的传染源，其粪、尿、乳汁、精液以及眼、鼻、生殖道的分泌物都可分离到细菌。本病可经消化道、呼吸道、眼结膜及损伤的皮肤等途径感染，饲料和饮水是主要的传播媒介。本病为散发性，有一定的季节性，多在冬季和早春发生。冬季缺乏青饲料，天气骤变，内寄生虫感染或沙门氏菌感染等，均可成为本病发生的诱因。

［**临诊症状**］

潜伏期为2～3周，有的只有数天，也有长达两个月的。不同种动物临床表现不同。

1.反刍动物

病初发热，羊体温升高1～2℃，牛表现轻热。精神沉郁、低头耷耳，不随群行动、不听驱使。败血症主要见于幼畜，流涎、流鼻液、流眼泪。脑膜脑炎多发于年龄较大的动物，表现头颈侧性麻痹，弯向对侧，该侧耳下垂，眼半闭，以至视力丧失。做圆圈运动，遇障碍物，则以头抵着不动。颈项强硬，有的呈现角弓反张。后期卧地，昏迷卧于一侧，直至死亡。病程短的2～3 d，长的达1～3周或更长。妊娠母畜常发生流产。

2.猪

多表现脑膜脑炎症状。病猪兴奋，运动失调，做圆圈运动，有的头向后仰，两前肢或四肢张开呈观星状。病初体温升高，后期体温下降至36～36.5℃，有的后肢麻痹不能站立，侧卧，最后抽搐，口吐白沫，四肢划动，应激性增强，病程1～3 d，多因败血症死亡，病死率高。较大的猪症状较轻，表现共济失调，个别后肢麻痹拖地而行，病程达1个月以上。妊娠母猪易发生流产。

3.马

主要表现脑脊髓炎症状，体温升高，感觉敏感，容易兴奋，共济失调，四肢、下颌和喉部呈不全麻痹。意识和视力显著减弱。幼驹常表现轻度腹痛不安、黄疸和血尿等症状。

4.兔

常急性死亡，表现神志不清，口吐白沫。呈间歇性神经症状，发作时无目的地向前冲撞或转圈运动，后倒地，头后仰，抽搐而死。其他啮齿类动物常表现败血症症状。

5.家禽

主要表现为败血症，精神沉郁，停食、下痢，多在短时间内死于败血症。病程较长的可发生痉挛、斜颈等神经症状。

［**病理变化**］

表现神经临诊症状的患病动物，脑膜和脑可能有充血、炎症或水肿的变化，脑脊液增加，稍混浊，含很多细胞，脑干变软，有小脓灶，血管周围有以单核细胞为主的细胞浸润，肝可能有小炎灶和小坏死灶。

败血症的患病动物，有败血症变化，肝脏有坏死。

家禽心肌和肝脏有小坏死灶或广泛性坏死。

家兔和其他啮齿动物，肝有坏死灶，血液和组织中单核细胞增多。发生流产的母畜可见到子宫内膜充血以至广泛坏死，胎盘子叶常见有出血和坏死。

［**诊断要点**］

1.初步诊断

根据流行病学、临诊症状及病理变化进行初步诊断。羊李氏杆菌病应注意与多头蚴病、慢性型羔羊痢疾、软肾病、狂犬病、酮病和瘤胃酸中毒相区别；牛李氏杆菌病应注意与散发性脑脊髓炎、衣原体感染、传染性鼻气管炎病毒所致的脑炎及多头蚴病相区别；猪李氏杆菌病应与中毒、伪狂犬病及传染性脑脊髓炎相区别。

2. 确诊

(1)微生物学诊断　采集病死动物肝脏、肾脏、心血，涂片，用革兰氏染色法染色，镜检有革兰氏阳性呈“V”形排列的细小杆菌。将病料处理后接种于葡萄糖琼脂平板或亚硝酸钠胰蛋白胨琼脂平板，典型菌落为中央黑色而周围呈绿色。

(2)血清学检查　血清学试验可用凝集试验和补体结合反应，直接荧光抗体染色法可快速、准确地检出病原菌。

[**防制**]

平时须控制鼠类和其他啮齿类动物，驱除外寄生虫，不从疫区引进动物。发病时采取隔离、消毒和治疗等措施。

[**公共卫生**]

人也可感染李氏杆菌病，主要表现脑膜炎、粟粒样脓肿、败血症和心内膜炎等；多为职业性感染或食入病肉而感染。在处理患病动物或剖检尸体时，应注意个人防护。平时应注意饮食卫生，防止食用被污染的蔬菜或乳、肉、蛋而感染。

任务 20　坏死杆菌病

坏死杆菌病是由坏死杆菌引起的各种哺乳动物和禽类的一种慢性传染病。其特征是多种组织坏死，多见于皮肤和皮下组织、消化道黏膜，有的在内脏形成转移性坏死灶。

[**病原**]

坏死梭杆菌为多形性杆菌，革兰氏染色阴性，无荚膜、鞭毛、芽孢，属厌氧菌。短的呈球杆状或短杆状，长的呈长丝状。幼龄培养物着色均匀，老龄培养物则着色不匀，似串珠状。在血液琼脂平板上培养可见 β 溶血。可产生多种毒素，如杀白细胞素、溶血素，能导致组织水肿，内毒素能引起组织坏死。本菌对理化因素抵抗力不强，常用消毒剂均有效，但在污染的土壤中和有机质中能存活较长时间。

[**流行病学**]

多种动物包括野生动物均有易感性，家畜中以猪、绵羊、山羊、牛、马最易感，禽易感性较低；实验动物中兔和小鼠易感，豚鼠次之；也见于观赏动物，如袋鼠、猴、羚羊、蛇及龟类等；人也可感染。

患病和带菌动物为主要传染源。患病动物的肢、蹄、皮肤、黏膜出现坏死性病理变化，病菌随渗出分泌物或坏死组织污染周围环境。健康动物(草食动物)胃肠道常见有本菌，患病动物粪便中约有半数以上能分离出本菌。动物主要经损伤的皮肤和黏膜(口腔)而感染，新生动物有时经脐带感染。人多经外伤感染。

本病多发生于低洼潮湿地区，常发生于炎热、多雨季节，一般散发或呈地方流行性。卫生条件特别差，圈舍污秽、泥泞、潮湿、闷热，饲养密度大，换齿期、吸血昆虫叮咬、饲喂硬锐草料、矿物质特别是钙磷缺乏、维生素不足、营养不良、长途运输等，均可促进本病的发生与发展。

[临诊症状与病理变化]

潜伏期为数小时至 1～2 周，一般 1～3 d，因受害部位不同而有以下几种病型。

1. 腐蹄病

多见于成年牛、羊，有时也见于鹿，病初呈跛行，病肢不敢负重，喜卧地，叩击蹄壳或用力按压病部出现痛感，清理蹄底时，可见小孔或创洞。蹄部肿胀或溃疡，流出恶臭的脓汁。严重者可出现蹄壳脱落，重症者有全身临诊症状，如发热、厌食，进而发生脓毒败血症死亡。

2. 坏死性口炎

坏死性口炎又称“白喉”，多见于犊牛、羔羊或仔猪，有时也见于仔兔或雏鸡。病初发热，厌食，流涎，流鼻液，气喘。舌、齿龈、上腭、颊部、喉头等处的黏膜发生坏死，附有污褐色或灰白色的粗糙假膜，强力撕脱后露出出血的溃疡面。发生在咽喉者，有颌下水肿，呼吸困难，不能吞咽，坏死物质如吸入肺部可引起致死性肺炎。治疗不及时，可发生败血症而死亡。病程 4～5 d，也有延至 2～3 周者。

3. 坏死性皮炎

多见于猪，以仔猪和架子猪多发，其他家畜也有发生。其特征为体表皮肤及皮下发生坏死和溃烂，多发生于体侧、头部和四肢。先在体表皮肤出现突起的小丘疹，局部发痒，丘疹再发展为干痂的结节，硬固肿胀。随后痂下组织坏死溃烂并迅速扩展，形成囊状坏死灶，病部脱毛、渗出液体、皮肤颜色变白，灶内组织坏死或溶解，形成灰黄色或灰棕色稀薄恶臭创液，最后破溃流出。个别病猪全身或大块皮肤干性坏死如盔甲般覆盖体表，最后从其边缘逐渐剥离脱落。病猪经适当治疗，多能治愈，但当内脏出现转移性坏死灶或继发感染时，病猪全身临诊症状明显，发热、少食或停食，常由于高度衰竭而死。母猪可发生乳头和乳房皮肤坏死，甚至乳腺坏死。

4. 坏死性肠炎

常与猪瘟、副伤寒等病并发或继发，临诊表现严重腹泻，粪便呈血脓样或有坏死黏膜，剖检可见肠道黏膜坏死和溃疡，形成白色假膜，膜下为不规则的溃疡。严重者可见肠壁穿孔或胃粘连。

[诊断要点]

根据流行病学特点和典型临诊症状，可以作出初步诊断，确诊须进行实验室诊断。取病、健组织交界处的组织制成涂片、染色、镜检，发现坏死杆菌，即可确诊；也可进行分离培养、动物接种试验鉴定。

[防制]

本病无特异性菌苗预防，只能采取综合性防制措施，加强饲养管理，搞好环境卫生和消除发病诱因，避免皮肤和黏膜损伤。平时要保持圈舍环境及用具的清洁与干燥，地床平整，粪尿污水及时清除；防止动物互相啃咬，不到低洼沼泽泥泞地放牧；牛、羊、马要正确护蹄。在多发季节，可在饲料中加抗生素类药物进行预防。

动物群一旦发生本病，应及时隔离治疗。对发病畜舍的粪便和清除的坏死组织要严格消毒和销毁。在采用局部治疗的同时，要根据病型不同配合全身治疗，如肌内或静脉注射磺胺类药物、土霉素、金霉素、螺旋霉素等。此外，还应配合强心、解毒、补液等对症疗法，以提高治愈率。对牛、羊腐蹄病，可先将患部用1%高锰酸钾溶液洗净后，撒布高锰酸钾粉或硫酸铜粉。如大批发生时，可用10%硫酸铜或5%福尔马林溶液蹄浴，每日1～2次，连续3 d。对患“白喉”的动物，应先除去伪膜，再用1%高锰酸钾冲洗，然后涂碘甘油，每天2次，直至痊愈。

任务21　伪狂犬病

伪狂犬病是由伪狂犬病病毒引起家畜和野生动物的一种急性传染病。特征是发热、奇痒（猪除外）和脑脊髓炎。成年猪呈隐性感染，妊娠母猪发生流产、死胎，哺乳仔猪呈脑脊髓炎和败血症的综合症状。

1813年，本病被首先发现于美国的牛群中。1902年，匈牙利学者Aujeszky首先认为本病是一种不同于狂犬病的疾病，故又名为阿氏病（Aujeszky disease）。1934年，Sabin和Wright确定本病的病原为疱疹病毒。我国于1947年首先在家猫中发现本病，以后在猪、牛等动物中流行，造成很大的危害。

［**病原**］

伪狂犬病病毒属于疱疹病毒科。病毒呈球形，为双股DNA病毒，有囊膜和纤突，能在鸡胚、鸡胚细胞及多种动物组织细胞（其中以兔肾、猪肾细胞最敏感）内增殖，并产生核内包涵体。

病毒对外界环境的抵抗力很强。在病畜舍内的干草上能存活30 d以上，55～60 ℃经30～50 min灭活，80 ℃经3 min灭活，在－70 ℃可保存多年。0.5%～1%氢氧化钠、5%石炭酸可迅速将其灭活。

［**流行病学**］

本病发生于猪、牛、羊、犬、猫、兔、鼠及野生动物，家畜中以猪、牛最易感，马属动物对本病有抵抗力，人偶尔可以感染。病猪、带毒猪及带毒鼠是本病的主要传染源。病猪通过眼鼻分泌物、唾液、乳汁和尿液等排毒，有的带毒猪可持续排毒一年。母猪感染本病后6～7 d乳中有病毒，持续3～5 d。仔猪可因哺乳而感染，妊娠母猪感染后可经胎盘感染胎儿。其他猪还可通过直接接触而感染。其他家畜多因食入病鼠尸体及污染的饲料、饮水经消化道感染，也可经呼吸道、损伤的皮肤及交配而感染。本病多发于冬、春季节，一般为散发，有时呈地方性流行。

［**临诊症状**］

潜伏期一般为3～6 d，少数达10 d。不同种动物临床表现不同。

1. 猪

各年龄猪都易感。新生仔猪及1月龄以内的仔猪常表现为最急性型。病猪体温常突然升高达41～42 ℃，不食，精神高度沉郁，间有呕吐或腹泻，不久病猪兴奋不安，发抖，肌肉痉挛性收缩。运动失调，前肢张开呈八字形或倒地抽搐。呼吸加快，气喘。叫声嘶哑，流涎。有时不自主地前进、后退或做圆圈运动。最后四肢轻瘫或麻痹，侧卧倒地，头向后仰，四肢划动，昏迷死亡。病程1～2 d，病死率很高。2月龄以上的猪，症状轻微，一过性发热，呼吸困难，流鼻液，咳嗽，有时出现呕吐和腹泻，几天内可以恢复，个别病猪出现神经症状死亡。妊娠初期母猪常发生流产，或产死胎、木乃伊胎和弱胎。弱胎出生后2～3 d死亡。成年猪多为隐性感染，症状不明显，或仅表现轻微体温升高，精神委顿，不食，流鼻液，呕吐等症状，一般不发生死亡。

2. 牛

主要表现某部位皮肤剧痒，多见于胸部、臀部和四肢。病牛不断舐咬发痒部位，或在墙壁或柱桩上摩擦，不久出现被毛脱落、皮肤充血，甚至出血。病牛体温升高，狂躁不安，颈肌和咬肌痉挛，流涎。间或哞叫，前肢攀登，后肢踏地。但一般不攻击人、畜。后期病牛衰弱无力，呼吸、脉搏增数，咽喉麻痹，大量流涎，四肢麻痹，卧地不起，病程 2～3 d 后死亡。

3. 绵羊和山羊

症状与牛相似，表现兴奋不安，尖叫，大量出汗，后期出现痉挛和麻痹，通常经 1～2 d 死亡。但山羊常无瘙痒症状。

4. 犬和猫

症状与牛相似。狂暴不安，疯狂地舐咬发痒部位，悲惨地狂叫，但不攻击人、畜。下颌和咽麻痹，不断流涎，死前一直有知觉。

[**病理变化**]

猪鼻黏膜有卡他性或化脓性炎症，咽喉黏膜水肿，并有纤维素性坏死性假膜覆盖。肺水肿，淋巴结充血肿大，胃肠黏膜出现卡他性或出血性炎症。流产胎儿的肝、脾、淋巴结及胎盘绒毛膜有凝固性坏死。牛在瘙痒处皮下组织呈弥漫性肿胀，肺充血水肿，心包积液，心外膜出血。神经症状明显的病例，脑膜充血水肿，脑脊髓液增多。脑有非化脓性脑炎及神经节炎，有明显的血管套。

[**诊断要点**]

1. 初步诊断

根据流行病学特点、临诊症状和病理变化可做出初步诊断。

2. 确诊

(1)动物接种试验　取大脑、延髓、小脑等病料制成 10 倍悬液，加抗生素处理。离心后取上清液 1～2 mL，腹侧皮下或肌肉接种家兔，2～3 d 后注射部位奇痒，家兔不停啃咬奇痒部位，使该部脱毛、出血。奇痒出现后 1～2 d 内麻痹死亡。

(2)血清学诊断　可用直接免疫荧光抗体法检查脑、扁桃体的冰冻切片，发现核内荧光即可确诊。检查血清抗体可用中和试验、琼脂扩散试验、补体结合试验、酶联免疫吸附试验，以血清中和试验最为敏感。

3. 鉴别诊断

狂犬病多为狂暴型，异食，有明显的咬伤发病连锁反应，最后呼吸麻痹死亡。脑病理切片可见神经细胞浆内包涵体。伪狂犬病传播较快，大猪发病时症状较轻，不表现神经症状，取脑组织皮下接种于家兔，表现剧痒症状，黏膜上皮细胞核内可见包涵体。

[**防制**]

平时坚持自繁自养原则，尽量减少引进。引进后应隔离观察，确认无病者方可混群饲养。注意控制饲养场的鼠类。常发地区可定期进行免疫接种。发病时应立即隔离患病动物，扑杀处理，尸体销毁或深埋。未发病动物进行紧急免疫接种。畜舍、用具等用 2%氢氧化钠、20%

漂白粉等彻底消毒。粪便发酵处理。

【案例分析】

分析以下案例，根据病史和检查，提出诊断结果，并制定防制措施。

案例1　某1 000头规模的奶牛场，牛场兽医发现有4头奶牛出现产乳量下降，呼吸浅快，有短而干的咳嗽症状。初按感冒治疗，无效，后用青霉素进行治疗，效果也不显著。随着病程增长，病牛逐渐消瘦，咳嗽加重。其中有1头奶牛极度消瘦，乳汁稀薄如水样，1个月后死亡。剖检病死奶牛，其肺脏、淋巴结上有很多白色突起，切开后，内有干酪样物质。另外，胸膜、腹膜等处有许多豌豆大小的半透明灰白色结节。

案例2　牧区养羊户安某有约135 hm^2（2 000多亩）草场，饲养600多只细毛羊，夏、秋季节放牧，冬、春季节舍饲。近期先后有3只孕羊在妊娠后的3～4个月发生流产，流产前表现为食欲下降，阴道流出黄色黏液，乳房肿胀，关节肿大，跛行。经当地兽医检查，脐带呈浆液性浸润、肥厚；剖检流产胎儿，胎儿皮下呈出血浆液性浸润，胎儿真胃内有淡黄色黏性絮状物，胃肠和膀胱的浆膜下有点状和线状出血，淋巴结、脾脏和肝脏有不同程度的肿胀和散在的坏死灶。

案例3　某猪场3日龄仔猪，陆续出现腹泻症状，排出黄色浆液状稀便，含凝乳小片，发病率达90%，部分死亡。剖检病死猪，十二指肠为卡他性炎症；取小肠前段的内容物接种麦康凯培养基，见圆形红色菌落生长。

【知识拓展】

沙门氏菌的分子生物学检测方法

在各种沙门氏菌检测新技术中，以分子生物学检测方法发展最为迅速。近年来，随着分子生物学技术的飞速发展，各种以分子生物学为基础的检测方法层出不穷，其原理是直接针对沙门氏菌的核酸分子特征进行鉴定，具有较大的优越性。

（一）PCR技术

即聚合酶链式反应，是一种体外基因扩增技术。1992年Rahn首先针对沙门氏菌属特异性*invA*基因设计出一对引物，对630株沙门氏菌进行检测，检测出626株阳性，检出率为99.4%。由于PCR技术具有简便、快速、敏感、特异性强等优点，很多学者均致力于PCR方法检测沙门氏菌技术的研究，比较常见的有Multiplex PCR、Nested PCR，RT-PCR和Real-time PCR。

1. Multiplex PCR

即多重PCR，是为了提高检测效率，降低检测成本而发展起来的一种PCR技术。它在一个反应体系中同时加入多对引物，可以同时扩增多个目的基因，可以同时鉴定多种致病菌、血清型和耐药基因等。Echeita等根据沙门氏菌鞭毛素基因*fljB*设计引物，利用多重PCR检测出沙门氏菌不同的H2相抗原。Camila等采用多重PCR技术同时扩增沙门氏菌属特异性基因*ompC*、肠炎沙门氏菌*SdfI*基因、伤寒沙门氏菌*ViaB*基因和鼠伤寒沙门氏菌*Spy*基因来检测家禽肉的沙门氏菌污染及常见血清型的流行情况。结果表明，阳性检出率高于传统检测方法，且同时可确定肠炎沙门氏菌血清型。多重 PCR 的关键在于引物的设计，必须保证几对引物的退火温度比较接近，扩增产物大小差别在电泳检测时足以被区分开。

2. Nested PCR

即巢式 PCR，是为了减少非特异扩增，提高检测特异性而发展起来的一种 PCR 技术。Saroj 等设计了两对引物，第一对引物扩增的目的片段长度为 1.2 kb，第二对引物以第一对引物的扩增产物为模板，扩增的目的片段长度为 375 bp。采用巢式 PCR 方法对人工污染样品和食品样品检测，所有沙门氏菌阳性样品均检测出单一的 375 bp 条带，且最低检出率为 4 CFU/25 g 样品。但是巢式 PCR 反应中途需要打开反应管加入第二对引物，容易导致反应体系被污染。

3. RT-PCR

即反转录 PCR，与针对细菌 DNA 的其他 PCR 方法不同，RT-PCR 以细菌 mRNA 反转录来的 cDNA 为模板进行扩增，因为 mRNA 只在活细菌中才能稳定存在，所以只有活细菌才能被检出。Nancy 等针对 *rpo D* 基因设计引物，通过 RT-PCR 方法分别对活的、被加热杀死的和被酒精杀死的沙门氏菌进行检测，活菌均检测出目的条带；被加热杀死的细菌分别放置在 4 ℃ 和 37 ℃环境中保存，1 h 后检测，均无目的条带；被酒精杀死的细菌放置在 37 ℃环境下 1 h 后检测无目的条带，放置于 4 ℃环境直至 48 h 后才有目的条带出现，证明 RT-PCR 方法可以有效地检测出样品中有无活菌存在，防止了假阳性结果的出现。但是因为 mRNA 的极不稳定性，RT-PCR 检测技术对检测人员的要求较高，使其推广应用受到一定限制。

4. Real-time PCR

即实时荧光定量 PCR，可以在 PCR 进行的同时，通过检测反应体系中的荧光信号强度得到检测结果，大大提高了检测敏感度，省略了后续分析过程，便于自动化检测，节省时间的同时也免除了电泳过程 DNA 染色剂对人体的危害。Malorny 等使用 Taq Man 探针对肠炎沙门氏菌所特有的毒性质粒上的 *Prot6e* 基因进行扩增，79 株 19 种不同噬菌体型的肠炎沙门氏菌有 75 株检测阳性，119 株非肠炎沙门氏菌均检测阴性，对禽肉和鸡蛋的冲洗液进行检测，结果与常规检测方法 100% 符合，最低检出限为 3 CFU/50 mL。Seo 等采用 Real-time PCR 方法扩增沙门氏菌 D 型菌株特有的 *sefA* 基因对鸡蛋样品的检测结果与常规检测方法 100%一致，最低检出限为 1 CFU/600 g 鸡蛋清洗液。Real-time PCR 检测技术的灵敏度大大高于常规 PCR，但是它的检测特异性同样完全依赖于引物，并不比常规 PCR 更高，且探针价格昂贵，不利于基层推广使用。

(二)基因芯片(DNA chip)

基因芯片是一种固定有很多已知序列 DNA 探针的硅片或玻片。将经过荧光标记的样品分子与基因芯片上的 DNA 探针进行杂交，通过检测每个探针分子的荧光信号强度以得到样品分子的数量和序列信息，基因芯片表面的 DNA 探针从几十个到几百万个不等，可以一次性检测多种病原菌，并同时得到病原菌的耐药性等情况。Cremonesi 等基于细菌的 16S rRNA 基因设计的基因芯片，可以用于检测牛奶中包括沙门氏菌在内的 15 种致病菌。基因芯片技术自动化程度高，具有很好的发展前景，但是目前对于样品的前处理和大量信号的获取和分析上，仍有待进一步的研究。

(三)环介导等温扩增技术(LAMP)

它是2000年由日本人Tsugunori Notomi等开发出来的一种新的核酸扩增方法。LAMP法是利用链置换DNA聚合酶(Bst DNApolymerase),在65 ℃左右恒温条件下1 h内即可将靶基因扩增10^9～10^{10}倍。LAMP技术的原理是针对靶基因的6个区域按照规定的顺序设计4种特异的引物,因此LAMP技术扩增的特异性很高,只要出现扩增就可以判定靶基因存在。同时,在DNA延伸合成过程中,从dNTP中析出的焦磷酸离子与反应溶液中的镁离子结合,会产生白色的焦磷酸镁沉淀。因此,只要用肉眼观察白色混浊沉淀,就能鉴定扩增与否,而不需要烦琐的电泳和紫外观察等过程。此外,LAMP只要在扩增DNA试剂的基础上加上反转录酶和RNA酶抑制剂,就能一步实现RNA的扩增。LAMP具备操作简单、特异性强、反应快速、灵敏度高、可直接扩增RNA、无须特殊设备等优点,LAMP在微生物检测方面上得到了广泛的应用。Yukiko等对227株沙门氏菌和62株非沙门氏菌通过LAMP进行检测,检测结果和PCR检测结果完全一致,而且灵敏度比PCR技术更高,最低灵敏度可达2.2 CFU。但是LAMP的高灵敏性同时也导致了其反应产物一旦开盖,极易造成气溶胶污染,从而形成难以清除的持续性假阳性。解决这个问题的方法主要是不开盖检测或者实验室的严格分区。此外,LAMP不能做多重扩增以及引物设计要求较高的缺点也在一定程度上限制了它的发展和应用。

【考核评价】

炭疽的实验室诊断

一、考核题目

提供实验动物,按炭疽实验室诊断的方法步骤进行操作。

二、材料准备

显微镜、香柏油、二甲苯、擦镜纸、载玻片、酒精灯、剪刀、镊子、手术刀、革兰氏染色液、碱性亚甲蓝染色液、接种环、乳钵、中号试管、漏斗、漏斗架、滤纸、普通肉汤、普通琼脂平板、血液琼脂平板、沉淀反应管、毛细吸管、炭疽沉淀素血清、被检材料(疑似炭疽病料)。

三、方法步骤

(一)细菌学检查

1.检验材料的采集

疑为炭疽死亡的动物尸体,一般不作剖检,应先取末梢血液,涂片镜检,做初步诊断。炭疽病畜死前4～20 h,炭疽杆菌才出现在血液中,且菌数很少,所以生前血片常不易查见细菌,最急性死亡的病例其血片也往往不易检出。炭疽痈的水肿液及脾脏的涂片,检出细菌的机会较多。不进行剖检的尸体可作局部解剖,即在体表脾脏的投影部位割一小口,剪取或钩取一小块脾脏,然后将切口用 0.1%升汞棉花或纱布堵塞,妥为包装后送检。

2.抹片、染色和镜检

将新鲜病料制成涂片,用亚甲蓝染色法或瑞氏染色法或吉姆萨染色法染色,牛、羊炭疽常可见到有荚膜的炭疽杆菌,单在或成对存在,或呈短链排列,菌体两端平截,荚膜呈深紫红色。猪炭疽要取病变部淋巴结或渗出液涂片检查。

3.培养检查

无菌取病畜濒死期或刚死动物的病料,直接接种于普通琼脂平板、血液琼脂平板以及肉汤中,置 37 ℃环境培养 18～24 h,检查有无炭疽杆菌生长。如果检查材料已经陈旧或被污染时,可将血液组织乳剂先放到肉汤中加温至 65～70 ℃经 10 min,杀死无芽孢的细菌,然后吸取 0.5 mL,接种于普通琼脂平板进行分离培养。

炭疽杆菌在普通琼脂平板上形成灰白色、不透明、扁平、表面粗糙、边缘不整齐,呈卷发样的菌落;在鲜血琼脂上不溶血;在普通肉汤中培养可产生絮状沉淀,液体澄清并悬浮有菌丝或菌团。为了鉴定分离的细菌为炭疽杆菌,除接种各种培养基外,同时接种实验动物观察菌体的致病力。炭疽杆菌与类炭疽杆菌有某些类似之处,可参照表 3-2 予以鉴别。

表 3-2 炭疽杆菌与类炭疽杆菌的鉴别要点

鉴别方法	炭疽杆菌	类炭疽杆菌
运动力测定	无	一般有运动
高浓度 CO_2 下培养于血清培养基上生长物	有荚膜	有荚膜
普通琼脂培养基上生长物	常呈长链	常呈短链
普通肉汤培养物	不浑浊,无菌膜	常浑浊、有菌膜
明胶穿刺培养	倒立松树样生长,液化缓慢	无倒立松树样生长,液化常快速
羊血琼脂平板培养	溶血弱或不溶血	溶血明显
卵磷脂酶	产生量小,为弱阳性	蜡样杆菌常呈强阳性,大量产生
对实验动物致病能力	有致病力	大多数没有致病力

(二)血清学诊断

环状沉淀试验(Ascoli 氏试验)用于检查可疑尸体的兽皮、器官和组织中的炭疽杆菌。

操作方法:采集 1 g 左右可疑病畜的组织,经研磨后,用 5～10 mL 含 10%醋酸的碳酸生理盐水稀释,煮沸 5 min,冷却后过滤即成抗原。干燥的皮、毛等需高压灭菌 60 min,冷却后将皮革剪成小块,加入 5～10 倍的 0.3%石炭酸生理盐水,于室温下浸泡 16～20 h,用滤纸滤过后的透明液即为抗原。然后取一支小试管,加入 0.5 mL 抗炭疽血清,再小心地将抗原滤液置于其上,如在 15 min 内,在抗原与血清接触面形成乳白色环状浑浊的沉淀环,则表示阳性反应。本试验应设正常血清和正常组织做对照。

四、评价标准

要求方法步骤正确,操作规范,且能坚持无菌操作。

布鲁氏菌病的检疫

一、考核题目

提供实训牛或羊，经保定后采集血液，分离血清，用凝集试验检查布鲁氏菌病。

二、材料准备

灭菌清洁小试管、试管架、0.5 mL 和 5 mL 规格吸管(或 100 μL、1 mL 和 5 mL 规格的移液器及吸头)、干净的玻璃板或一次性平板反应纸(50 压圈)、牙签或火柴棍、布鲁氏菌试管凝集抗原、虎红平板凝集抗原、0.5%石炭酸生理盐水(检验羊血清时用含 0.5%石炭酸的 10%盐溶液，相应地在稀释抗原时也应用含 0.5%石炭酸的 10%盐溶液)。布鲁氏菌阳性血清、布鲁氏菌阴性血清、全乳环状抗原。

三、方法步骤

(一)采集血液、分离血清

用一次性采血器由颈静脉无菌操作采取血液 5～8 mL，并立即摆成斜面使之自然凝固(冬季置于温暖处，夏季置于阴凉处)，凝固后即可送往实验室待检，当血清自然析出后进行实验室检查。为了获得良好的血清，宜在早晨喂料之前采血，或在停食后 6 h 采血。冬季在室外采血时，应避免冻结，以防溶血。每采集一份血液，应于采血器上粘贴标签，注明畜号。

血清应尽可能于 24 h 内送到实验室，最迟不得超过 3 d；若 3 d 内不能送达者须加入防腐剂(尤其是夏天)，通常每 9 mL 血清加 5%石炭酸 1 mL 或于每 mL 血清中边摇振边加入 5%石炭酸 1～2 滴。在运送过程中必须防止冻结，否则失效。若就地分离血清不便，所采血液又能于当天送到实验室者，可送凝固的全血，但应防止振荡。每份血清或血液必须标注家畜编码，并注明加何种防腐剂。用作布鲁氏菌凝集反应的待检血清，必须是新鲜、无明显蛋白凝固、无溶血现象和无腐败气味的。加入石炭酸防腐的血清，自采血之日算起，不可超过 15 d。

(二)血清凝集反应

1. 虎红平板凝集反应

取一洁净玻璃板，画成 4 cm^2 方格，编号；或于一次性平板反应纸上加样，在方格内加被检血清 0.03 mL；在受检血清旁滴加虎红平板凝集抗原 0.03 mL；用牙签将血清和抗原混匀，摊开直径 1 cm 左右，每一格用一牙签或牙签的一端；每次试验应设阴性、阳性血清对照；静置 3～4 min后判定结果。在阴性、阳性血清对照正确的条件下，对被检血清进行判定。受检血清在 4 min 内出现肉眼可见凝集现象者判为阳性(＋)，无凝集现象，呈均匀粉红色者判为阴性(－)。

2. 试管凝集反应

(1)被检血清的稀释

①羊血清的稀释：每份血清用 4 支凝集试管。第一管标记检验编码后加 1.15 mL 稀释液，第 2～4 管各加入 0.5 mL 稀释液。然后用 1 mL 吸管取被检血清 0.1 mL，加入第 1 管内，

并混合均匀。混合方法是将该试管中的混合液吸入吸管内，再沿试管壁吹入试管中，如此吸入、吹出 3～4 次，充分混匀后以该吸管吸混合液 0.25 mL 弃去，取 0.5 mL 混合液加入第 2 管，用该吸管如前述方法混合。再吸第 2 管混合液 0.5 mL 至第 3 管，如此倍比稀释至第 4 管，从第 4 管弃去混合液 0.5 mL。稀释完毕，从第 1 至第 4 管的血清稀释度分别为 1∶12.5、1∶25、1∶50 和 1∶100。

②牛血清的稀释：与上述羊血清的稀释方法基本一致，差异是第一管加 1.2 mL 稀释液和 0.05 mL 被检血清，相应地，从第 1～4 管的血清稀释度分别为 1∶25、1∶50 和 1∶100、1∶200。

(2)加入 1∶20 倍稀释的试管凝集抗原　先将试管凝集抗原作 1∶20 稀释，即取 1 mL 抗原，加入稀释液 19 mL。每管加稀释的抗原 0.5 mL，并振摇均匀，羊的血清稀释则依次变为 1∶25、1∶50、1∶100 和 1∶200，牛的血清稀释度则依次变为 1∶50、1∶100、1∶200 和 1∶400。

大规模检疫时也可只用 2 个稀释度，即牛用 1∶50 和 1∶100，羊用 1∶25 和 1∶50。

加样完毕，置 37～40 ℃温箱 24 h，取出观察并记录结果。

每次试验均应设阳性血清、阴性血清和抗原对照。

阴性血清对照：阴性血清的稀释和加抗原的方法与受检血清相同。

阳性血清对照：阳性血清须稀释到原有滴度，加抗原的方法与受检血清相同。

抗原对照：取 1∶20 稀释抗原液 0.5 mL，再加 0.5 mL 稀释液，观察抗原是否有自凝现象。

(3)记录结果和判定

①记录结果：参照比浊管，按各试管上层液体清亮度和试管底部凝集物的多少记录。

“＋＋＋＋”菌体完全凝集，100％下沉，上层液体 100％清亮；

“＋＋＋”菌体几乎完全凝集，上层液体 75％清亮；

“＋＋”菌体凝集显著，液体 50％清亮；

“＋”凝集物有沉淀，液体 25％清亮；

“－”凝集物无沉淀，液体均匀混浊。

②判定：牛 1∶100 血清稀释，羊 1∶50 血清稀释，出现“＋＋”以上凝集现象时，受检血清判定为阳性。即第二个稀释度出现“＋＋”以上凝集现象时，判为阳性。牛 1∶50 血清稀释，羊 1∶25 血清稀释，出现“＋＋”以上凝集现象时，受检血清判定为可疑反应。

可疑反应家畜经 3～4 周后重检，如果仍为可疑，该牛、羊判为阳性。

(三)全乳环状试验

本法为主要用于监测奶牛群中有无布鲁氏菌病感染的方法。

1.操作方法

取新鲜全脂乳 1 mL 于小试管内，加入全乳环状凝集抗原 1 滴约 50 μL，混合均匀，放于 37 ℃温箱中 60 min，取出判定结果。

2.判定标准

强阳性反应(＋＋＋)：乳柱上层乳脂形成明显红色的环带，乳柱白色，临界分明；

阳性反应(＋＋)：乳脂层的环带呈红色，但不显著，乳柱略带颜色；

弱阳性反应(＋)：乳脂层的环带颜色较浅，但比乳柱颜色略深；

疑似反应(±)：乳脂层的环带颜色不明显，与乳柱分界不清，乳柱不褪色；

阴性反应(—):乳柱上层无任何变化,乳柱颜色均匀。

四、评价标准

要求采血技术熟练,并能做到严格防护自己;试验操作过程中加样准确,结果判定正确。

鸡白痢的检疫

一、考核题目

提供成年蛋鸡,或联系种鸡场,进行鸡白痢检疫;并为300～500只鸡的种鸡场,拟订一份鸡白痢的检疫计划。

二、材料准备

玻璃板或一次性反应纸(50压圈)、20号或22号注射针头、100 μL移液器及吸头、干燥的灭菌试管或采血管、干棉球和酒精棉球、酒精灯、消毒盘、记号笔、纱布、牙签或火柴棍、工作服、鸡白痢全血凝集反应抗原、鸡白痢阴性血清和阳性血清。

三、方法步骤

(一)快速全血平板凝集反应

1.操作方法

在干净的玻璃板上画格、编号,或在一次性反应纸上直接加样;将抗原充分摇匀,用移液器吸取抗原,垂直滴50 μL于玻片上;用消毒棉球擦拭消毒冠尖或翅静脉处,用消毒针头随即刺破被检鸡的鸡冠或翅静脉。如从鸡冠采血,须于冠尖稍下3～4 mm处垂直扎刺,挤压,稍等片刻,血液流出;如是从翅下静脉采血,须斜刺血管,使血液流出,以移液器吸取50 μL血液混入抗原内,随即搅拌均匀,并使散开至直径约1.5 cm为宜。采血后要用干棉球压迫止血。

每批鸡检查开始时,必须作阴性血清和阳性血清对照。

2.结果判定

在阴性血清对照和阳性血清对照正确的前提下判定结果。

①2 min内(不超过5 min)出现明显的颗粒凝集或块状凝集,液体透明,判为阳性反应,记录为“+”。

②2 min内不出现凝集或仅呈均匀一致的细微颗粒或在边缘由于临干形成有细絮状物等均判为阴性,记录为“—”。

③除上述两种情况外,不易判定为阳性或阴性时,可判为疑似反应,记录为“±”。

【注意事项】

①抗原用前须充分振荡,过期不能使用。

②鸡白痢全血平板凝集反应抗原,只适用于成年母鸡和1年以上公鸡,对幼龄鸡不敏感。

③反应温度应在20～25 ℃室温进行。

④采血针须经消毒后再用。

(二)血清试管凝集反应

1. 鸡血清样品

用禽用采血器由翅下静脉无菌采集血液 2 mL，斜放凝固析出血清后，分离出血清，置 4 ℃待检。

2. 抗原

试管凝集反应抗原，必须具有各种代表性的鸡白痢沙门氏菌菌株的抗原成分，对阳性血清有高度凝集力，对阴性血清无凝集力。固体培养中洗下的抗原须保存于 0.25%～0.50%石炭酸生理盐水中，使用时将抗原稀释成每毫升含菌 10 亿的抗原，并把 pH 调至 8.2～8.5，稀释的抗原限当天使用。

3. 操作方法

在试管架上依次摆 3 支试管，吸取稀释抗原 2 mL 置入第 1 管，吸取各 1 mL 分别置入第 2、3 管。先吸取被检血清 0.08 mL 注入第 1 管，充分混合后从中吸取 1 mL 移入第 2 管，充分混合后吸取 1 mL 移入第 3 管，混合后吸出混合液 1 mL 舍弃，最后将试管摇振数次，使抗原血清充分混合，置 37 ℃温箱中 20 h 后观察结果。

4. 结果判断

试管 1、2、3 的血清稀释倍数依次分别为 1∶25、1∶50、1∶100，凝集阳性者，抗原显著凝集于管底，上清液透明；阴性者，试管呈均匀混浊；可疑者，介于两者之间。在鸡稀释倍数 1∶50 以上凝集者为阳性，在火鸡稀释倍数 1∶25 以上凝集者为阳性。

四、评价标准

要求保定、采血、加样等操作熟练，结果判定准确；鸡白痢检疫计划表设计恰当合理。

大肠杆菌病的诊断

一、考核题目

提供病鸡或病死鸡，按大肠杆菌病的实验室诊断流程进行操作。

二、材料准备

剪刀、镊子、普通肉汤、鲜血琼脂平板培养基、远藤氏培养基、麦康凯培养基、伊红亚甲蓝琼脂平板、革兰氏染液、微量生化试验管、0.5%石炭酸生理盐水、单价 O 因子血清、酒精棉球、酒精灯、消毒盘、玻璃笔、工作服等。

三、方法步骤

以诊断鸡大肠杆菌病为例。

(一)病料采集

采集败血型的心、心血、肝，感染的鸡胚，脐炎的卵黄物质，眼型的眼内脓性或干酪样物质，关节炎的关节脓液，输卵管炎、腹膜炎的干酪样物等。

(二)检验程序

1. 染色镜检

以无菌操作的方法抹片或直接触片，革兰氏染色、镜检可见两端钝圆、成对或单个存在的阴性短杆菌。

2. 分离培养

将病料分别划线接种于鲜血琼脂平板和麦康凯平板培养基中，37 ℃培养 24～48 h 后，分离出革兰氏阴性、中等大小、有鞭毛、不形成芽孢、散在或成双的杆菌。

无菌操作，选取典型菌落做纯培养。纯培养物在普通肉汤、普通琼脂平板、鲜血琼脂平板、远藤氏培养基、麦康凯培养基或伊红亚甲蓝琼脂平板上，37 ℃温箱中纯培养 24 h，观察菌落特点(表 3-3)。

表 3-3　大肠杆菌纯培养的特点

培养基名称	培养时间/h	菌落特点
普通肉汤	18～24	肉汤均匀浑浊，管底有黏性沉淀物，表面有菌环
普通琼脂平板	24	边缘整齐，表面光滑、湿润、低而隆凸的无色菌落
鲜血琼脂平板	24	圆形，光滑，边缘整齐，乳白色菌落，β溶血或不溶血
远藤氏培养基	24	深红色、具有金属光泽、中等大小、不透明、边缘整齐、表面光滑、湿润、低凹的圆形菌落
麦康凯培养基	24	粉红色菌落
伊红美蓝培养基	24	深紫色、隆凸、表面湿润、带有蓝绿色金属光泽的菌落

3. 生化试验

从麦康凯或远藤氏培养基上，挑取单个可疑菌落接种于生化培养基中，37 ℃培养 24～72 h 后，观察结果(表 3-4)。

表 3-4　大肠杆菌的生化特性结果

项目	结果	项目	结果
葡萄糖	⊕	硫化氢	－
乳糖	⊕	明胶	－
麦芽糖	⊕/X	MR	＋
甘露醇	⊕	VP	－
蔗糖	⊕/－	尿素	－
山梨醇	⊕	枸橼酸盐	－
阿拉伯胶糖	⊕	靛基质	＋
鼠李糖	⊕	蛋白胨水	＋

注：⊕表示产酸产气；⊕/－表示部分菌株能发酵；－表示阴性；＋表示能利用或阳性；⊕/X 表示发酵迟缓。

4. 致病性试验(动物试验)

(1)目的　判断分离出的大肠杆菌是否具有致病性，以及测定毒力大小。

(2)操作　用大肠杆菌 18 h 的肉汤纯培养物，给 3～5 日龄的雏鸡腹腔注射，0.2～

0.3 mL/只;用灭菌生理盐水轻轻洗去麦康凯平板培养物,收集并以1:10稀释,给小鼠腹腔注射,0.2 mL/只。然后观察实验动物的发病和死亡情况,从而判断大肠杆菌是否具有致病性,再根据死亡只数及时间来判断大肠杆菌毒力的强弱。其间设对照组。

5. 注射菌种的回收

取死亡小鼠和雏鸡的组织、触片、染色、镜检及划线接种,应能分离到与接种菌完全一致的病原菌。

6. 血清型鉴定

(1)菌体抗原的制备　取经形态学检查、培养特性检查和生化试验鉴定为致病性的大肠杆菌,接种于普通琼脂平板上,37 ℃培养24 h后,用0.5 mL 0.5%石炭酸生理盐水洗,收集于青霉素瓶中,121 ℃加热处理2 h,以破坏其K抗原。

(2)单价O因子血清可到有关的生物制品研究所购买。

(3)O因子血清凝集试验　先将冻干的O因子血清用0.5%石炭酸生理盐水作5倍(或4~8倍)稀释,用微量加样器吸取15 μL单因子血清分别滴于玻板上,后用接种环取经处理的大肠杆菌菌体抗原一环与因子血清混合,同时作盐水对照,观察有无自凝现象。30 s后,若有凝集颗粒出现,则判为阳性;5 min内不出现凝集颗粒者判为阴性。

四、评价标准

要求会采集病料,能按流程正确地操作,操作熟练,结果判定正确。

牛结核病的检疫

一、考核题目

利用实训牛或到奶牛场,进行牛结核病的检疫。

二、材料准备

牛型提纯结核菌素,酒精棉球、卡尺、1~2.5 mL注射器、针头、工作服、工作帽、口罩、胶鞋、乳胶手套、登记表(附录4)。如果是冻干菌素,还须准备稀释用注射用水或灭菌的生理盐水,带胶塞的灭菌小瓶。

三、方法步骤

提纯结核菌素(PPD)变态反应

1. 注射部位及术前处理

将牛只编号,在颈侧中部上1/3处剪毛(或提前一天剃毛)(3个月以内的犊牛,也可在肩胛部进行),直径约10 cm,用卡尺测量术部中央皮皱厚度,做好记录。如术部有变化时,应另选部位或在对侧进行。

2. 注射剂量

不论牛只大小,一律皮内注射1万IU。即将牛型提纯结核菌素稀释成每毫升含10万IU

后，皮内注射 0.1 mL。如用 2.5 mL 注射器，应再加等量注射用水，皮内注射 0.2 mL。冻干菌素稀释后限当天用完。

3.注射方法

先以 75%酒精消毒术部，然后皮内注入定量的牛型提纯结核菌素，注射后局部应出现小泡，如注射有疑问时，应另选 15 cm 以外的部位或对侧重作。

4.注射次数和观察反应

皮内注射后经 72 h 判定，仔细观察局部有无热痛、肿胀等炎性反应，并以卡尺测量皮皱厚度，做好详细记录。对疑似反应牛应即在另一侧以同一批菌素同一剂量进行第二回皮内注射，再经 72 h 后观察反应。

如有可能，对阴性和疑似反应牛，于注射后 96 h 和 120 h 再分别观察一次，以防个别牛出现较晚的迟发型变态反应。

5.结果判定

(1)阳性反应　局部有明显的炎性反应。皮皱厚度差≥4 mm 者，其记录符号为(+)。对进出口牛的检疫，凡皮皱厚度差>2 mm 者，均判为阳性。

(2)疑似反应　局部炎性反应不明显，皮皱厚度差在 2.1～3.9 mm，其记录符号为(±)。

(3)阴性反应　无炎性反应。皮皱厚度差在 2 mm 以下，其记录符号为(－)。

6.疑似反应复检

凡判定为疑似反应的牛只，于第一次检疫 30 d 后进行复检，其结果仍为可疑反应时，经 30～45 d 后再复检，如仍为疑似反应，应判为阳性。

四、评价标准

定位要准确，剪毛、消毒的手法要规范，注射剂量要准确，能正确读取游标卡尺上的读数，结果判定尽量准确。

附红体病的诊断

一、考核题目

提供实训动物，运用实验室诊断方法诊断附红体病。

二、材料准备

显微镜、香柏油、二甲苯、擦镜纸、吸水纸、载玻片、盖玻片、滴管、注射器、生理盐水、瑞氏染色液、磷酸盐缓冲液、中性蒸馏水、吉姆萨染色液、甲醇。

三、方法步骤

(一)血液压滴标本检查法

采集患病动物末梢血液1滴,置于载玻片上,滴加生理盐水1滴,轻轻搅匀,加盖玻片,置显微镜高倍镜或油镜下观察,在血浆中和红细胞上可见数量不等、折光性很强的小体,呈环形、逗点形、蛇形、卵圆形、月牙形等。血浆中的小体不停地翻转、摇摆和不规则运动,附在红细胞上的小体不运动。

(二)染色标本检查法

1. 瑞氏染色法

取鲜血或抗凝血少许,置于载玻片上推成薄层,自然干燥后,滴加瑞特氏染色液于涂片上,1～3 min后,再滴加等量的磷酸盐缓冲液或中性蒸馏水于玻片上,轻轻摇晃,使之与染色液混合均匀,5 min后水洗,用吸水纸干燥,油镜检查。单个游离的附红体呈蓝紫色,轮廓清晰,大多近似圆形;附着于红细胞上的附红体大小不一、形态各异,有圆形、椭圆形、月牙形、环形、杆形;红细胞呈紫红色,锯齿状、星芒状等不规则形态。

2. 吉姆萨染色法

取发病动物静脉血1滴,置于载玻片上推成薄层,经自然干燥后,用甲醇固定3～5 min,干燥后在其上滴加足量吉姆萨染色液或将抹片浸入盛有吉姆萨染色液的染缸里,染色30 min,或者染色数小时至24 h,取出后水洗,吸干或烘干,镜检。

四、评价标准

要求会采集血液,并在显微镜下能识别附红体。

【知识链接】

1. GB/T 18935—2018,口蹄疫诊断技术;
2. GB/T 18639—2002,狂犬病诊断技术;
3. GB/T 18645—2002,动物结核病诊断技术;
4. GB/T 18646—2018,动物布鲁氏菌病诊断技术。

项目四

禽类的传染病

【学习目标】

通过学习，掌握鸡新城疫、禽流行性感冒、鸡马立克氏病、禽白血病、传染性法氏囊病、传染性支气管炎、传染性喉气管炎、鸡毒支原体感染、鸡传染性鼻炎、鸡葡萄球菌病、产蛋下降综合征和小鹅瘟等的流行病学特点、症状、病理变化和诊断要点以及防制措施。

任务 22　新城疫

新城疫(ND)是由新城疫病毒引起鸡的一种急性、高度接触性传染病，常呈败血症经过。主要临诊特征是呼吸困难、下痢、神经机能紊乱和产蛋鸡产蛋下降；主要病变特征是黏膜和浆膜出血。

本病于 1926 年首次发生于印度尼西亚，同年在英国新城流行，经 Doyle 氏证明，其病原是一种病毒，为了与当时欧洲流行的鸡瘟相区别，命名为新城疫。

[**病原**]

新城疫病毒(NDV)属于副黏病毒科腮腺炎病毒属，病毒粒子近似球形，直径为 120～300 nm，有囊膜，在囊膜的外层呈放射状排列的突起物称为纤突，具有刺激宿主产生抑制红细胞凝集的抗体和病毒中和抗体的抗原成分。

1. 分类

新城疫病毒的毒力随宿主的不同和外界条件的变化，会出现明显的差异，据此把新城疫病毒分为三类，即速发型、中发型和缓发型。速发型毒株无论通过什么途径感染鸡，均能使鸡严重发病和死亡；中发型毒株只有经脑内接种才能使鸡严重发病和死亡，其他途径感染只引起轻微症状，很少死亡；缓发型毒株无论感染途径如何，都只能引起轻微症状或不出现症状。

2. 血凝特性

新城疫病毒能吸附于禽类(鸡、鸭、鹅)、人和某些哺乳动物的红细胞表面，并使红细胞发生凝集，这种特性与病毒囊膜上纤突所含的血凝素有关。在本病慢性病鸡和康复鸡以及人工免疫鸡的血清中含有血凝抑制抗体，能特异性地抑制病毒凝集红细胞的作用。据此原理，在生产实践中运用血凝试验和血凝抑制试验诊断或监测新城疫。

3. 存在部位

本病毒存在于病鸡的所有组织器官、体液、分泌物和排泄物中，以脑、肺、脾含毒量最高，骨髓含毒时间最长。

4. 培养特性

新城疫病毒能在鸡胚中增殖复制，以尿囊腔途径接种于 9～10 日龄鸡胚，强毒株可在 30～60 h 导致鸡胚死亡，弱毒株经 3～6 d 致鸡胚死亡。死亡的鸡胚，以尿囊液含毒量最高，胚胎全身出血，以头部、足趾和翅膀出血尤为明显。当鸡胚含有母源抗体时，弱毒株不能致死全部鸡胚，胚液的血凝滴度较低，这可能是受抗体影响使病毒复制发生障碍。因此，用于分离新城疫病毒的鸡胚，最好来自 SPF 鸡群或未接种新城疫疫苗的鸡群。

5. 抵抗力

新城疫病毒对乙醚、氯仿敏感。在直射阳光下经 30 min 死亡，在 60 ℃ 30 min 失去活力。耐低温，真空冻干病毒在 −30 ℃ 条件下可保存 30 d，在冷冻的尸体中可存活 6 个月以上。对 pH 稳定，pH 3～10 时不被破坏。常用的消毒剂有 2%氢氧化钠、5%漂白粉和 70%酒精等。

［**流行病学**］

1. 易感动物

鸡、野鸡、火鸡和珍珠鸡都有易感性，以鸡最易感。各种年龄的鸡均可感染，以雏鸡最为常见。在自然条件下，水禽（鸭、鹅、鸬鹚）不感染，但是从它们体内能分离到病毒。从许多野鸟及一些观赏鸟（八哥、孔雀、鸽子、鹦鹉）体内也能分离到新城疫病毒。如果一个鸡场在养鸡的同时，又养鸭、鹅，或饲养管理人员在家中饲养观赏鸟类，都有可能将新城疫病毒传给鸡群，导致鸡群发病。此时，这些水禽和观赏鸟类属于健康病原携带者。人偶尔感染，表现为结膜炎或类似流感症状。

2. 传染源

病鸡和带毒鸡是主要的传染源。病鸡在出现症状前 24 h，口、鼻分泌物和粪便内均含有病毒。痊愈鸡多数在症状消失后 5～7 d 停止排毒，慢性病鸡带毒和排毒的时间更长。保留这种慢性病鸡，是造成本病继续流行的原因。

3. 传播方式和感染途径

新城疫主要经呼吸道和消化道传播感染，创伤及交配也可引起传播感染；另外，也可经种蛋垂直传播。

4. 流行特点

污染的环境和带毒的鸡群及非法买卖病死鸡是造成本病流行的常见原因。新城疫一年四季均可发生，易感鸡群一旦感染速发性嗜内脏型新城疫病毒，可迅速传播并呈毁灭性流行，发病率和病死率达 90%以上。近年来，由于免疫程序不佳，或有其他疾病存在抑制新城疫抗体的产生，以及新城疫病毒的毒力增强，常引起免疫鸡群发生新城疫，症状和病变均不明显，发病率和病死率都比较低，呈现所谓的非典型新城疫。

［**临诊症状**］

潜伏期一般为 3～5 d。根据症状和病变是否典型，以及发病率和病死率的高低分为典型新城疫和非典型新城疫。

1. 典型新城疫

根据临诊表现和病程长短分为最急性型、急性型、亚急性型和慢性型。

(1)最急性型　突然发病，常无特征症状而迅速死亡。多见于流行初期和雏鸡。

(2)急性型　病初体温升高达 43～44 ℃，精神萎靡，不愿走动，羽毛蓬乱，两翅下垂，垂头缩颈，眼半开或全闭，状似昏睡，采食减少或不食，有渴感，嗉囊内充满液体内容物，倒提时常有大量酸臭液体从口流出。鸡冠、肉髯呈暗红色或暗紫色(图 4-1)。产蛋鸡产蛋量下降，并且出现蛋壳颜色变淡，产软壳蛋和畸形蛋等。随着病程的发展，出现比较典型的症状，病鸡流黏性鼻液，咳嗽，呼吸困难，常伸头，张口呼吸，并发出"咯咯"的喘鸣声或尖锐的叫声。口角流有大量黏液，为了排出黏液，病鸡常摇头或做吞咽动作。下痢，排黄白色或黄绿色稀粪，有时混有少量血液，后期排蛋清样排泄物。有的病鸡还出现神经症状，如翅、腿麻痹，头颈震颤等，最后体温下降，昏迷死亡。病程 2～5 d，1 月龄内的小鸡病程较短，症状不明显，但病死率很高。

图 4-1　鸡冠和肉髯发绀

(3)亚急性型和慢性型　初期症状与急性型相似，不久减轻，但同时出现神经症状，病鸡翅、腿麻痹，表现两翅下垂，站立不稳，头颈向后或向一侧扭转，常伏地旋转，反复发作，最终瘫痪，一般经 10～20 d 死亡。此型多见于流行后期的成年鸡，病死率较低。个别病鸡可以耐过康复，有的康复鸡在受到惊扰刺激或抢食时，突然后仰倒地，全身抽搐，伏地旋转，数分钟后又恢复正常。

2. 非典型新城疫

近年来，免疫鸡群常发生非典型新城疫，由于鸡群免疫力较弱，当有强毒感染时，仍可发生新城疫，发病率和病死率均较低。主要表现为呼吸系统和神经系统的症状，病鸡精神委顿，呼吸困难、有啰音，瘫痪，部分鸡出现扭颈症状。

[**病理变化**]

本病的主要病变是全身黏膜和浆膜出血，淋巴系统肿胀、出血和坏死，尤其以消化道和呼吸道最为明显。

腺胃黏膜水肿，乳头或乳头间有明显的出血点(图 4-2)或溃疡，有时肌胃角质层下也可见到出血。十二指肠、盲肠和直肠黏膜有大小不等的出血斑(点)，或肠黏膜上有纤维素性坏死性病变，有的形成假膜，假膜脱落后形成溃疡。盲肠扁桃体肿大、出血或坏死(图 4-3)。喉头、气管出血(图 4-4)，肺瘀血、水肿。心冠脂肪有时可见针尖大的出血点。产蛋母鸡的卵泡和输卵管显著充血(图 4-5)，卵泡膜极易破裂以致卵黄流入腹腔引起卵黄性腹膜炎。脑膜充血或出血，而脑实质无明显眼观变化，仅于组织学检查时见明显的非化脓性脑炎病变。

免疫鸡群发生非典型新城疫时，其病变不典型，仅见黏膜卡他性炎症。喉头和气管黏膜充血；腺胃乳头出血少见，即使出血其出血点也比较少；直肠黏膜和盲肠扁桃体多见出血。

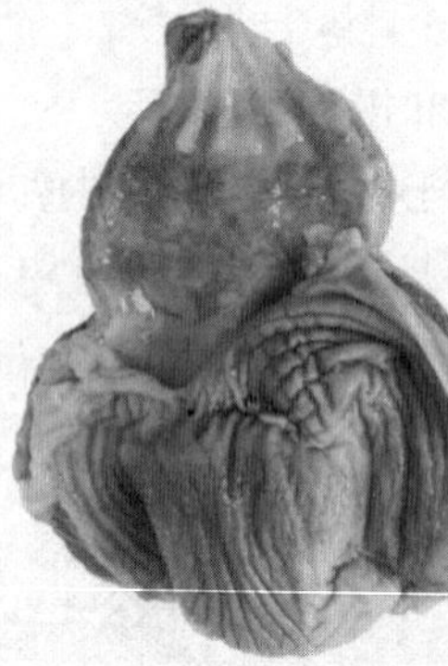

图 4-2 腺胃乳头出血

图 4-3 盲肠扁桃体肿大、出血

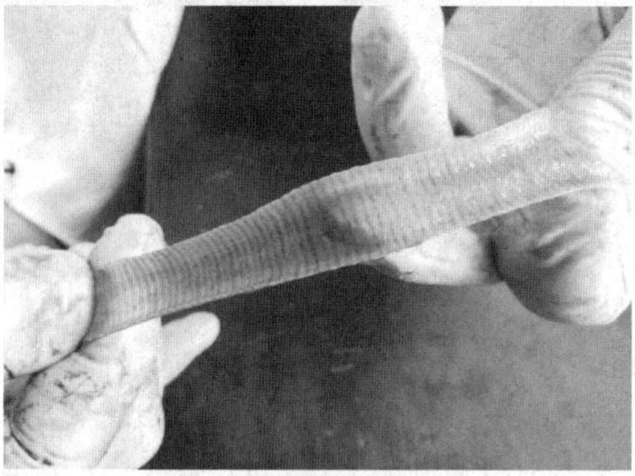

图 4-4 气管黏膜出血

图 4-5 卵泡显著充血

［**诊断要点**］

1. 初步诊断

典型新城疫根据流行病学、症状和特征性病理变化，可作出初步诊断。但是对于缺乏典型症状和病变的病例，必须进行实验室诊断。病毒分离和鉴定是诊断新城疫最可靠的方法。

2. 实验室诊断

(1)病毒的分离 无菌采集发病初期病死鸡的脾脏或脑组织，发病中、后期的病鸡取脑或骨髓作病料，如果鸡尸已腐败，最好从骨髓分离。将病料用微量匀浆器研成乳剂，按 1∶4或 1∶9 加入灭菌的生理盐水制成悬浮液，离心后取上清液，按每毫升加入青霉素 1 000 U、链霉素 2 000 U，置 37 ℃温箱中作用 30～60 min，或置 4 ℃冰箱中作用 4～8 h。吸取上清液 0.1～0.2 mL，经尿囊腔接种 9～11 日龄 SPF 鸡胚，置 37 ℃温箱中继续孵化。若为强毒株，则在接种后 30～60 h 可致死鸡胚；若为弱毒株，接种后 3～6 d 鸡胚死亡。收获死亡鸡胚的尿囊液作病毒的鉴定。

(2)病毒的鉴定 将上述收获的尿囊液作血凝试验(HA)，如果具有血凝特性，再用抗新城疫病毒的血清作血凝抑制试验(HI)，如果血凝特性能被特异性抗体所抑制，证明所分离的病毒为新城疫病毒。所分离的新城疫病毒是强毒株、中毒株还是弱毒株，还须进行毒力测定，主要依据鸡胚平均死亡时间(MDT)、1 日龄雏鸡脑内接种致病指数(ICPI)和 6 周龄鸡静脉注射致病指数(IVPI)来判定。

3. 鉴别诊断

新城疫应注意与禽霍乱、传染性支气管炎和禽流感相区别。

禽霍乱可侵害各种家禽，鸭最易感，呈急性败血症经过，病程短，病死率高，无神经症状，肝脏有灰白色坏死灶。慢性病例可见肉髯肿胀和关节炎。用心血涂片和肝组织触片，染色镜检可见两极着色的巴氏杆菌，用抗生素治疗有效。而新城疫有神经症状，腺胃乳头出血，消化道黏膜出血、溃疡，盲肠扁桃体肿胀出血和坏死，肝脏无坏死灶。

传染性支气管炎主要侵害雏鸡，无神经症状，消化道无明显病变，支气管内有纤维素性栓子。成年鸡表现为产蛋下降。用病毒接种鸡胚，胚胎发育受阻，成为侏儒胚。

高致病性禽流感的潜伏期和病程都比较短，嗉囊内无大量液体。皮下黄色胶样浸润，黏膜、浆膜和脂肪出血比新城疫更为明显和广泛，但确切鉴别诊断必须依靠病毒分离鉴定和血清学试验。低致病性禽流感在有新城疫强毒株感染流行的鸡群中发生时，往往具有协同致病作用，损失严重，在诊断时应注意鉴别。

［**防制**］

1. 预防措施

(1)严格执行卫生防疫制度　工作人员不准在自家饲养水禽和其他观赏鸟类；派专人巡视和驱赶飞入场区的鸟类；谢绝参观访问；不从疫区引进种蛋和鸡苗；实行“全进全出”的饲养模式；加强消毒工作。

(2)接种疫苗　接种疫苗是防制新城疫的重要措施之一。疫苗分为活苗和灭活苗两大类，活苗有中等毒力的苗(Ⅰ系苗)和弱毒苗(Ⅱ系、Ⅲ系、Ⅳ系和克隆苗)；灭活苗主要是油乳剂灭活苗。Ⅰ系苗产生免疫快，免疫力强，免疫期长，多用于小规模鸡场，特别是新城疫严重污染区和受威胁区，对控制本病的发生和蔓延有较好的作用；一般采取注射方法，适用于 2 月龄以上的鸡或经 2 次弱毒疫苗免疫后的鸡。Ⅱ系、Ⅲ系、Ⅳ系和克隆苗接种途径较多，接种后产生免疫也较快，但免疫期较短。Ⅱ系苗适用于初生雏鸡和 1 月龄左右的小鸡，可采取滴鼻和点眼法。Ⅲ系苗适用于各种年龄的鸡，一般作饮水免疫或滴鼻。Ⅳ系苗适用于小鸡，供大群鸡的饮水免疫或气雾免疫用，也可用于滴鼻。克隆苗的特点是成本低，同时能减小对雏鸡的应激反应；该苗既可对雏鸡、成年鸡滴鼻或饮水免疫，也可对成年鸡进行肌内注射免疫，而且又完全可以以饮水免疫代替滴鼻和肌内注射免疫，保护率确切；该苗对蛋鸡产蛋率影响很小，所以最适合于产蛋鸡。油乳剂灭活苗的特点是安全，产生免疫力较慢，但产生免疫力强，免疫期长，接种方法只限于注射。用灭活苗和活苗联合进行免疫，是目前有效控制新城疫发生的好方法。

新城疫疫苗除了以上单苗外，还有许多联合苗，在实际中要根据当地新城疫和其他鸡病的流行情况、鸡场规模大小、饲养方式、不同饲养阶段以及可行的免疫方法来选择应用。

免疫程序：免疫母鸡可将抗体通过卵黄传给雏鸡，雏鸡在 3 日龄时抗体滴度最高，以后逐渐下降。具有高母源抗体的雏鸡接种疫苗，对疫苗有干扰作用，所以最好在 1 周龄时首免。对于无监测条件的小规模鸡场和养鸡专业户可参照以下免疫程序免疫(仅供参考)。

蛋鸡和种鸡：7～10 日龄，用Ⅱ系或Ⅳ系苗滴鼻或点眼；25～30 日龄，重复上述免疫；60 日龄，注射Ⅰ系苗；120～140 日龄，注射Ⅰ系苗或油乳剂灭活苗。

肉鸡：只需上述程序中的前 2 次免疫即可。

2. 发生新城疫的处理措施

隔离、淘汰病鸡，尸体焚烧或深埋处理，同群鸡根据年龄特点选用相适应的疫苗紧急免疫接种，对鸡舍环境进行彻底消毒。

任务 23 禽流行性感冒

禽流行性感冒(AI)是由禽流行性感冒病毒引起禽类的一种急性、高度接触性传染病，简称"禽流感"。

禽流感在鸡群中发病的严重程度不一，从无症状带毒到温和型的呼吸道感染，再到 95% 以上的高致病性禽流感，发病情况多种多样，症状范围很广。高致病性禽流感传播迅速，病程短，病死率高，一旦传入便可造成巨大的经济损失。我国把高致病性禽流感列入一类动物疫病，将低致病性禽流感列入三类动物疫病。

[**病原**]

流行性感冒病毒属于正黏病毒科流感病毒属，为单股多片段 RNA 病毒。典型的病毒粒子呈球形，直径大小为 80～120 nm，有囊膜，囊膜上有呈辐射状密集排列的纤突。根据流感病毒的核蛋白(NP)和基质蛋白(MP)的不同将其分为 A、B、C 三型。A 型流感病毒除感染人外，还可感染其他种属的动物，如禽类和马、猪、海豹等；B 型流感病毒主要感染人；C 型流感病毒主要感染人，但从猪体可分离到。

禽流感病毒(AIV)属于 A 型流感病毒，主要感染禽类。禽流感病毒粒子表面有棒状和蘑菇状的两种纤突，前者对某些动物的红细胞有凝集特性，称为血凝素(HA，简写为 H)。禽流感病毒凝集红细胞的种类与新城疫病毒有所不同，可用于鉴别(表 4-1)。蘑菇状的纤突能将吸附于细胞表面的病毒粒子解脱下来，称为神经氨酸酶(NA，简写为 N)。

表 4-1 新城疫病毒和禽流感病毒凝集动物红细胞的来源比较

病毒类别	红细胞来源								
	人	马	驴	骡	绵羊	山羊	猪	豚鼠	鸡
新城疫病毒	+	−	−	−	−	−	−	+	+
禽流感病毒	+	+	+	+	+	+	−	+	+

已知 H 有 16 种，H_1～H_{16}；N 有 10 种，N_1～N_{10}。由不同的 H 和 N 组成了禽流感病毒的亚型毒株，如 H_1N_1、H_4N_2、H_5N_1、H_5N_2、H_7N_2、H_9N_2 等，具有高致病性的亚型主要是 H_5 和 H_7。

禽流感病毒存在于病禽的所有组织、体液、分泌物和排泄物中。病毒可在鸡胚内增殖复制，经羊膜腔和尿囊腔接种 9～11 日龄鸡胚，第一代就能达到较高的血凝滴度，是分离流感病毒常用的方法。禽流感病毒也能在鸡胚细胞、猴肾细胞、犊牛肾细胞、仓鼠肺传代细胞、人肾细胞及马、犬、猪肾细胞中增殖并产生蚀斑。

禽流感病毒不稳定，易发生变异，能通过抗原漂移、抗原转变或突变而发生变化，这有利于致病性更强的生物变异株出现。野禽、迁徙鸟类或大规模饲养的家禽中感染两种或两种以上亚型的禽流感病毒时，病毒在宿主细胞中发生遗传重组，导致来自不同亚型毒株的 H 和 N 的重组而产生新的亚型。由于病毒的变异，给本病的防制带来了困难。根据致病性不同将禽流感病毒区别为高致病性、低致病性和无致病性三型。高致病性禽流感病毒可导致严重疾病，低致病性禽流感病毒致病力较弱，无致病性禽流感病毒无明显的致病力。

禽流感病毒对外界环境的抵抗力较弱。不耐热，56 ℃经 30 min 被灭活；对低温抵抗力较强，－20 ℃可存活数月。不耐酸，常用乳酸、醋酸、食醋熏蒸消毒。对紫外线、甲醛和常用消毒剂都很敏感。

［**流行病学**］

各种家禽不分日龄大小均可感染，有时也感染哺乳动物，如海豹。病禽和带毒禽（如迁徙鸟类）是传染源。通过直接接触和间接接触传播，经消化道、呼吸道、损伤的皮肤和眼结膜感染。目前尚无证据证明垂直传播（种鸡—蛋—雏鸡），但是一个鸡群受到感染时，其产出的种蛋和雏鸡应予以销毁。本病发生于气候较寒冷的季节，如气候突变的晚秋和早春等。另外，阴雨、潮湿、贼风、寒冷、拥挤、营养不良和寄生虫感染等因素可促进本病的发生。候鸟、散禽、水禽等携带病毒迁徙可能是导致禽流感世界流行的主要原因。

［**临诊症状**］

潜伏期一般为 3～5 d。

1. 高致病性禽流感

常突然暴发，流行初期的最急性病例，不表现任何症状，大批死亡。急性病例体温升高达 43.3～44.4 ℃，精神委顿，羽毛松乱，垂头缩颈，不食。鸡冠和肉髯发绀或边缘有紫黑色斑点（图 4-6）；头部和颈部浮肿；眼结膜发炎，分泌物增多；爪部鳞片下常有出血（图 4-7）。病鸡呼吸困难，常发出“咯咯”的喘鸣声；鼻流黏性分泌物，经常甩头。下痢，排白色、绿色稀粪。有的病鸡出现神经症状，如头向后扭转、呈“观星”状、惊厥、打滚、转圈运动，最终瘫痪。蛋鸡产蛋量急剧下降或停止。病死率达 50％～100％。

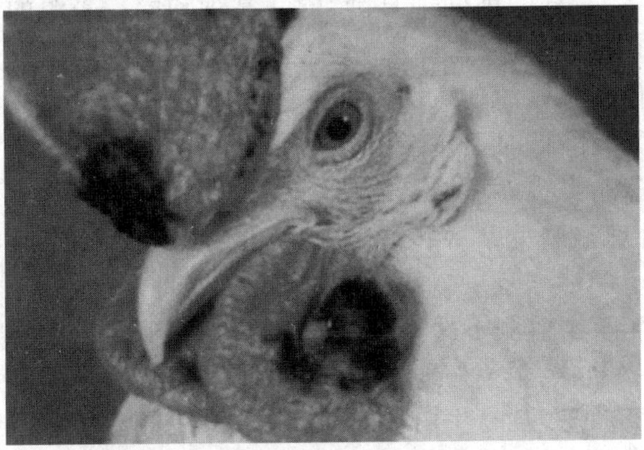

图 4-6　鸡冠和肉髯边缘的紫黑色斑点

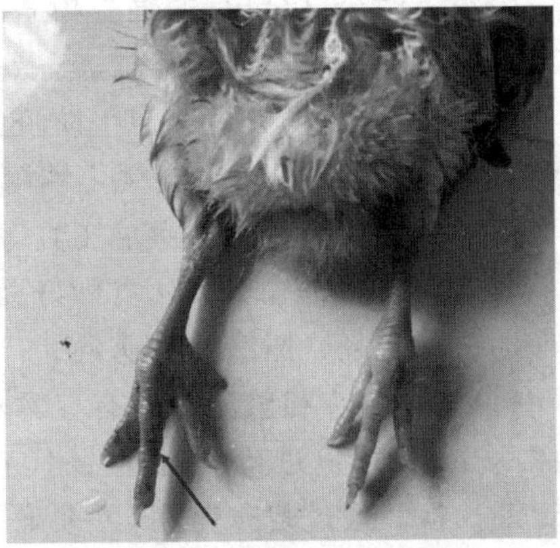

图 4-7　爪鳞片下出血

2. 低致病性禽流感

呈隐性感染或表现轻微的呼吸道症状，蛋鸡产蛋下降 5％～50％，死亡率达 5％～15％。

[**病理变化**]

全身皮下(尤其头部皮下)有胶样浸润。气管和支气管黏膜充血、出血;腺胃乳头出血;肠道出血。肾脏肿大,积有尿酸盐,呈“花斑样”(图 4-8)。肝、脾肿大,出血。卵巢和输卵管充血或出血。有的病例心包积液,心包腔内有浆液性、纤维素性渗出物。脑膜病理组织学检查时可见弥散性脑炎,神经细胞变性及血管套形成。

图 4-8 花斑肾

[**诊断要点**]

根据流行病学调查、临诊症状和病理变化作初步诊断,确诊须进行实验室诊断。

1. 采集病料

活禽应采集泄殖腔拭子和气管拭子;小珍禽可采集新鲜粪便;死禽应采集气管、脾、肺、肝、肾和脑等组织器官。

2. 病毒的分离鉴定

将病料适当处理后,经尿囊腔或羊膜腔接种于 9～11 日龄鸡胚,培养 5 d 后,收获尿囊液或羊水作血凝试验和血凝抑制试验。亚型和毒力的鉴定须送国家禽流感参考实验室鉴定。

[**防制**]

1. 预防措施

(1)坚持自繁自养原则　平时加强引种检疫,防止禽流感传入。引种时要认真调查当地禽流感发生和防制的情况,并对要引种鸡群进行检疫,办理检疫合格证明。引进后,必须于隔离区隔离饲养 21 d 以上,确认健康后方可进入生产区。不得从疫区引进禽类和购买禽产品。

(2)实行“全进全出”的饲养模式　在坚持“三同”,即同一日龄、同一品种和同一来源的鸡群原则的前提下,按育雏、育成、产蛋等饲养环节同步进行,淘汰时一次全部淘汰。

(3)加强养禽场管理和卫生防疫制度　做好平时的预防性消毒工作,养禽场门口要设立消毒池,池内储放 2%～3% 氢氧化钠溶液,水位线降低时注意及时添加。定期用强力消毒灵等消毒剂对禽舍、饲养工具、运输工具等彻底消毒,禽舍外环境定期用 3%～5% 氢氧化钠喷洒消毒。对禽类粪便、排泄物、死禽做好无害化处理。避免家禽和野生禽类进入饲养区,不定时派专人巡视和驱赶。谢绝参观访问。

(4)搞好普查和监测　所有养禽场每半年至少监测 1 次。父母代以上种禽场,每批次(群)按照 0.5% 的比例进行监测,商品代养禽场,每批次(群)按照 0.1% 的比例进行监测,散养家禽不定期抽检。通过普查监测,可准确掌握疫情动态,及时作出流行预测,以保证各项预防措施落实。及时发现禽流感阳性鸡并对其进行监控和捕杀,可迅速扑灭疫情,防止疫情扩散蔓延。

(5)免疫接种　用于预防禽流感的疫苗有 H_5-H_9 二价禽流感灭活疫苗、H_5N_1 重组禽流感病毒灭活疫苗、H_5 禽流感重组鸡痘病毒载体活疫苗和禽流感-新城疫重组二联活疫苗等。针对农村散养家禽实施强制免疫,每年 2 次。规模化养鸡场可于 20～30 日龄和 120～140 日龄分别接种 1 次。

2. 发生高致病性禽流感时的处理措施

发现疑似高致病性禽流感疫情时，养禽户立即将病禽隔离，限制其移动；立即报告当地兽医防疫部门进行取材确诊。划分疫点、疫区和受威胁区。疫点一般是指患病禽类所在的禽场或其他有关屠宰、经营单位，如农村散养家禽，将自然村划为疫点；疫区指以疫点为中心，半径3～5 km范围内的区域；受威胁区指疫区外延5～30 km范围内的区域。封锁疫点、疫区，严禁闲杂人员、家禽和车辆进出，严禁禽类产品及可能受污染的物品运出。对疫点及周围3 km范围内所有的禽类进行扑杀。对所有病死禽、被扑杀禽及其禽类产品（包括禽肉、蛋、羽、绒、内脏、骨、血等）以及禽类排泄物和被污染或可能被污染的垫料、饲料等物品均须进行无害化处理。对禽类尸体需要运送时，应使用防漏设备。对疫点内禽舍、场地以及所有运载工具、用具等用氢氧化钠、强力消毒灵等进行彻底消毒。疫区内交通要道设立动物防疫监督检查站，派专人监视动物和动物产品的流动，对进出人员、车辆须进行消毒。停止疫区内禽类及禽产品的交易和移动。对疫区内其他未发病禽群进行紧急免疫接种。在受威胁区内，对所有易感禽类进行紧急免疫接种。对免疫接种的禽群及其养禽场（户）做好登记，建立免疫档案。在最后一只家禽被扑杀后经过21 d，无新的疫情发生，在兽医防疫部门的监督指导下，对有关场所和物品进行彻底消毒，经县级兽医防疫部门审验合格后，由县级人民政府发布解除封锁令。在疫区解除封锁后，要继续对该区域进行疫情监测，6个月后如未发现新的病例，即可宣布该次疫情被扑灭。

3. 发生低致病性禽流感时的处理措施

发生低致病性禽流感时，隔离淘汰病禽，尸体无害化处理，用过氧乙酸或百毒杀等消毒剂带禽消毒。

任务24　鸡马立克氏病

鸡马立克氏病（MD）是由马立克氏病病毒主要引起鸡的一种淋巴组织增生性传染病。其特征是在受害的组织器官（外周神经、性腺、虹膜、内脏器官、肌肉和皮肤）中发生单核细胞浸润。

鸡马立克氏病在世界所有养鸡国家和地区都有发生，其危害随着养鸡业的集约化而增大，受害鸡群的损失从1%～30%不等，个别鸡群可达50%以上。自20世纪70年代广泛使用火鸡疱疹病毒（HVT）疫苗以来，该病的损失明显降低。但疫苗免疫失败常有发生，从一些HVT疫苗免疫失败的鸡群分离到毒力极强的马立克氏病病毒，证明了这一点。由于鸡马立克氏病破坏法氏囊、胸腺和脾脏等免疫器官，可引起严重的免疫抑制，从而影响各种疫苗的免疫效果。

［**病原**］

马立克氏病病毒（MDV）属疱疹病毒科疱疹病毒甲亚科，双股DNA。病毒粒子根据有无囊膜分为裸体病毒粒子和囊膜病毒粒子。裸体病毒无囊膜，粒子直径在85～100 nm，是严格的细胞结合病毒。当细胞破裂死亡时，病毒亦随之失去传染性，与细胞共存亡，该种病毒粒子主要见于肿瘤病变中。囊膜病毒外有厚囊膜，粒子直径为130～170 nm，是完全病毒，可脱离细胞存活一段时间，而且对外界环境的抵抗力很强。在鸡舍尘埃中能较长时间存活，室温条件下可存活4周以上，温度较低时，存活时间更长；常用消毒剂可使病毒失活。囊膜病毒粒子主要见于羽毛囊上皮细胞中，在传播该病方面起着极重要的作用。

［**流行病学**］

1. 易感性

主要感染鸡，其次为火鸡、野鸡、鹌鹑，其他动物不感染。不同品种或品系的鸡均可感染，其中伊莎褐、罗曼、海赛等蛋鸡品种和国内的北京油鸡和狼山鸡高度易感。年龄小的鸡比年龄大的鸡易感，出雏和育雏室的早期感染可导致很高的发病率和死亡率。年龄较大的鸡感染时，病毒可在体内复制，并随脱落的羽毛囊皮屑排出体外，但大多不表现症状。母鸡比公鸡易感。

2. 传染源

病鸡和带毒鸡是主要的传染源。皮肤型病鸡羽毛囊上皮细胞中的囊膜病毒，随着脱毛和掉皮屑散播于鸡舍环境中，随尘埃飘浮，可保持传染性数月或更长。很多外表健康的鸡可长期持续带毒和排毒，一般条件下MDV在鸡群中广泛传播，于性成熟时几乎全部感染。

3. 感染途径

主要经呼吸道感染。

［**临诊症状**］

根据侵害的部位不同分为神经型、内脏型、眼型和皮肤型，有时混合发生。

1. 神经型

主要见于3～4月龄的鸡。主要侵害外周神经，最常侵害的是坐骨神经，病鸡呈现一只脚或两只脚不全麻痹，出现步态不稳；至完全麻痹时，不能行走，蹲伏于地上，呈现特征性的“劈叉势”，即一只脚向前伸，一只脚向后伸。如果臂神经受害，则发生翅下垂；颈部神经受害，则发生头下垂；迷走神经受害，则出现失声、嗉囊扩张和呼吸困难；腹神经受害，则有拉稀症状。

2. 内脏型

常见于50～70日龄的鸡，死亡率高。此型最常见，危害也最大。病鸡表现精神委顿，羽毛蓬乱，采食减少或不吃，鸡冠、肉髯苍白或萎缩，逐渐消瘦，有时下痢，体质极度虚弱，突然死亡。

3. 眼型

发生于一眼或两眼，虹膜的正常色素消失，呈同心环状或斑点状以至弥漫性的灰白色，瞳孔缩小，边缘不整齐，严重时瞳孔只留下一个针尖大的小孔，视力减退或丧失。据此也称“灰眼病”“白眼病”或“银眼病”。

4. 皮肤型

皮肤表面羽毛囊出现小结节或瘤状物，常见于大腿部、背部和颈部等生长粗大羽毛的部位。

［**病理变化**］

受害的外周神经，如坐骨神经丛、腹腔神经丛、前肠系膜神经丛、臂神经丛等粗大，比正常粗2～3倍及以上，黄白色或灰白色，横纹消失。病变常只侵害一侧，所以病变轻微时，可与对侧神经比较，有助于诊断。

内脏器官最常被侵害的是卵巢，其次为肾、脾、肝、心、肺、胰、肠系膜、腺胃和肠道，肌肉和皮肤也可受害。在上述器官和组织中可见大小不等的肿瘤块，灰白色，质地坚硬而致密；有时肿瘤呈弥散性，使整个器官变得很大（图 4-9、图 4-10）。法氏囊萎缩，偶尔见弥漫性肿大。除法氏囊外，内脏的眼观变化很难与禽白血病等其他肿瘤病相区别。

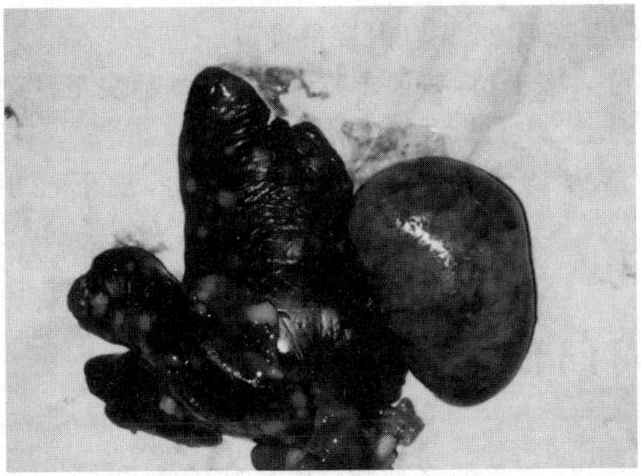

图 4-9　肝脏肿瘤和脾脏肿大

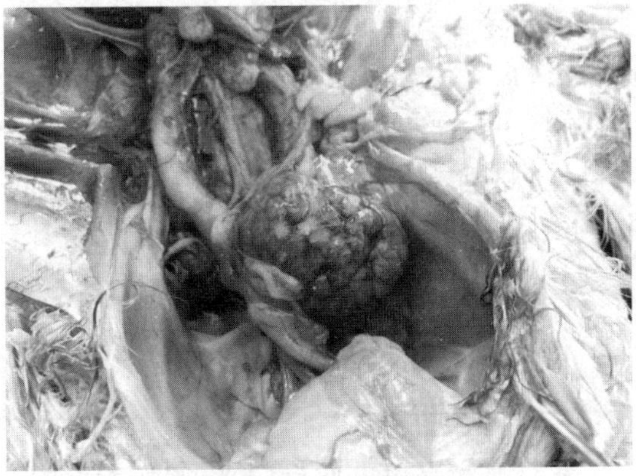

图 4-10　肾脏肿瘤

［诊断要点］

对于神经型马立克氏病，根据特征性麻痹症状和病变即可确诊。对于内脏型马立克氏病要与鸡淋巴性白血病鉴别，其鉴别要点见表 4-2。为了确诊，可拔取皮肤型病鸡的粗大羽毛，分离羽髓，用琼脂扩散试验检查其中的病毒抗原；或采集慢性病鸡的血液，分离血清，检查其中的抗体。

表 4-2　鸡马立克氏病与鸡淋巴性白血病的鉴别

项目	病名	
	马立克氏病	淋巴性白血病
病原	疱疹病毒(DNA)	禽白血病-肉瘤病毒(RNA)
发病年龄	4 周龄以上	16 周龄以上
麻痹或不全麻痹	经常出现	无
虹膜浑浊	经常出现	极少
周围神经粗大	经常出现	无
皮肤肌肉肿瘤	可能出现	无
浸润细胞类型	成熟和未成熟淋巴样细胞	主要为淋巴母细胞
法氏囊	常见萎缩	常可形成肿瘤

［防制］

1. 严格消毒育雏室

育雏阶段是养鸡业的关键阶段，也是发病和死亡的高峰期，针对育雏室要严格消毒。在进雏前 2 周，彻底清扫，冲洗地面，刷洗笼具和饮水器具，晾干后喷洒 2% 氢氧化钠溶液，再结合福尔马林熏蒸消毒。熏蒸后，打开门窗通风换气，等余气彻底散尽后才能进雏。如时间仓促，可在喷洒消毒的基础上结合紫外线灯照射消毒 1～2 h。进雏后每天清扫地面 1～2 次，并喷洒消毒剂，10 日龄后参照带鸡消毒。

2. 加强检疫工作

对种鸡群用琼脂扩散试验检疫，并淘汰阳性鸡，以净化种鸡群。

3. 免疫接种

疫苗接种是防制鸡马立克氏病的关键，于雏鸡出壳后 24 h 以内接种疫苗。

(1)鸡马立克氏病火鸡疱疹病毒活(HVT)疫苗　冻干苗，按要求稀释后，在颈部皮下注射 0.2 mL，14 d 后产生免疫力，免疫期可维持 12 个月。

(2)鸡马立克氏病Ⅰ型(CVI988/Rispens)活疫苗　液氮保存(－196 ℃)，皮下注射 0.2 mL，1 周后产生免疫力，免疫期 18 个月。

任务 25　禽白血病

禽白血病是由禽白血病/肉瘤病毒群中的病毒引起禽类的多种肿瘤性疾病的统称，在自然条件下以淋巴白血病(LL)最为常见。

本病可在鸡群中引起生产性能下降，尤其是产蛋量和蛋质量下降；引起感染鸡群的免疫抑制，成年鸡中产生淋巴样肿瘤；死亡率为 1%～2%，偶见高达 20%以上者。

[**病原**]

禽白血病/肉瘤病毒群中的病毒属反转录病毒科、甲型反转录病毒属，淋巴白血病病毒缺乏转化基因，致瘤速度慢，需 3 个月以上。根据囊膜糖蛋白抗原差异、宿主范围及病毒中和试验，本群病毒被分为 A～J 10 个亚群。A 和 B 亚群的病毒是现场常见的外源性病毒；C 和 D 亚群致病力低，在现场很少发现；而 E 亚群病毒包括无所不在的内源性白血病病毒，致病力低；J 亚群病毒则是近年来从肉用型鸡中分离到的，为外源性病毒。此外，从一些禽类中还分离到 F、G、H 和 I 亚群病毒。有很多白血病/肉瘤病毒的实验室毒株是缺乏囊膜的缺陷病毒。

本群中的肉瘤病毒，经绒毛尿囊膜接种 11 日龄鸡胚，8 d 后可产生痘斑；经卵黄囊接种 5～8 日龄鸡胚则可产生肿瘤；接种 1 日龄雏鸡的翅蹼，经长短不等的潜伏期也可产生肿瘤。肉瘤病毒可在鸡胚成纤维细胞(CEF)上生长，产生转化细胞灶，常用于病毒的定量测定，包括淋巴白血病病毒在内的大多数禽白血病病毒可在敏感的 CEF 上复制，但不产生任何明显病变，它们的存在可用各种试验检查出来。

白血病/肉瘤病毒对脂溶性溶剂和去污剂敏感，对热的抵抗力弱。病毒材料须保存在－60 ℃以下，在－20 ℃很快失活。对 pH 5～9 稳定。

[**流行病学**]

鸡是本群所有病毒的自然宿主，人工接种野鸡、珍珠鸡、鸭、鸽、鹌鹑、火鸡和鹧鸪也可引起肿瘤。不同品种或品系的鸡对病毒感染和肿瘤发生的抵抗力差异很大。

外源性淋巴白血病病毒(LLV)可通过垂直传播和水平传播，在水平传播中以直接接触传播为主。

通常，感染鸡只有一小部分发生淋巴白血病(LL)，但不发病的鸡可带毒并排毒。出生后最初几周易感染病毒，其发病率高，随感染时间的后移，发病率迅速下降。

内源性白血病病毒通常通过公鸡和母鸡的生殖细胞遗传传递，多数不产生传染性病毒粒子，少数在胚胎或幼雏可产生传染性病毒，但大多数鸡对它有遗传抵抗力。内源性病毒无致瘤性或致瘤性很弱。

［**临诊症状**］

淋巴白血病(LL)的潜伏期较长，自然病例可见于14周龄后的任何时间，但通常以性成熟时发病率最高。淋巴白血病无特征性症状，病鸡鸡冠苍白、皱缩，间或发绀。食欲不振、消瘦和衰弱。腹部常膨大，可触摸到肿大的肝脏。一旦出现临诊症状，通常病程发展很快。

无明显症状的病毒感染，蛋鸡和种鸡的产蛋性能均受到严重影响。与不排毒的母鸡相比，排毒母鸡要少产蛋20～30枚，性成熟迟，蛋小而壳薄，受精率和孵化率降低。排毒肉鸡的生长速度也受影响。

［**病理变化**］

肝脏、法氏囊和脾几乎都有眼观肿瘤，肾、肺、性腺、心、骨髓和肠系膜也可受害。肿瘤大小不一，可为结节性、粟粒性或弥漫性。肿瘤主要由成淋巴细胞组成，大小略有差异，但都处于相同的原始发育状态。细胞浆含有大量RNA，在甲基绿-派洛宁染色片中呈红色。观察细胞特征以新鲜样品的湿固定触片为最好。

［**诊断要点**］

根据流行病学调查和病理学诊断。诊断时首先应考虑发病鸡的年龄，通常在16周龄以上；其次是病程和死亡率，本病在鸡群中发病是渐进性的，始终保持低的死亡率。此外，病鸡的法氏囊几乎都有肿瘤。特征性的肿瘤细胞为B细胞。淋巴白血病须与鸡马立克氏病以及网状内皮组织增生症进行鉴别诊断。

病毒分离鉴定和血清学检查在日常诊断中很少使用，但它们是建立无白血病种鸡群所不可缺少的。病毒分离的最好材料是血浆、血清和肿瘤；另外，刚产下蛋的蛋清、10日龄鸡胚和粪便中也含有病毒。

［**防制**］

由于本病具垂直传播特性，先天感染的免疫耐受鸡是最重要的传染源，目前也没有可用的疫苗，因此减少种鸡群的感染率和建立无白血病的种鸡群是防制本病最有效的措施。从蛋清和阴道拭子试验阴性的母鸡选择受精蛋进行孵化。在隔离条件下小批量出雏，避免人工性别鉴定。接种疫苗时每雏换一针头。测定雏鸡血液是否LLV阳性，淘汰阳性雏鸡和与之接触者。在隔离条件下饲养无LLV的各组鸡，连续进行4代，建立无LLV替代群。上述方法由于费时长，成本高，技术复杂，一般种鸡场还不能实行。目前通常的做法是通过检测和淘汰带毒母鸡以减少感染，在多数情况下均能奏效。每批次孵化时，对孵化器、出雏器和育雏室等彻底消毒。

任务26　传染性法氏囊病

传染性法氏囊病(IBD)是由传染性法氏囊病病毒引起鸡的一种急性、高度接触性传染病。

传染性法氏囊病主要危害的器官是法氏囊。幼雏感染后不仅可引起死亡，还可因法氏囊受损而引起免疫抑制或免疫机能降低，致使其他的传染病(如ND、MD等)疫苗达不到预期的免疫效果，且容易感染其他的传染病，如大肠杆菌病。本病的主要症状为腹泻、脱水、颤抖和极度虚弱。特征性病变为法氏囊前期肿大、出血，后期萎缩；肾脏肿大，积有尿酸盐；腿肌和胸肌出血，腺胃和肌胃交界处呈条带状出血。

［病原］

传染性法氏囊病病毒（IBDV）属于双RNA病毒科双RNA病毒属。病毒粒子直径为55～65 nm，无囊膜，不凝集红细胞；能在鸡胚上复制增殖，经绒毛尿囊膜接种，培养72 h，胚胎、绒毛尿囊膜、尿囊液和羊水中病毒浓度达到高峰。多数鸡胚于接种后3～7 d死亡，胚胎全身水肿，头部、爪部充血和点状出血，肝脏肿大，表面有斑纹状坏死灶。病毒能适应鸡胚成纤维细胞培养，并形成空斑。

病毒在外界环境中极为稳定，能够在鸡舍内长期存活。56 ℃ 3 h病毒效价不受影响，60 ℃ 90 min病毒不被灭活，70 ℃ 30 min可灭活病毒。病毒耐反复冻融，反复冻融5次毒价不下降。在pH 2的环境中60 min仍存活，pH 12的环境中60 min可灭活病毒。超声波裂解病毒不被破坏。对氯仿、乙醚等有机溶剂有耐受性。0.2%过氧乙酸、2%次氯酸钠、3%福尔马林经30 min灭活病毒。

［流行病学］

1.易感性

除鸡外，火鸡、鹌鹑、鸭、麻雀均可感染。各种品种的鸡均可感染，但主要发生于2～15周龄的鸡，以3～6周龄的雏鸡发病最多，成年鸡一般呈隐性经过。

2.传染源

病鸡和带毒鸡是传染源，病鸡是主要的传染源，其粪便中含有大量的病毒，可造成饮水、饲料、用具以及空气的污染。

3.传播方式和感染途径

传播方式为直接接触传播和间接接触传播，通过消化道、呼吸道和眼结膜、损伤的皮肤感染；另外，也可通过种蛋和昆虫传播。

4.流行特点

发病率达95%以上，有时达100%。死亡率为15%～20%，在雏鸡饲养密度较高时，死亡率可高达40%～60%。不少国家报道有IBD超强毒毒株存在时，其死亡率可高达70%。如有大肠杆菌、新城疫病毒、鸡支原体等病原体混合感染或继发感染时，死亡率会显著升高。一般突然暴发，传播迅速，感染后2～3 d开始死亡，4～5 d达到死亡高峰，以后急剧下降，1周后死亡停止，呈尖峰死亡曲线。

［临诊症状］

潜伏期为2～3 d。早期症状表现为啄自己的肛门，随后精神委顿，羽毛蓬乱，畏寒，常扎堆，闭眼呈昏睡状态，采食减少。病鸡腹泻，排白色黏稠或水样稀粪，泄殖腔周围的羽毛被粪便所污染。后期严重脱水，衰竭而死亡，病程5～7 d。

鸡场初次发病时多呈急性经过，症状典型；以后再次发生时，病情较缓和，症状不典型。近年来，发现由IBDV的亚型毒株或变异株感染的鸡，表现为亚临诊症状，炎症反应弱，法氏囊萎缩，死亡率较低。

［**病理变化**］

尸体严重脱水，胸肌、腿肌常有斑点状或条纹状出血（图4-11、图4-12）。肾脏肿胀，积有尿酸盐，呈“花斑肾”（图4-13）。法氏囊初期肿胀，比正常肿大2～3倍，浆膜面及内侧黏膜皱褶面有点状或斑状或弥散性出血（图4-14），并有奶油样棕红色黏性分泌物，后期萎缩。腺胃和肌胃的交界处有点状或条带状出血。

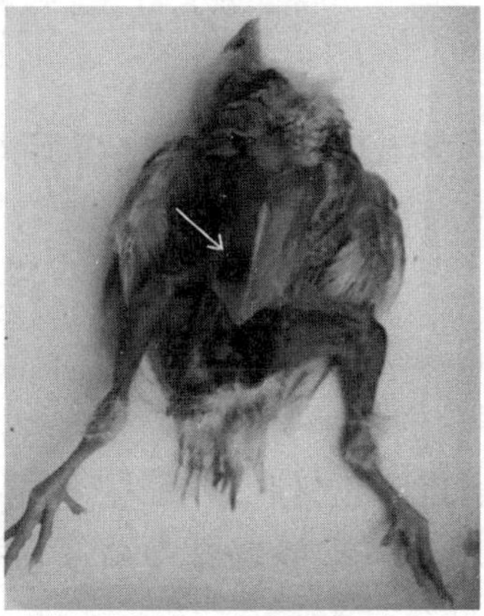

图4-11　胸肌出血

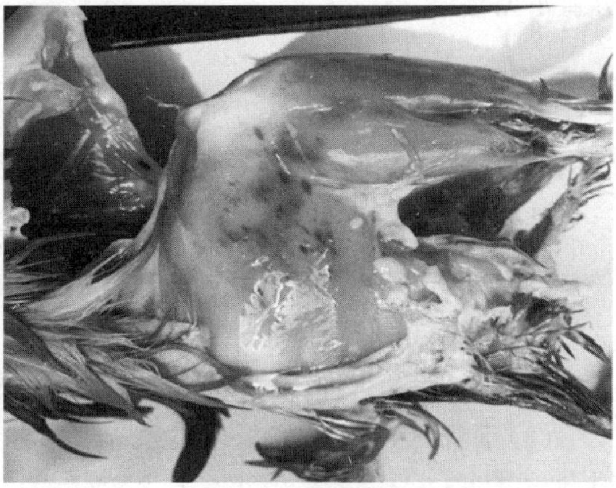

图4-12　腿肌出血

图4-13　花斑肾

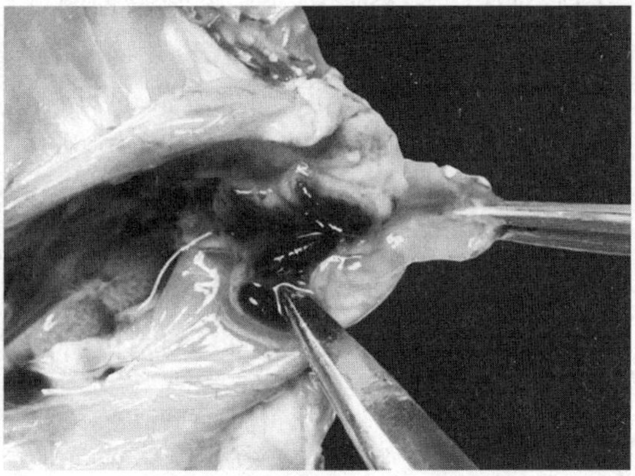

图4-14　法氏囊肿大、黏膜出血

［**诊断要点**］

根据流行病学、临诊症状和病理变化可作出初步诊断。病毒分离鉴定、血清学试验和易感鸡接种是确诊本病的主要方法。

1. 病毒分离鉴定

自然感染IBDV的鸡群，在发病后的2～3 d，法氏囊中的病毒含量最高，其次是脾脏和肾脏。取典型病例的法氏囊和脾脏，经研磨后，加灭菌生理盐水制成（1∶5）～（1∶10）悬液，以3 000 r/min离心10 min，取上清液加入青霉素和链霉素处理1 h，经绒毛尿囊膜接种9～11日龄SPF鸡胚，0.1 mL/只。接种后的鸡胚在3～5 d内死亡，可见到胚胎水肿、胚体皮肤点状出血。鉴定分离出的IBDV，用已知阳性血清在鸡胚或鸡胚成纤维细胞培养中作中和试验；血清亚型的鉴定则须进行复杂的交叉中和试验。

2. 琼脂扩散试验

取慢性病鸡或康复鸡血液，分离血清，进行琼脂扩散试验，并设阳性血清作对照。发现受检血清和抗原之间出现明显致密的沉淀线，与阳性血清和抗原之间出现的沉淀线一致，则为阳性。

应用此法还可以进行流行病学调查和检测疫苗免疫后的 IBDV 抗体，但是本方法不能区分血清型差异。

3. 易感鸡感染试验

取病变典型的病死鸡的法氏囊，经磨碎制成悬液，经滴鼻或口服感染 21～25 日龄雏鸡，在感染后 48～72 h 出现症状，剖检见法氏囊有特征性的病变。

[**防制**]

1. 预防措施

平时的预防措施应采取综合性防制措施。

(1)加强饲养管理　减少和避免各种应激因素的刺激，以防止啄肛。

(2)重视消毒　做好平时的清洁卫生工作，定期使用过氧乙酸或百毒杀等消毒剂带鸡消毒。

(3)免疫接种　目前所用的疫苗有活苗和灭活苗，活苗又有弱毒苗和中等毒力苗。弱毒苗接种后对法氏囊无损伤，不引起免疫抑制，但产生效力慢，抗体滴度低；中等毒力苗接种后对法氏囊有轻度损伤，但产生抗体快，有较高的保护率。油乳剂灭活苗，雏鸡不宜使用，一般用于经 2 次活苗免疫的种鸡，可产生较高的母源抗体，其种蛋孵化后，其中的母源抗体可维持 3～4 周，使雏鸡在 3 周龄以内有较强的免疫力。有条件的鸡场可定期监测雏鸡(母源)抗体消长状况，制定一套符合本场的免疫程序；如无监测条件，可参考以下免疫程序。

蛋雏鸡：10～14 日龄用中等毒力苗饮水免疫，21～24 日龄重复上次免疫。

种鸡：应在上 2 次免疫的基础上于 120～140 日龄和 40 周龄各注射一次油乳剂灭活苗。

如果母源抗体较低或无母源抗体(种鸡群未接种疫苗)的鸡群，于 1～3 日龄用弱毒苗饮水首免，此后免疫同前述免疫程序。

2. 发生传染性法氏囊病时的处理措施

雏鸡群发生传染性法氏囊病时，要适当提高育雏温度，这在冬季是很重要的。一般提高室温 3～5 ℃可减少死亡。饮用“口服补液盐”3～5 d，以防脱水，也可在饮水中加入 5%的糖或 0.1% 的盐，并供给充足的饮水。降低饲料中蛋白质的含量，可降低 15%左右，同时提高维生素含量 1 倍。在饲料或饮水中加入抗菌药物，如多西环素、庆大霉素、环丙沙星或卡那霉素等，以防止继发感染。用 0.2%～0.3%过氧乙酸或百毒杀带鸡喷雾消毒。减少和消除各种应激因素的刺激。

在发病初期，注射高免卵黄液或高免血清，疗效显著。也可用中药饮品治疗，如“解囊汤”，其方剂组成为：黄芪 300 g，黄连、生地、大青叶、白头翁、白术各 50 g，甘草 80 g，供 300～500 只鸡一次量，煎煮 2 次，取煎汁按 5%加入糖，供鸡自饮或灌服，1 次/d，服用 1～3 次即愈。一般投药早，显效快，治愈率高。

任务 27 传染性支气管炎

鸡传染性支气管炎是由鸡传染性支气管炎病毒引起鸡的一种急性、高度接触性传染病，简称“传支”。其特征是病鸡咳嗽、打喷嚏和气管发生啰音，雏鸡还可出现流涕，产蛋鸡产蛋量下降和蛋质量低劣；肾型传支可见白色水样下痢，肾脏肿大，有尿酸盐沉积。

鸡传染性支气管炎具有高度的传染性，幼雏感染后，除引起高的死亡率外，还可造成母雏永久性的输卵管退化，失去生产性能；耐过雏鸡生长发育受阻，耗料增加。成年产蛋鸡产蛋量下降，蛋质量低劣。另外，发生本病后还易继发感染大肠杆菌病等多种传染病，给养鸡业造成巨大的经济损失。

［**病原**］

鸡传染性支气管炎病毒（IBV）属于冠状病毒科、冠状病毒属，单股正链 RNA 病毒，多数呈球形，直径 80～120 nm，有囊膜和纤突。病毒主要存在于病鸡呼吸道渗出物中，肝、脾、肾和法氏囊中也能发现病毒。

鸡传染性支气管炎病毒能在 9～11 日龄的鸡胚中增殖。用自然毒初次接种鸡胚，多数鸡胚能存活，少数生长迟缓。但随着继代次数的增加，病毒对鸡胚的毒力增强，到第 10 代时，可在接种后的第 9 天引起 80%的鸡胚死亡。特征性变化是发育受阻，胚体萎缩成小丸形，羊膜增厚，紧贴胚体，卵黄囊缩小，尿囊液增多。该病毒不凝集鸡红细胞，但经 1%胰蛋白酶、卵磷脂酶 C 或家兔 A 型魏氏梭菌等处理后具有血凝特性。

鸡传染性支气管炎病毒对外界环境的抵抗力较弱，在 56 ℃经 15 min 灭活，但耐低温，在 －20 ℃能保存 7 年之久。病毒对常用消毒剂敏感。

［**流行病学**］

鸡传染性支气管炎仅发生于鸡，其他家禽不感染。各种年龄的鸡都可发病，以雏鸡最为严重，有母源抗体的雏鸡具有一定的抵抗力（约 4 周）。

病鸡和带毒鸡是传染源，病鸡康复后可带毒 49 d，在 35 d 内具有传染性。本病主要经呼吸道传播感染，病鸡从呼吸道排出病毒，经飞沫或尘埃传给易感鸡。此外，也可通过污染的饲料、饮水等经消化道感染。

本病无季节性，传播迅速，几乎在同一时间内有接触史的易感鸡都发病，这是本病很重要的特征。过热、严寒、拥挤、通风不良，维生素、矿物质和其他营养物质缺乏，以及疫苗接种等均可促进本病的发生。

［**临诊症状**］

潜伏期 36 h 或更长一些。常见的病型是呼吸型和肾型。

1. 呼吸型

雏鸡无前驱症状，突然出现呼吸道症状，并迅速波及全群。6 周龄以下雏鸡表现咳嗽和呼吸困难，常伸颈、张口呼吸，并发出特殊的叫声。有鼻炎症状，打喷嚏，流黏性鼻液，个别鸡鼻窦肿胀，眼分泌物增多。病鸡精神委顿，两翅下垂，羽毛松乱，昏睡，采食减少，逐渐消瘦；康复鸡发育不良。6 周龄以上鸡，仅表现气管啰音、咳嗽和呼吸困难，同时伴有精神委顿，减食或下痢症状。病程一般为1～2周,有的可延长至3周。6周龄以下雏鸡死亡率达25%～90%,6周龄以上鸡死亡率很低。

雏鸡如早期感染,可造成输卵管永久性损害,部分雌雏的输卵管发育受阻,成为外观正常但不产蛋的假母鸡。

成年产蛋鸡出现轻微的呼吸道症状,伴有产蛋量下降,产软壳蛋、畸形蛋或粗壳蛋等。蛋质量低劣,蛋白稀薄如水,蛋黄和蛋白易分离,以及蛋白黏着于壳膜表面等。

2. 肾型

由肾型毒株引起,多发生于10～50日龄雏鸡,以20～30日龄多见。感染鸡呼吸道症状轻微或不出现,或在呼吸症状消失后,持续排白色或水样稀粪,饮水量增加,迅速消瘦。

[病理变化]

鼻腔、鼻窦、气管和支气管有浆液性、黏液性或干酪样渗出物,干酪样渗出物主要见于气管后段和支气管中,形成栓子(图4-15)。气囊膜可能浑浊增厚,气囊腔内含有黄色干酪样渗出物。产蛋母鸡的腹腔内可见液状的卵黄物质,卵泡充血、出血和变形。有的输卵管发育异常,呈稚型或萎缩(图4-16)。

肾型传支,可见肾脏肿大,呈斑驳状的"花斑肾",肾小管和输尿管因尿酸盐沉积而扩张。严重病例,尿酸盐可沉积于其他组织器官表面。

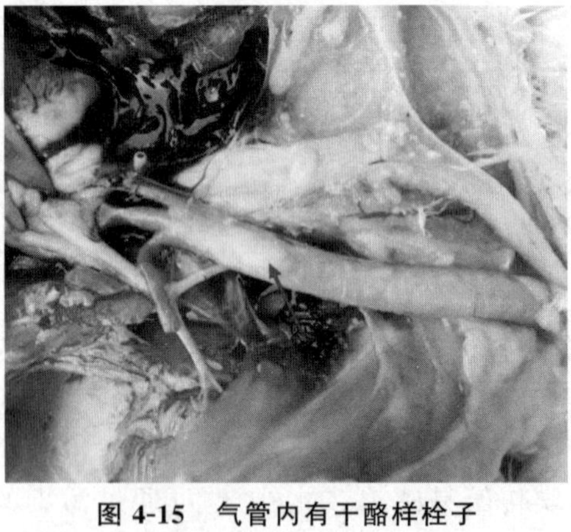

图4-15 气管内有干酪样栓子

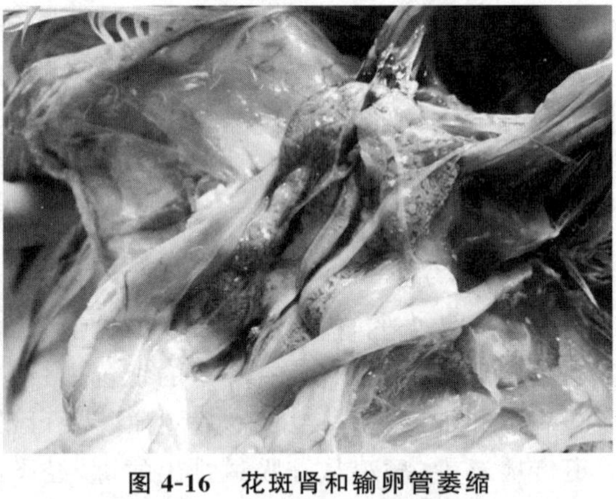

图4-16 花斑肾和输卵管萎缩

[诊断要点]

根据流行病学、临诊症状和病理变化作初步诊断,确诊必须进行病毒的分离鉴定和血清学诊断等。

1. 病毒的分离鉴定

无菌采集急性期病鸡的气管渗出物和肺组织,对于肾型和产蛋下降型病鸡应取肾脏或输卵管。将病料研磨成匀浆,制成悬浮液,按每毫升加青霉素和链霉素各10 000 U,置4 ℃冰箱过夜,以抑制细菌污染。经尿囊腔途径接种9～11日龄的鸡胚。初代接种的鸡胚,孵化至第19日龄时,少数鸡胚发育受阻,而多数鸡胚能存活,这是本病毒的特征。若将病毒在鸡胚中连续传代几次,则可使鸡胚呈现规律性死亡,并出现特征性的病变。收集尿囊液再经气管内接种易感鸡,如有本病毒存在,则被接种鸡在18～36 h后可出现症状,并发生气管啰音。

2. 血凝试验和血凝抑制试验

将上述试验中收获的尿囊液经1%胰蛋白酶于37 ℃作用4 h，再作血凝试验和血凝抑制试验进行鉴定。用IBV特异的多克隆或单克隆抗体对感染鸡胚的绒毛尿囊膜(CAM)切片，或将尿囊液的细胞沉积物涂片作免疫荧光或免疫酶试验，可以快速鉴定分离的病毒。剖检时取感染鸡的气管黏膜或其他组织作切片，可用免疫荧光或免疫酶试验直接检测IBV抗原。近年来，已建立起直接检查感染鸡组织中IBV核酸的RT-PCR方法。

3. 气管环培养

利用18～20日龄鸡胚，取宽1 mm气管环做旋转培养，37 ℃ 24 h，在倒置显微镜下可见气管环纤毛运动活泼。感染IBV 1～4 d，可见纤毛运动停止，继而上皮细胞脱落。此法可作为IBV分离和毒价测定，如结合病毒中和试验则可用于血清分型。

由于IBV抗体的多型性，不同血清学方法对群特异和型特异抗原反应不同。酶联免疫吸附试验一般用于群特异血清检测，而中和试验、血凝抑制试验一般可用于初期反应的特异抗体检测。病毒中和试验常用于IBV毒株的血清分型，鸡胚培养、气管环培养或细胞培养都可作为病毒的测试系统。

[**防制**]

严格执行隔离、检疫等卫生防疫措施。鸡舍要注意通风换气，防止过挤，注意保温，加强饲养管理，补充维生素和矿物质饲料，增强鸡体抗病力。

免疫接种的疫苗有H_{120}、H_{52}及其油乳剂灭活苗。H_{120}毒力较弱，对雏鸡安全；H_{52}毒力较强，适用于20日龄以上鸡；油乳剂灭活苗适合于各种日龄的鸡。一般免疫程序为5～7日龄首免，用H_{120}；25～30日龄二免，用H_{52}；种鸡于120～140日龄用油乳剂灭活苗三免。

本病尚无特效疗法，发病鸡群要注意保暖和通风换气，鸡舍带鸡消毒，增加多维素用量。为了补充钠、钾损失和消除肾脏炎症，可以给予“复方口服补液盐”和“肾肿解毒剂”。可使用抗生素防止继发感染。

任务28　传染性喉气管炎

传染性喉气管炎(ILT)是由传染性喉气管炎病毒引起鸡的一种急性、呼吸道传染病，主要特征为呼吸困难，咳嗽，咳出带血的渗出物，产蛋鸡产蛋量下降。喉部和气管黏膜肿胀，出血并形成糜烂，有时可见黄白色纤维素性假膜。

[**病原**]

传染性喉气管炎病毒(ILTV)属疱疹病毒科疱疹病毒甲亚科，类传染性喉气管炎病毒属中的禽疱疹病毒Ⅰ型。病毒粒子有囊膜，衣壳为二十面体对称，病毒粒子近似立方形，大小为195～250 nm。

病毒大量存在于病鸡的气管组织及其渗出物中，肝、脾和血液中较少见。

病毒在鸡胚中容易培养，鸡胚感染后2～12 d死亡，胚体变小，绒毛尿囊膜增生和坏死，形成浑浊的斑块病灶。病毒易在鸡胚细胞培养物上增殖，最早(接种后4～6 h)的细胞变化为核染色质变位和核仁变圆。随后胞浆融合，成为多核巨细胞(合胞体)，并且早在接种后12 h便能检出核内包涵体。

本病毒的抵抗力很弱，55 ℃存活 10～15 min，37 ℃存活 24 h，3～23 ℃时能存活 10 d。耐低温，经冻干后在冰箱中可存活 10 年。对一般消毒剂都敏感，如 3%来苏儿或 1%氢氧化钠溶液，1 min 即可将其杀死。

[**流行病学**]

在自然条件下，主要侵害鸡，不同年龄的鸡均易感，以成年鸡的症状最具有特征，但近几年来，雏鸡和育成鸡也有发生。野鸡、孔雀、幼龄火鸡也可感染。

病鸡和康复后的带毒鸡是主要的传染源，病毒存在于气管和上呼吸道分泌液中，通过咳出的血液和黏液经呼吸道传播，约 2%康复鸡可带毒，时间可长达 2 年。所以，鸡场一旦传入传染性喉气管炎，如不采取全进全出的措施，很难净化本病。易感鸡与接种活苗的鸡长时间接触，也可感染本病。污染的垫料、饲料和饮水，可成为传播媒介。

本病在易感鸡群内传播很快，感染率可达 90%，死亡率为 5%～70%；高产成年鸡死亡率较低，而育成鸡和雏鸡死亡率较高。

本病一年四季均可发生，秋冬寒冷季节多发。鸡群拥挤，通风不良和维生素 A 缺乏时，都可促进本病的发生。

[**临诊症状**]

潜伏期为 6～12 d。发病初期常有少数鸡突然死亡，急性病例初期鼻孔有分泌物，流泪，并伴有结膜炎的症状；其后表现为特征性的呼吸道症状，呼吸时发出湿性啰音，继而咳嗽和气喘并有喘鸣音。严重病例，呈现明显的呼吸困难，咳出带血的黏液，有时死于窒息。在检查口腔时，可见喉头黏膜上附有淡黄色凝固物(假膜)，且不易擦去。病鸡迅速消瘦，鸡冠发紫，有时排绿色稀粪。产蛋鸡产蛋下降。病程 5～7 d 或更长。

有些较弱的毒株引起发病时，病情缓和，表现生长迟缓，产蛋减少，流泪和结膜炎，严重病例见眶下窦肿胀。病程可达 1 个月，死亡率较低，一般不超过 2%；若有细菌继发感染则死亡率增加。

[**病理变化**]

本病的主要病变在气管和喉部组织。病初喉头和气管黏膜充血、肿胀，进而黏膜发生出血、变性和坏死，气管腔内含有黏液或血凝块(图 4-17)；2～3 d 后喉和气管内有黄白色纤维性干酪样假膜覆盖，可能会将气管完全堵塞。严重时炎症也可扩散到支气管、肺和气囊，甚至上行至鼻腔和眶下窦。比较缓和的病例，仅见结膜和窦内上皮水肿及充血。

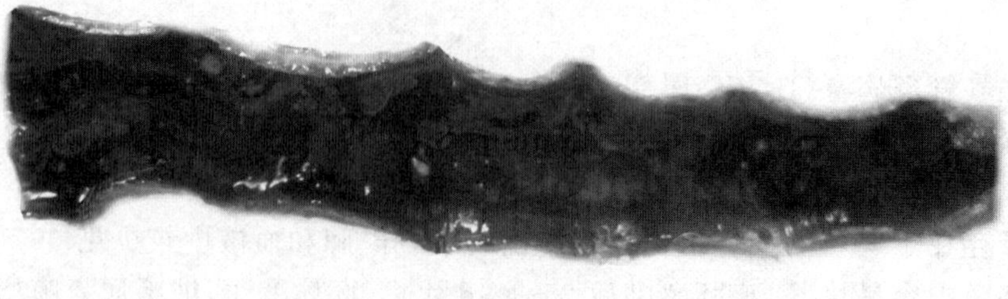

图 4-17　气管腔内含有黏液或血凝块

组织学变化可见喉、气管黏膜下水肿，有细胞浸润。早期(感染 24 h)在气管、喉头黏膜上皮细胞核内可见嗜酸性包涵体，出现症状 48 h 内包涵体的数量最多。

［**诊断要点**］

根据流行病学、特征性症状和典型的病变即可作出诊断，在症状不典型时，须进行实验室诊断。

1. 鸡胚接种

取病死鸡的喉头、气管黏膜和分泌物，无菌处理，经尿囊膜途径接种 10～12 日龄鸡胚，接种后 4～5 d 鸡胚死亡，见绒毛尿囊膜增厚，有灰白色坏死斑。

2. 包涵体检查

取发病后 2～3 d 的喉头黏膜上皮，或者取接种病料后死胚的绒毛尿囊膜，作包涵体检查，见细胞核内有包涵体。

3. 病毒分离物中和试验

用单层细胞培养的蚀斑减数或绒毛尿囊膜坏死斑减数技术来测定。

此外，荧光抗体技术和免疫琼脂扩散试验也可作为本病的诊断方法。

4. 动物接种

用病鸡的气管分泌物或气管制备组织悬液，经喉头或气管接种易感鸡，2～5 d 可出现典型的传染性喉气管炎的症状和病变。

本病与传染性支气管炎、鸡毒支原体感染、传染性鼻炎、黏膜型鸡痘等有相似之处，注意鉴别诊断。

［**防制**］

1. 加强饲养管理

(1)淘汰病愈鸡　由于本病大多由带毒鸡所传染，因此易感鸡不能与康复鸡或接种疫苗的鸡养在一起，这一点极其重要，最好将病愈鸡淘汰。

(2)注意通风换气　鸡舍内氨气过浓时，易诱发本病，因此平时要及时清粪，加强清洁卫生和消毒，注意改善鸡舍通风。

2. 免疫接种

目前有两种疫苗可用于免疫接种。一种是弱毒疫苗，经点眼、滴鼻免疫。但 ILT 弱毒疫苗一般毒力较强，免疫鸡可出现轻重不同的反应，甚至引起成批死亡，接种途径和接种剂量应严格按使用说明书进行。另一种是强毒苗，可涂擦泄殖腔黏膜接种，接种 4～5 d 后，黏膜出现水肿和出血性炎症，表示接种有效，但排毒的危险性很大，一般用于发病鸡场。

3. 治疗

目前尚无有效的治疗药物，发病后投服抗菌药物，对预防继发感染有一定的作用。为防止继发慢性呼吸道病可在饮水中添加泰乐菌素或链霉素。对病鸡采取对症治疗，如内服牛黄解毒丸或喉症丸，或其他清热解毒利咽喉的中成药，可明显减缓呼吸道炎症，减少死亡；还可用镊子除去喉部和气管上端的干酪样渗出物。因该病在不同鸡群间传播缓慢，针对发病鸡群，在初期可用弱毒疫苗点眼，接种后 5～7 d 即可控制病情。

任务 29　鸡毒支原体感染

鸡毒支原体感染(MGI)是由鸡毒支原体引起鸡的一种慢性呼吸道病。雏鸡表现鼻炎、气管炎、气囊炎和眼炎;成年鸡多为隐性感染;在火鸡还可引起鼻窦炎。

鸡毒支原体感染在过去称之为"鸡慢性呼吸道病(CRD)"。近年来,随着鸡群饲养密度的增大,MGI 的感染率越来越高,高度集约化、密集型的生产模式加速了本病的扩散。据血清学调查,大部分鸡群的感染率在 50%以上,有的甚至高达 70%～90%。该病既可水平传播又可垂直传播,一旦传入鸡群,很难根治。单纯感染不会造成大量的死亡,但在整个饲养期内病情往往处于时起时伏、时轻时重的状态,其严重程度和病程受发病日龄、继发和并发感染以及应激等多种因素的影响。成年鸡感染时多呈隐性,死亡率很低,发病期间的产蛋率下降 10%～20%,畸形蛋增多,破损率增加,种蛋孵化率降低,孵出的弱雏增多。雏鸡单纯感染时,死亡率较低。鸡毒支原体常与大肠杆菌、新城疫病毒、传染性法氏囊病病毒等病原体混合感染,使病情加重,病程缩短,死亡率升高,损失加重,而且给诊断和防治工作带来很大困难。

[**病原**]

鸡毒支原体(MG)是支原体科支原体属中的一个致病种。菌体有多形性和易变性特点,常呈球状或球杆状,有的呈丝状;直径为 0.25～0.5 μm。无细胞壁,革兰氏染色呈弱阴性,用吉姆萨染色或瑞特氏染色,着色良好。需氧或兼性厌氧,营养要求较高,在人工培养时须加入 10%～15%灭能动物血清才能生长。生长缓慢,培养 3～10 d,形成表面光滑透明、边缘整齐、露滴样的小菌落,直径为 0.2～0.3 mm,形似"油煎蛋"样、乳头状或脐状。MG 能凝集鸡和火鸡的红细胞,凝集现象能被相应的抗体所抑制。

鸡毒支原体对外界环境的抵抗力不强,在水中立刻死亡,在 20 ℃的鸡粪内可生存 1～3 d,于直射阳光下迅速死亡。耐低温,冻干后于 4 ℃可存活 7 年。一般常用的消毒剂均能迅速将其杀死。由于缺乏细胞壁,对能抑制细胞壁合成的药物,如青霉素、头孢类、磺胺类药物不敏感;对大环内酯类抗生素(红霉素、泰乐菌素、北里霉素、螺旋霉素)和链霉素以及喹诺酮类药物敏感。

[**流行病学**]

1. 易感性

从育雏到产蛋各个年龄段的鸡群均可感染,但雏鸡感染后的危害较大,尤以 4～8 周龄的雏鸡最为易感,成年鸡多为隐性感染。

2. 传染源

病鸡和成年带菌鸡是本病的传染源。

3. 传播方式和感染途径

传播方式有水平传播和垂直传播两种。在水平传播中,经呼吸道感染是主要的途径,病原体可通过病鸡咳嗽、打喷嚏形成飞沫,或飘浮于空气尘埃中经呼吸道感染。另外,感染公鸡的精液中有病原体,经交配也可发生感染。垂直传播是重要的传播方式,成年带菌种鸡所产的蛋含有支原体,可通过种蛋把支原体传给下一代。

4. 流行特点

本病一年四季均可发生，以寒冷季节多发。本病在鸡群中传播较为缓慢，但在新发病的鸡群中传播较快。单独感染支原体的鸡群，在正常饲养管理条件下，常不表现症状，呈隐性经过，在诱因作用下转为显性感染。其诱发因素主要有：①呼吸道感染其他病原微生物，如传染性支气管炎病毒、传染性喉气管炎病毒、新城疫病毒、副鸡嗜血杆菌和大肠杆菌等；②接种疫苗，特别是气雾免疫；③饲养密度大、卫生状况差和通风不良；④饲料中维生素不足；⑤气候突变及寒冷等。

［**临诊症状**］

潜伏期 1～3 周不等。雏鸡最常见的症状是呼吸道症状，初期表现鼻炎和气管炎，出现打喷嚏、流浆液性或黏液性鼻液，鼻液堵塞鼻孔妨碍呼吸，病鸡频频摇头，咳嗽、喘气。当炎症蔓延到下呼吸道和气囊时引起气囊炎，咳嗽和喘气更为显著，并有呼吸道啰音。到了后期，鼻腔和眶下窦中蓄积渗出物，则引起眼炎，眼睑肿胀，眼部突出呈肿瘤状，眼眶内有泡沫样液体；眼球受压，视力下降或失明。病鸡食欲不振，生长发育停滞，逐渐消瘦。本病一般呈慢性经过，病程长达 1 个月以上。一般单纯的鸡毒支原体感染不会导致死亡，但与其他致病因子协同作用时可出现高达 30％的死亡率。

成年产蛋鸡表现产蛋量下降，孵化率降低，孵出的雏鸡增重受阻。如继发感染大肠杆菌病，还会出现厌食和腹泻，死亡率增高。

［**病理变化**］

主要表现鼻道、气管、支气管和气囊的卡他性炎症，含有多量的黏性渗出物。气囊的变化具有特征性：早期气囊膜浑浊，表面有结节状的增生性病灶；后期气囊膜增厚，囊腔内含有淡黄色、干酪样渗出物（图 4-18）。腹腔内有泡沫样液体（图 4-19）。如有大肠杆菌混合感染时，可见纤维素性心包炎和肝周炎。

组织学变化：被侵害的组织由于单核细胞浸润和黏液腺的增生而使黏膜增厚，黏膜下有局灶性淋巴组织增生。在肺除出现肺炎和淋巴滤泡反应外，有时还出现肉芽肿。

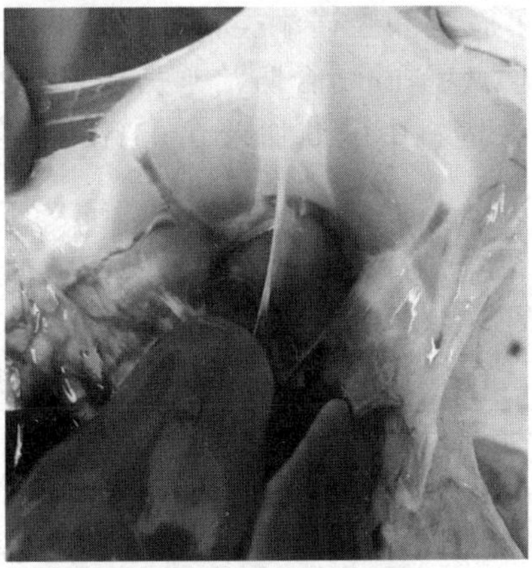

图 4-18　气囊膜增厚，囊腔内含有淡黄色、干酪样渗出物

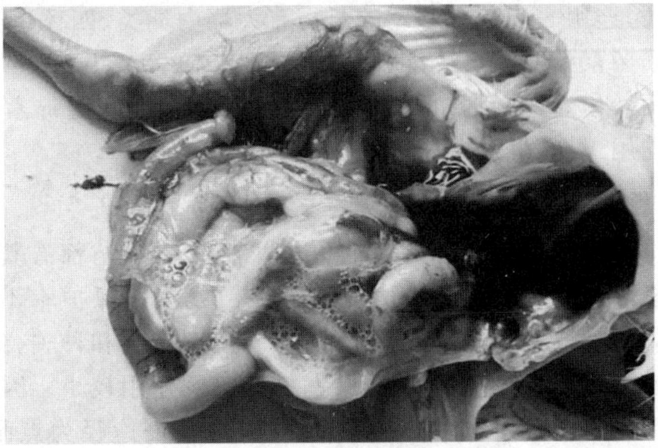

图 4-19　腹腔内有泡沫样液体

［**诊断要点**］

根据流行病学、临诊症状和病理变化可作出初步诊断，确诊须进行病原分离鉴定和血清学检查。

1. 病原分离鉴定

病初取病鸡鼻腔拭子或气管拭子，死亡后取气囊膜和干酪样渗出物，制成悬液，接种培养基培养 2～7 d，依据培养基上的菌落性状鉴定。

2. 血清学试验

最常用的是全血或血清平板凝集试验：取待检鸡全血或血清 1 滴于载玻片上，加鸡毒支原体染色抗原 1 滴，混合，轻轻晃动平板，在 2 min 内如出现明显的凝集颗粒即为阳性反应。该方法简便快速，主要用于鸡群感染情况的判断，不适于个体诊断。另外，也可用血凝抑制试验检查 MG。

[**防制**]

1. 坚持自繁自养的原则

不从污染鸡场购买种鸡、种蛋、鸡苗，引进后的种鸡、鸡苗须隔离观察 2 个月或以上，并进行血清学检查。

2. 实施“全进全出”的饲养模式

对“三同”鸡群，即同一日龄、同一品种、同一来源的鸡群实施“全进全出”制。每一批鸡出栏后，应先清洗栏舍，再用消毒剂喷雾消毒，并间隔 15～30 d 后，再进雏鸡。

3. 加强饲养管理，消除诱因

及时清除舍内垃圾、粪便，并发酵处理；饲养密度不宜过大；在气候寒冷季节防寒保暖的同时，要注意通风换气，以降低舍内氨气浓度，减少对鸡呼吸道黏膜的刺激；防止惊群；饲料配合适当，防止缺乏维生素。

4. 药物预防

对 1 周内的雏鸡，使用敏感药物饮水或混饲，减少雏鸡带菌率。在易感年龄段使用药物预防，连用 5～7 d。常用的药物有大环内酯类、四环素类、林可胺类和喹诺酮类，以北里霉素、泰乐菌素和红霉素最为敏感。每只可用 2000 U(2 mg)链霉素滴鼻，并结合防治鸡白痢，饮服环丙沙星 5 d。对种母鸡每月注射 1 次 200 mg 链霉素，同时在饲料中定期加入 0.05%土霉素，连用 1 周，可减少种蛋中的支原体。

5. 免疫接种

疫苗有活疫苗和灭活疫苗两种，两种疫苗都有其自身的缺点。弱毒疫苗既可用于尚未感染的健康鸡群，也可用于已感染的鸡群，但保护率不高，一般在 80%以上，还有散毒的可能。灭活疫苗主要是油佐剂灭活苗，多用于蛋鸡和种鸡，免疫后能较好地防止鸡群气囊炎的发生和产蛋量的下降，但对阻止野菌株感染的作用较小。因此，须研制开发免疫性能更佳的疫苗。

目前常用的活疫苗是 F 株疫苗，免疫途径为点眼免疫，也可作饮水免疫。蛋鸡和种鸡可于 6～8 周龄首免，开产前二免。或用油乳剂灭活苗，于雏鸡 1～4 周龄时肌内注射 1 次，可免疫半年，到开产前再注射 1 次，可切断垂直传播。

6. 建立健康种鸡群

孵化时挑选健康种蛋，即来源于健康种鸡群的蛋。入孵前对蛋壳表面、孵化室和孵化设备熏蒸消毒。在进雏前要严格消毒育雏室。定期(2、4、6 月龄)对种鸡群进行检疫,淘汰阳性鸡。

7. 治疗

目前认为疗效较好的药物是泰乐菌素、泰妙菌素、多西环素、北里霉素、红霉素、恩诺沙星和氧氟沙星等。

①泰乐菌素:每升水加入 0.5 g,混饮,2 次/d,连用 3～5 d。

②泰妙菌素(支原净):每升水加入 250 mg,混饮,1 次/d,连用 5～7 d。

③北里霉素:每千克饲料加入 330～500 mg,混饲,连用 5～7 d;或每升水加入 500 mg,混饮,连用 3～5 d。

④强力霉素:每千克饲料加入 100～200 mg,混饲;或每升水加入 50～100 mg,混饮,连用 3～5 d。

⑤红霉素:每升水加入 125 mg,混饮,连用 3～5 d。

⑥链霉素:5～8 周龄幼鸡每只 80～100 mg,3 月龄以上每只 100～150 mg,成年鸡每只 200 mg,肌内注射,1 次/d,连用 3～5 d。

⑦环丙沙星:每升水加入 50 mg,混饮,连用 3～5 d。

⑧恩诺沙星、氧氟沙星:每升水加入 50 mg,混饮,连用 3～5 d。同时又可兼治并发或继发的大肠杆菌病。

不论混饮或混饲都要连用几天,一般为 5 d,疗效太短易复发。若鸡群中仅有少数鸡发病,且没有传播流行趋势,应采取对病鸡单独治疗的方法。若确诊为与大肠杆菌混合感染时,治疗应以控制大肠杆菌病为主,采取全群治疗的方法。若本病继发于其他疾病,则应采取主要针对原发病的防制措施。对 60 日龄以内的鸡群,尤其是对肉用仔鸡群进行新城疫气雾免疫时,在疫苗中可适当添加链霉素等防止激发本病。

任务 30　鸡传染性鼻炎

鸡传染性鼻炎是由副鸡嗜血杆菌引起鸡的一种急性呼吸道病。特征是鼻炎和鼻窦炎、眼睑肿胀和结膜炎。

[**病原**]

副鸡嗜血杆菌为革兰氏阴性,短杆状或球杆状,大小为(1～3) μm×(0.4～0.8) μm,单在、成双或呈短链排列,无特殊结构。通常分为 A、B、C 三个血清型,我国流行的菌型为 A 型和 C 型。

本菌在 10% CO_2条件下,于血液琼脂培养基上培养 24～48 h,长出青灰色、半透明、光滑、边缘整齐、直径约 0.3 mm 的针尖状菌落,不溶血。与葡萄球菌接种于同一血液琼脂培养基上培养时,可在葡萄球菌菌落周围发现生长旺盛的副鸡嗜血杆菌,形似"卫星"状。

副鸡嗜血杆菌对外界环境的抵抗力较弱,对热和消毒剂敏感。

[**流行病学**]

1. 易感性

各种日龄的鸡均可感染,以育成鸡和成年鸡多发,尤以产蛋鸡发生较多。2～6 周龄的雏鸡抵抗力较强，不易感染。

2. 传染源

病鸡和带菌鸡是传染源。

3. 感染途径

呼吸道是主要的感染途径，以飞沫和尘埃传播；另外，也可经消化道感染。

4. 季节和诱因

本病多发于秋、冬寒冷季节。该病发生可能与气候、饲管条件有关，如气温突变、穿堂风、过分拥挤、运输搬迁和通风不良等因素可促进本病的发生和流行。

[临诊症状]

本病传染性极强，传播快，一旦发病，在短时间内可波及全群，一个鸡场中一栋鸡舍发病，其他鸡舍几乎无一幸免。鼻炎和鼻窦炎：表现为流浆液性或黏液性鼻涕，为了排出鼻腔分泌物，鸡不断甩头，打喷嚏；颜面部肿胀，可蔓延到肉垂。结膜炎：表现为眼睑肿胀，有的流眼泪（图 4-20）。采食减少，有时下痢，产蛋鸡产蛋量下降。单纯的传染性鼻炎很少死亡，但在流行后期鸡群好转、产蛋量逐渐回升时，常常继发其他细菌性疾病，病程延长，死亡数增多，但没有明显的死亡高峰。

图 4-20 鸡眼睑肿胀和结膜炎

[病理变化]

鼻腔、鼻窦黏膜卡他性炎症，黏膜充血、肿胀，覆有大量浆液性或黏液性分泌物以及渗出物凝块。结膜充血、肿胀。

[诊断要点]

根据流行病学调查、临诊症状和病理变化作初步诊断，确诊须进行实验室检查。

1. 细菌学诊断

用无菌棉拭采集病鸡眼、鼻、眶下窦的分泌物，在血液琼脂平板上与金黄色葡萄球菌交叉接种，于 5%～10% CO_2 环境中培养，可见葡萄球菌菌落周围有明显的卫星现象，其他部位不见或很少有细菌生长。获得纯培养后进一步鉴定或做健康鸡感染试验。

2. 血清学诊断

采用琼脂扩散试验和血清凝集试验。

[防制]

1. 加强饲养管理，消除诱因

在寒冷季节既要保温，又要通风良好。为了防止舍内氨气含量过高，应适当降低饲养密度，及时清粪。在冬季气候干燥时，尘土常被风卷起，可带鸡消毒，以降低空气中的粉尘，达到净化空气的目的。加强饮水用具的清洗消毒和饮用水的消毒。工作人员应严格执行更衣、洗澡、换鞋等卫生防疫制度。

2. 免疫接种

在常发区，用传染性鼻炎油乳剂灭活苗免疫接种，在35～40日龄首免，120日龄二免。

3. 治疗

发病时，用5%恩诺沙星、5%环丙沙星、庆大霉素、红霉素、链霉素、复方新诺明、泰灭净（含25%磺胺-6-甲氧嘧啶）等抗菌药物治疗，重症鸡首选链霉素，如注射2 d无明显效果时应换药。投药要考虑鸡群采食状况，当食欲变化不明显时，可选用口服易吸收的磺胺类药物或抗生素；当采食明显减少、口服给药不能达到治疗效果时应采取注射途径给药。在用药的同时尽早地接种传染性鼻炎灭活苗。

任务31　鸡葡萄球菌病

鸡葡萄球菌病主要是由金黄色葡萄球菌引起鸡的一种传染病，临诊类型有急性败血症、脐炎和关节炎等。葡萄球菌病是禽的一种环境传染病，常见于我国北方鸡场，可造成较大的经济损失。

［**病原**］

葡萄球菌呈革兰氏阳性，球形，直径为0.4～1.2 μm，呈葡萄串状排列（图4-21）；无鞭毛，无芽孢，一般不形成荚膜；在浓汁或液体培养基中生长时呈单个、成对或短链状，容易被误认为是双球菌或链球菌。在普通培养基上生长良好，在血液琼脂或血清琼脂培养基上以及有葡萄糖存在时生长更佳，并能产生几种不同的脂溶性色素，据此将葡萄球菌分为金黄色葡萄球菌、柠檬色葡萄球菌和白色葡萄球菌。葡萄球菌能产生多种酶和毒素，根据生化特性和血浆凝固酶以及产生的色素不同，将葡萄球菌又分为金黄色葡萄球菌、表皮葡萄球菌和腐生性葡萄球菌。其中金黄色葡萄球菌多为致病菌，表皮葡萄球菌偶尔致病，腐生性葡萄球菌一般为非致病菌。鸡的葡萄球菌病主要由金黄色葡萄球菌引起。

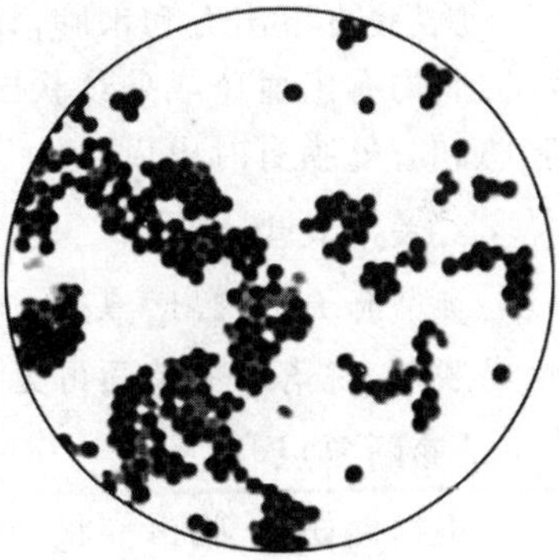

图4-21　葡萄球菌

葡萄球菌的抵抗力较强，80 ℃ 30 min才能杀死，煮沸可迅速死亡，3%～5%的石炭酸（苯酚）、70%酒精、1%～3%龙胆紫（甲紫）都有良好的消毒效果。对青霉素、金霉素和红霉素等高度敏感，但易产生耐药性。

［**流行病学**］

各种品种、各种年龄的鸡均可感染，以40～60日龄的中雏发病最多。在饲养方式中以笼养鸡发病较多。笼网刺伤、刺种疫苗、粗糙的地面擦伤、啄癖、带翅号和断喙等外伤是主要的感染途径；有时与鸡痘并发；经脐带感染是雏鸡常见的感染途径。

饲养管理差（环境卫生差、高密度饲养、通风不良）时可促进本病的发生，死亡率也增加。本病一年四季均可发生，北方地区以7—10月发病最多。

[**临诊症状**]

临诊类型有急性败血型、脐炎型、关节炎型。

1. 急性败血型

急性败血型是常见的病型，病鸡精神委顿，采食减少。胸、腹、腿部皮下水肿，积聚数量不等的血样渗出物，外观呈紫红色或紫黑色，有明显的波动感，局部羽毛脱落或触摸即可脱落。有的自然破溃，流出紫红色液体，污染周围羽毛。有的病鸡皮肤(翅膀背侧、翅尖、尾部)有出血斑，或坏死或干燥结痂。有的肉髯肿胀溃烂。病程 2～5 d。

2. 脐炎型

俗称"大肚脐"，刚出壳的雏鸡因脐部闭合不全而感染葡萄球菌，脐孔肿胀，腹部膨大，局部质硬呈紫红色或紫黑色，皮下有暗红色或黄红色的渗出液，后期则呈脓样干涸坏死物。此型很少能存活，病程 2～5 d。

3. 关节炎型

多处关节肿胀，以趾关节较为多见。运步不灵活或跛行，重者患肢不敢着地，单肢跳跃。有的出现趾瘤，足底肿大，形成大小不等的肿胀疙瘩，似瘤肿，多见于肉用种公鸡。

[**病理变化**]

1. 败血型

胸、腹皮下出血和水肿，切开皮肤，皮下组织呈弥漫性紫红色，积有多量红色或黄色胶冻液。肌肉有出血斑或条纹状出血。肝脏、脾脏肿大，可能有白色坏死点。心包积液较多，心冠脂肪和心外膜有时出血。

2. 关节炎型

关节肿大，滑膜增厚、充血、出血，有淡黄色浑浊渗出液，病程长者渗出液呈干酪样，软骨糜烂易脱落，脱落后关节面可见溃疡灶。

[**诊断要点**]

根据创伤史、临诊症状和病理变化可作出初步诊断；确诊须进行细菌学诊断，取脓汁、关节液、皮下水肿液及脏器抹片染色镜检，并分离培养。

[**防制**]

平时避免发生外伤。在断喙、带翅号、刺种时要严格消毒，以免伤口感染。适时做好鸡痘预防接种工作。重视鸡舍环境消毒(带鸡消毒)，降低鸡舍环境中葡萄球菌的含量，以减少感染机会。加强饲养管理，防止啄癖的发生。注重孵化消毒(种蛋消毒和孵化设备消毒)，降低雏鸡感染的机会。发病较多的地区或鸡场，于 20 日龄左右皮下注射接种葡萄球菌油乳剂灭活苗，保护率可达 90%。

一旦发病，全群用药治疗，药物有庆大霉素、红霉素、新生霉素、环丙沙星和恩诺沙星等。应事先做药敏试验，选择敏感药混饲或饮水。

任务 32　产蛋下降综合征

产蛋下降综合征(EDS_{76})是由禽腺病毒Ⅲ群中的病毒引起鸡以产蛋下降为特征的一种传染病,其主要表现为鸡群产蛋骤然下降,软壳蛋和畸形蛋增加,褐色蛋蛋壳颜色变淡。

[病原]

产蛋下降综合征病毒属于禽腺病毒Ⅲ群,无囊膜,双股 DNA。病毒粒子大小为 76～80 nm。本病毒能在鸭胚、鸭胚肾细胞和鸭胚成纤维细胞、鸡胚肝细胞和鸡胚成纤维细胞上增殖,但在鸡胚肾细胞和火鸡细胞中生长不良,在哺乳动物细胞内不能增殖。

产蛋下降综合征病毒能凝集鸡、鸭、火鸡、鹅、鸽的红细胞,但不能凝集家兔、绵羊、马、猪、牛的红细胞。血凝滴度在 4 ℃可保持很长时间,但在 70 ℃却被破坏。鸭胚尿囊液病毒的 HA 滴度可达 18 log2～20 log2,而鸡胚尿囊液病毒的 HA 滴度较低。

该病毒对乙醚、氯仿不敏感,对 pH 适应谱广,0.3%福尔马林 48 h 可使病毒完全灭活。

[流行病学]

本病除鸡易感外,自然宿主为鸭、鹅和野鸭。有报道,天鹅、海鸥、珍珠鸡存在 EDS_{76} 抗体。不同品种的鸡其易感性有差异,产褐色蛋的母鸡最易感。病毒主要侵害 26～32 周龄的鸡,35 周龄以上较少发病。幼龄鸡感染后不表现症状,血清中也检查不出抗体,在性成熟后开始产蛋时,由于应激反应,使病毒活化而使产蛋鸡发病,血清转为阳性。

本病传播方式主要是垂直传播。水平传播也是很重要的方式,因为从鸡的输卵管、泄殖腔、粪便、肠内容物中都能分离到病毒,可向外排毒经水平传播给易感鸡。

[临诊症状]

感染鸡无明显症状,主要表现为突然性群体产蛋下降,比正常下降 20%～38%,甚至达 50%。病初蛋壳的色泽变淡,紧接着产畸形蛋,蛋壳粗糙像沙粒样,蛋壳变薄易破损,软壳蛋增多,占 15%以上。对受精率和孵化率没有影响,病程一般可持续 4～10 周。

[病理变化]

本病无明显病变,可见母鸡卵巢变小、萎缩,子宫和输卵管黏膜出血和卡他性炎症。输卵管腺体水肿,单核细胞浸润,黏膜上皮细胞变性坏死,病变细胞中可见到核内包涵体。

[诊断要点]

根据流行病学特征和症状可作出初步诊断,进一步确诊须进行实验室诊断。

1. 病原分离和鉴定

取病鸡的输卵管、泄殖腔、肠内容物和粪便,经处理后,以尿囊腔接种 10～12 日龄鸭胚(无腺病毒抗体)。首次分离时鸭胚死亡不多,随着传代次数增加,鸭胚死亡数增多。病料也可以接种于鸭胚成纤维细胞和鸡胚成纤维细胞。分离的病毒发现有血凝现象,再用已知抗 EDS_{76} 病毒血清,进行血凝抑制试验或中和试验进行鉴定。

2. 血清学试验

鸡感染 EDS_{76} 病毒后,能产生高效价抗体。HI 试验是最常用的诊断方法之一,如果鸡群

HI效价在1∶8以上，证明此鸡群已感染。此外，还可采用中和试验、ELISA、荧光抗体和双向免疫扩散试验等方法诊断本病。

［防制］

①杜绝 EDS_{76} 病毒传入。本病主要经蛋垂直传播，应从非疫区鸡群中引种，引进后要严格隔离饲养，性成熟开始产蛋时经 HI 试验监测，HI 抗体阴性者才能留作种鸡用。

②严格执行兽医卫生措施，加强鸡场和孵化房消毒工作。

③在日粮配合中，注意氨基酸和维生素的平衡。

④免疫接种。油佐剂灭活苗对鸡免疫接种起到良好的保护作用，在 110～130 日龄进行免疫接种，免疫后 7～10 d 可测到抗体，HI 抗体效价可达 8 log2～9 log2，免疫期 10～12 个月。实践证明，以新城疫病毒和 EDS_{76} 病毒制备的二联油佐剂灭活苗，对预防这两种病有良好的作用。

任务 33　小鹅瘟

小鹅瘟是由鹅细小病毒引起雏鹅的一种急性、败血性、高度致死性传染病。其特征是急性下痢，渗出性肠炎。本病主要侵害 4～20 日龄雏鹅，传染快而病死率高。在自然条件下，成年鹅感染无临诊症状，但可经卵将病毒传至下一代。

本病于 1956 年发现于我国扬州地区，国内大多数养鹅省区均有发生。1965 年以来欧洲很多国家报道有本病存在，在国际上又称为 Derzsey 氏病或鹅细小病毒感染。

［病原］

小鹅瘟病毒（GPV），又称鹅细小病毒，属细小病毒科细小病毒属单股 DNA 病毒，完整病毒粒子无囊膜，呈六角形，直径 20～22 nm，与鸡和哺乳动物细小病毒都没有抗原关系。目前分离到的毒株抗原性基本相同，只有一个血清型。无血凝活性。

小鹅瘟病毒在感染细胞的核内复制，病雏的内脏组织、肠、脑及血液都含有病毒。初次分离可用鹅胚或番鸭胚，也可用其原代细胞培养。初次分离时病毒虽可在鹅胚成纤维细胞（GEF）上增殖，但不引起细胞病理变化。在 GEF 上适应的病毒，能在单层上形成分散的颗粒性细胞病理变化和发生细胞脱落，并见细胞融合成合胞体。用盖玻片培养，染色镜检，可见核内有嗜酸性包涵体。

本病毒对环境的抵抗力较强，65 ℃维持 30 min 对其滴度无影响，能抵抗 56 ℃ 3 h，在 －20 ℃ 时至少可存活 2 年。对乙醚等有机溶剂不敏感，对胰酶和 pH 3 稳定。

［流行病学］

本病主要侵害 3～20 日龄的雏鹅与雏番鸭。其易感性随着年龄的增长而减弱。1 周龄以内的雏鹅死亡率可达 100％，10 日龄以上者死亡率一般不超过 60％，20 日龄以上的发病率低，而 1 月龄以上则极少发病。

病雏及带毒成年禽是主要传染源，从粪便中排出大量病毒，污染圈舍、饲料、饮水、用具等，导致直接或间接传播。孵育房环境及用具的严重污染，可使孵出的雏鹅大批发病。病毒也可垂直传播感染雏鹅群，大龄鹅为亚临诊或潜伏感染，成为带毒者并通过蛋将病毒传给雏鹅。

在每年全部更新种鹅的地区，本病的暴发与流行具有明显的周期性，在大流行后的一、二年内不发生再次流行。有些地区并不每年更新全部种鹅，在部分淘汰之后，新补充部分种鹅。这些地区本病的流行不表现明显的周期性，每年均有发病，但死亡率较低，在20%～50%之间。

[**临诊症状**]

潜伏期与雏鹅感染日龄有关，出壳即感染者其潜伏期为2～3 d，1周龄感染者潜伏期为4～7 d，2～3周龄感染者为5～10 d。根据病程长短分为最急性型、急性型和亚急性型等病型。病程的长短视雏鹅日龄大小而定。

1. 最急性型

多见于1周龄以内的雏番鸭和雏鹅。发病突然，死亡和传播迅速，发病率100%，病死率高达95%以上。往往无前期临诊症状，一发现即极度衰弱，或倒地划动，不久死亡。死亡雏鹅喙端、爪尖发绀。

2. 急性型

多发生于第2周内的雏番鸭和雏鹅。表现精神委顿，缩头闭目，行走困难，常离群独处；食欲减退，进而废绝，渴欲增加。严重腹泻，排灰白或淡黄绿色稀粪，并混有气泡。呼吸困难，鼻端流出浆性分泌物。喙端色泽变暗，嗉囊内有多量气体和液体。临死前出现两腿麻痹或抽搐，病程1～2 d。

3. 亚急性型

15日龄以上雏鹅，病程稍长，一部分转为亚急性型，以精神委顿、消瘦和腹泻为主要症状，幸存者在一段时间内大多发育不良。病死率一般在50%以下。

[**病理变化**]

1. 最急性型

除肠道有急性卡他性炎症外，其他器官的病理变化一般不明显。

2. 急性型

急性病例表现全身性败血变化。全身脱水，皮下组织显著充血。心脏有明显的急性心力衰竭变化，心脏变圆，心房扩张，心壁松弛，心肌灰暗无光泽，颜色苍白。肝脏肿大。特征性变化是空肠和回肠的急性卡他性-纤维素性坏死性肠炎变化，肠黏膜坏死脱落，与凝固的纤维素性渗出物形成栓子或包裹在肠内容物表面，堵塞肠腔。剖检时可见靠近回盲部的肠段，外观极度膨大，质地坚实，长2～5 cm，如香肠状，肠管被淡灰色或淡黄色的栓子塞满。

[**诊断要点**]

1. 初步诊断

根据本病仅引起雏鹅、雏番鸭发病的流行特点，结合严重腹泻与神经症状的出现以及小肠出现特征性的急性卡他性-纤维素性坏死性肠炎的病变作出初步诊断。

2. 实验室诊断

(1)病毒的分离与鉴定　以无菌操作法采集急性期病死雏鹅的肝、脾、肾等实质器官或血液作为分离材料，接种12～15日龄鹅胚或其原代细胞培养。尿囊腔接种含毒材料，可在5～7 d内致死鹅胚，主要变化为胚体皮肤充血、出血及水肿，心肌变性呈瓷白色，肝脏变性或有坏死灶。细胞培养在接种后3～5 d出现细胞病理学变化，用HE染色可见核内包涵体和合胞体形成。死亡鹅胚或细胞培养获得的小鹅瘟病毒可用免疫荧光法进一步证实。

(2)血清学诊断　检查血清中特异抗体的方法有病毒中和试验、琼脂扩散试验和ELISA试验等。

(3)分子生物学诊断　常用的有核酸探针技术和PCR技术。

[**防制**]

加强卫生防疫制度，严禁从疫区购进种蛋、种苗及种鹅，对入孵的蛋用福尔马林熏蒸消毒，孵化设备、孵化室定期消毒；新购进的种鹅，应隔离饲养20 d以上，确认无病，方可混群饲养。做好疫苗免疫接种。目前弱毒疫苗可用于种鹅免疫，可使整个产蛋期所产种蛋孵出的雏鹅获得坚强免疫力。

病鹅群早期用高免血清或高免卵黄于皮下或肌内注射，同时投服广谱抗菌药物防止细菌继发感染，有较好的疗效。

【案例分析】

案例1　柴丰镇某鸡场饲养的蛋鸡群发生了疫病，病鸡表现精神委顿，羽毛蓬乱，垂头缩颈，采食减少，发病率达93%。临诊检查：鸡冠与肉髯发绀，头部与眼睑肿胀，眼内分泌物增多。呼吸困难，张口喘气，并发出异样的喘鸣声。下痢，排白色或绿色稀粪。部分病鸡头颈向后扭曲，伏地旋转。产蛋量急剧下降，后期产蛋停止，死亡率达70%。剖检病死鸡，可见喉头和气管黏膜有大片出血，腺胃黏膜出血，肠道出血，卵巢和输卵管充血、出血。根据以上所述，初步怀疑是什么病？如要确诊，应采集何种病料？如确诊为禽流感，如何处理？

案例2　某鸡场养有海兰白蛋鸡7 000羽，饲养至18周龄时陆续发病，病鸡表现精神委顿，羽毛散乱，翅膀下垂，鸡冠和肉髯苍白，体质虚弱。下痢，排白色稀粪。个别病鸡有劈叉姿势(已淘汰)。先后用土霉素和恩诺沙星等药物治疗，均无效，近1个月内死亡60多羽。剖检病死鸡，可见心、肝、肺、肠系膜等脏器表面均有灰白色粟粒大小的结节，部分病例伴有单侧性坐骨神经粗大。根据以上所述，初步怀疑是什么病？如要确诊，采集何种病料，如何检查？

案例3　某鸡场黄羽蛋鸡存栏约100 000羽，在40日龄时陆续有雏鸡出现呼吸系统症状，发病率达30%，用抗生素治疗无效，死亡率达10%。据了解，该鸡场为阶梯式笼养，以浓缩料辅以玉米混合饲喂；按免疫程序已接种了马立克氏病疫苗、新城疫-禽流感二联苗、传染性法氏囊病疫苗等。临诊检查：病初眼眶潮湿，流泪，精神委顿，羽毛松乱；呼吸困难，夜间发出特殊的尖叫声，有轻微咳嗽，气管有啰音，2～3 d后症状缓解，后突然怕冷，饮欲增加，食欲减退，垂头缩颈或伏卧于地；下痢，排出大量白色或绿色水样稀粪，极度消瘦，最终衰竭而死亡。剖检可见气管和支气管腔内有多量黏液，黏膜充血；肺有轻度瘀血水肿；肾肿大，比正常肾脏大2～3倍，呈花斑状。结合所学知识，对该病例进行诊断，并提出防制措施。

【知识拓展】

鸭　瘟

鸭瘟是由鸭瘟病毒引起鸭、鹅的一种急性、热性、败血性传染病。本病传播迅速，发病率和病死率都很高，严重威胁水禽养殖业的发展。

早在1923年荷兰已有鸭瘟流行，此后发生于印度、比利时、意大利、英国、法国、德国和加拿大，1967年在美国东海岸流行，称为鸭病毒性肠炎。我国于1957年首次报道该病。

［**病原**］

鸭瘟病毒(DPV)又称鸭疱疹病毒Ⅰ型，属疱疹病毒科，双股DNA。病毒粒子呈球形，直径为120～180 nm，有囊膜。

鸭瘟病毒能在9～12日龄鸭胚中生长繁殖和继代，随着继代次数的增加，鸭胚于4～6 d死亡，比较有规律性。致死的胚体皮肤出血、水肿，肝脏有坏死灶及出血。病毒也能适应于鹅胚，但不能直接适应于鸡胚，必须在鸭胚和鹅胚传代几次后，才能适应于鸡胚。

病毒存在于病鸭的各器官、血液、分泌物和排泄物中，以肝、脑、食道和泄殖腔含毒量最高。病毒毒株间的毒力有差异，但各毒株的抗原性是一致的。

鸭瘟病毒对外界的抵抗力不强，加热80 ℃经5 min即可死亡，在4～20 ℃污染的禽舍内可存活5 d。对低温抵抗力较强，在－7～－5 ℃经3个月毒力不减弱，在－20～－10 ℃经一年对鸭仍有致病力。病毒对乙醚和氯仿敏感。在pH 3和pH 11时，病毒能迅速被灭活。常用消毒剂对鸭瘟病毒均具有良好的杀灭作用。

［**流行病学**］

1. 易感性

不同年龄和品种的鸭均可感染，以番鸭、麻鸭和绵鸭易感性最高，北京鸭次之。在自然流行中，成年鸭和产蛋母鸭发病和死亡较为严重，1个月以下的雏鸭发病较少。鹅和病鸭密切接触时也能感染发病，在有些地区可引起流行。

2. 传染源

鸭瘟的传染源主要是病鸭和病鹅，潜伏期和病愈不久的带毒鸭，至少带毒3个月，也可成为传染源。被病鸭、带毒鸭的排泄物污染的饲料、饮水、用具和运输工具等，是造成鸭瘟传播的重要传播媒介。某些野生水禽感染病毒后，可成为传播本病的自然疫源和媒介。此外，在购销和大批调运鸭群时，也常会使鸭瘟从一个地区传至另外一个地区。

3. 传播方式和感染途径

鸭瘟主要经消化道传播感染，也可通过交配、眼结膜和呼吸道传播感染；吸血节肢动物也可能成为本病的传播媒介。

4. 流行特点

鸭瘟一年四季都可发生，但一般以春夏之际和秋季流行最为严重。因为，此时是鸭群大量上市的时节，饲养量大，各地鸭群接触频繁，如检疫不严，容易造成鸭瘟的发生和流行。

当鸭瘟传入易感鸭群后，一般在3～7 d开始出现零星病例，再经3～5 d陆续出现大批病鸭，疫情进入流行发展期和流行盛期。整个流行过程一般为2～6周，如果鸭群中免疫鸭或耐过鸭较多时，流行过程较为缓慢，流行期可达2～3个月或更长。

［**临诊症状**］

潜伏期一般为2～5 d。病初，病鸭体温升高达42～42.5 ℃，呈稽留热，精神委顿，采食减少，渴欲增加。发病后的第2～3天，体温继续上升，多在42.5～43.5 ℃，甚至达44 ℃，此时病鸭离群呆立，羽毛松乱，不采食，两翅下垂，两脚麻痹无力，行动迟缓，严重病鸭静卧地上不愿走动，驱赶时，则见两翅扑地而走，走不了数步又蹲伏于地上。当病鸭两脚完全麻痹时，则伏卧不起。病鸭不愿下水，如强迫赶它下水，会漂浮水面并挣扎回岸。

流泪和眼睑水肿是鸭瘟的特征症状。病初流浆性分泌物，眼周围的绒毛沾湿，以后变为黏性或脓性分泌物，往往将眼睑粘连而不能睁开。严重者眼睑水肿或结膜翻出于眼眶外，结膜充血或小点出血，甚至形成小溃疡。自然病例和人工感染时，都见有部分病鸭的头颈部肿胀，俗称为“大头瘟”。此外，病鸭从鼻腔流出稀薄和黏稠的分泌物，呼吸困难，呼吸时发出鼻塞音，叫声嘶哑，个别病鸭见有频频咳嗽。

病鸭发生下痢，排出绿色或白色稀粪，肛门周围的羽毛被污染并结块。泄殖腔黏膜充血、出血、水肿，严重者黏膜外翻。用手翻开肛门时，可见到泄殖腔黏膜有黄绿色的假膜，不易剥离。

病程一般为 2～5 d，慢性病例可拖至 1 周以上，生长发育不良。

病鸭的红细胞和白细胞均减少，感染发病后 24～36 h，血清白蛋白显著降低，β、γ 球蛋白有不同程度的上升，在临死前 24 h，上升幅度尤为明显。

鹅感染鸭瘟，其临诊症状为体温升高达 42.5～43 ℃，两眼流泪，鼻孔有浆性和黏性分泌物。病鹅的肛门水肿，严重者两脚发软，卧地不愿走动。食道和泄殖腔黏膜有一层灰黄色假膜覆盖，黏膜充血或斑点状出血和坏死。

[**病理变化**]

鸭瘟的病理变化主要表现为血管破损，组织出血，消化道黏膜疹性病变，淋巴器官损伤和实质器官变性。眼睑常粘连在一起，下眼睑结膜出血或有少许干酪样物覆盖。部分病例头颈肿胀，皮下组织有黄色胶样浸润。食道黏膜有纵行排列的灰黄色假膜覆盖或小出血斑点，假膜易剥离，剥离后食道黏膜留有溃疡，这种病变具有特征性。肠黏膜淋巴滤泡轮状(环状)出血。泄殖腔黏膜的病变与食道相同，也具有特征性，黏膜表面覆盖一层灰褐色或绿色的坏死结痂，粘得很牢固，不易剥离，黏膜上有出血斑点和水肿。有些病例腺胃与食道膨大部的交界处有一条灰黄色坏死带或出血带。产蛋母鸭的卵巢滤泡增大，有出血点和出血斑，有时卵泡破裂，引起腹膜炎。肝脏不肿大，肝表面和切面有大小不等的灰黄色或灰白色的坏死点，少数坏死点中间有小出血点。雏鸭感染鸭瘟时，法氏囊呈深红色，表面有针尖状的坏死灶，囊腔内充满白色的凝固性渗出物。

鹅感染鸭瘟病毒后的病变与鸭相似，食道黏膜上有散在坏死灶，坏死痂脱落而留有溃疡，肝也有坏死点和出血点。

[**诊断要点**]

根据流行病学特点、特征症状和病理变化可作出初步诊断，确诊须做病毒分离鉴定、中和试验和血清学试验，Dot-ELISA 可作为快速诊断的方法。

鸭瘟和鸭巴氏杆菌病在某些症状方面很相似，应注意鉴别诊断。鸭巴氏杆菌病一般发病急，病程短，除鸭、鹅外，其他家禽也能感染发病，头颈不肿胀，食道和泄殖腔黏膜无假膜。取病死鸭的心血和肝作抹片，经瑞特氏染色镜检，可见到两极着色的巴氏杆菌；应用磺胺类药和抗生素治疗有很好的疗效，而对鸭瘟没有效果。在鸭瘟流行中常并发巴氏杆菌病，因此在查到巴氏杆菌时，如应用抗生素和磺胺类药治疗无效者，应考虑两种病混合感染。

[**防制**]

平时不从疫区引进鸭，如需引进时，要严格检疫。禁止到鸭瘟流行区域和野水禽出没的水域放牧。常发区实施免疫接种，目前使用的疫苗有鸭瘟鸭胚化弱毒苗和鸡胚化弱毒苗。雏鸭于 20 日龄首免，4—5 月时加强免疫 1 次，免疫期可达 1 年。

一旦发生鸭瘟时，立即采取隔离和消毒措施，并对鸭群进行紧急接种疫苗。禁止病鸭外调和出售，停止放牧，防止病毒扩散。在受威胁区内，所有鸭和鹅应注射鸭瘟弱毒疫苗，母鸭的接种最好安排在停产时，或产蛋前 1 个月。

【考核评价】

鸡新城疫免疫监测

一、考核题目

提供一定数量的鸡，运用血凝试验和血凝抑制试验进行新城疫抗体的测定，并根据抗体效价评价免疫效果或确定免疫接种的最佳时机。

二、材料准备

一次性采血器、离心机、离心管、天平、小烧杯、量筒、96 孔 V 形微量反应板、0.005～0.05 mL 和 0.1～1 mL 及 2～10 mL 规格微量移液器以及配套吸头、微型振荡器、试管架、3.8% 枸橼酸钠、灭菌生理盐水或 pH 7.0～7.2 磷酸盐缓冲液（PBS）、新城疫凝集抗原、新城疫标准阳性血清和阴性血清。

三、方法步骤

鸡新城疫免疫监测是运用血凝试验（HA）先测定抗原的效价，再运用血凝抑制试验（HI）测定被检鸡的血清抗体效价。操作方法参照《新城疫诊断技术》（GB/T 16550—2020）标准。

1. 1%红细胞悬液的制备

（1）采血　选择健康成年的非免疫鸡（以公鸡最好），从鸡翅下静脉采血，需要量大时，可从心脏采血，按每 4 mL 血液加 1 mL 3.8%枸橼酸钠抗凝剂。

（2）离心洗涤　在采集的血液中加入 3～4 倍体积的 PBS 液，以 2 000 r/min 离心洗涤 5～10 min，去掉血浆和白细胞层，重复上述过程，反复洗涤 3～4 次，洗净血浆和白细胞，再以 2 000 r/min 离心洗涤 10 min，获取压积红细胞，即纯的红细胞（泥），置 4 ℃冰箱保存备用。

（3）配制　将管底的纯红细胞（泥）用 PBS 液作 100 倍稀释，如取 1 mL 红细胞，加入 99 mL 的 PBS 液，即为 1%红细胞液。

2. 血凝试验（HA）

①在 96 孔 V 形反应板上，用移液器按表 4-3 的操作术式加样。

②加样完毕，将反应板置于微量振动器上振荡 1 min，或手持反应板绕圆圈混匀。置室温（20～25 ℃）下作用 20～30 min，对照孔的红细胞呈明显的纽扣状沉积于孔底时记录结果。将反应板倾斜成 45°角，沉于孔底的红细胞沿着倾斜面向下呈线状流动者，表明红细胞未被或不完全被抗原凝集；如果孔底的红细胞铺平孔底，凝成均匀薄层，倾斜后红细胞不流动，说明红细胞被抗原所凝集。

“+”表示红细胞完全凝集，“-”为不凝集，“±”表示不完全凝集。

③确定凝集价。使1%红细胞出现完全凝集的抗原的最高稀释倍数，即为凝集价，亦称1个血凝单位。计算出4个血凝单位的抗原浓度，计算公式为：凝集价/4。

表4-3 血凝试验操作术式 μL

项目	孔号											
	1	2	3	4	5	6	7	8	9	10	11	12
抗原稀释倍数	2^1	2^2	2^3	2^4	2^5	2^6	2^7	2^8	2^9	2^{10}	2^{11}	盐水对照
PBS液	25	25	25	25	25	25	25	25	25	25	25	25
抗原	25	25	25	25	25	25	25	25	25	25	25 弃去25	—
再加PBS液	25	25	25	25	25	25	25	25	25	25	25	25
1%红细胞液	25	25	25	25	25	25	25	25	25	25	25	25

【注意】在倍比稀释抗原时，用移液器吹打3～5次。

3. 血凝抑制试验(HI)

4单位抗原应现用现配，在使用前进行标定。将配制的4单位抗原进行系列稀释，使最终稀释度分别为1∶2、1∶3、1∶4、1∶5、1∶6和1∶7，然后按照表4-3进行血凝试验。如果配制的抗原液为4单位，则1∶4稀释度将出现凝集终点；如果配制的抗原液高于4个单位，可能1∶5或1∶6为终点；如果较低，可能1∶2或1∶3为终点。根据检验结果将抗原稀释度做适当调整，使工作液确为4单位抗原。

①在96孔V形反应板上，按表4-4的操作术式加样。

②设阳性对照1行和阴性对照1行，加样规则同被检血清。

③记录结果。将反应板倾斜，从背面观察，红细胞是否呈泪珠状流下。在阳性、阴性对照正确的条件下，记录结果，记录方法同血凝试验。

④确定抗体效价。出现不凝集的血清最高稀释倍数即为抗体效价，以对数值表示。

表4-4 血凝抑制试验操作术式 μL

项目	孔号											
	1	2	3	4	5	6	7	8	9	10	11	12
被检血清稀释倍数	2^1	2^2	2^3	2^4	2^5	2^6	2^7	2^8	2^9	2^{10}	抗原对照	盐水对照
PBS液	25	25	25	25	25	25	25	25	25	25	25	50
被检血清	25	25	25	25	25	25	25	25	25	25 弃去25	—	—
4单位抗原	25	25	25	25	25	25	25	25	25	25	25	—
振荡反应板1 min，置20～25 ℃作用，至少20 min												
1%红细胞液	25	25	25	25	25	25	25	25	25	25	25	25
振荡反应板1 min，20～25 ℃ 20～40 min，盐水对照孔的红细胞呈明显的纽扣状沉积于孔底时记录结果。												

四、评价标准

要求采血、加样熟练，结果准确，能通过抽样监测鸡群的新城疫抗体效价，确定新城疫首免的最佳时间、再免最佳时间和检验免疫效果等。以鸡新城疫首免为例：首免时间＝4.5×（1日龄HI抗体效价的平均对数值－4）＋5，如测得1日龄雏鸡母源HI抗体效价的平均值为6 log2，代入公式计算，该批雏鸡的最佳首免时间为14日龄。如果1日龄雏鸡HI抗体效价的平均值等于或小于4 log2，则该批鸡必须在1周内免疫。每次免疫10 d后监测鸡群是否达到应有的免疫水平。按照免疫程序中二免、三免和四免的时间，在免疫前1周进行抗体监测，根据监测结果确定是按时或适当提前或推后免疫，以确定最佳的免疫时间，提高免疫效果和消除免疫空白期。

禽流感的诊断

一、考核题目

提供病鸡或病死鸡，运用血清学试验进行禽流感的诊断。

二、材料准备

剪刀、镊子、酒精灯、棉拭子、1～3 mL带帽塑料试管、离心机、离心管、琼脂粉、打孔器、微量移液器和配套吸头、96孔V形微量反应板、微量振荡器、10日龄鸡胚、照蛋器、75%酒精、锥子、1 mL一次性注射器、针头、蜡烛、15 mL试管及支架、10 mL试管、青霉素、链霉素、卡那霉素、阿氏液、pH 7.2的0.01 mol/L磷酸盐缓冲液（PBS）、高致病性禽流感病毒血凝素分型抗原以及标准分型血清和阴性血清，鸡新城疫阳性血清、产蛋下降综合征EDS_{76}血清、支原体标准阳性血清和待检血清。

三、方法步骤

（一）临诊诊断

鸡和火鸡感染禽流感病毒后的危害最为严重，一年四季均可发生，但以冬、春季节多发。病禽表现精神委顿，羽毛杂乱，饮食减少，消瘦，母鸡产蛋量急剧下降。有时也可能出现呼吸道症状，咳嗽，呼吸困难，流泪。有的病禽出现神经症状和下痢。鸡感染高致病性禽流感病毒后，可出现头部和面部水肿，鸡冠和肉垂肿胀并发绀等。

（二）病理学诊断

高致病性禽流感病毒感染后，主要引起出血性病变。常见有喉头、气管出血，有黏液。心冠脂肪点状出血，心包肥厚。腺胃乳头出血和溃疡。整个肠道，尤其是十二指肠、直肠和泄殖腔出血严重。肾脏常肿胀，有尿酸盐沉积。

(三)禽流感病毒分离

1. 病料采集

一般应在感染初期或发病急性期从活禽或死禽采集。针对活禽用大小不等的灭菌棉拭子涂擦喉头、气管或泄殖腔,将带有分泌物的棉拭子放入每毫升含有 1 000 U 青霉素、2 000 μg 链霉素的 pH 7.2~7.6 的肉汤中。针对死禽,可采集其气管、肺、肝、肾、脾和泄殖腔等组织。

2. 样品的保存和运送

采集样品若在 48 h 内进行检测,可置 4 ℃环境保存,否则置低温条件下(−70 ℃)保存。

3. 样品处理

将棉拭子充分捻动、拧干后除去拭子,样品液经 1 000 r/min 离心 10 min,取上清液作为接种材料。对于组织样品用肉汤培养基或 PBS(体积质量)的悬液,经 1 000 r/min 离心 10 min,取上清液作为试验样品。为防止细菌污染,按每毫升培养液加青霉素 2 000 U、链霉素 2 000 μg。

4. 样品接种

取经处理的样品,以 0.2 mL/胚的量经尿囊腔途径接种 9~11 日龄 SPF 鸡胚,每个样品接种 4~5 胚,置 37 ℃孵化箱内孵育,每日照蛋。

5. 收胚

无菌收取 18 h 以后的死胚和 96 h 活胚的鸡胚尿囊液,测定血凝价,如血凝价很低,则用尿囊液继续传 2 代,若仍为阴性,则认为病毒分离阴性。

6. 病毒鉴定

将收获的鸡胚尿囊液分别采用全量法或微量法按常规进行血凝价检测,当血凝滴度达 4 log2 以上时,确定病毒分离为阳性。再分别用鸡新城疫、产蛋下降综合征和支原体等疫病的标准阳性血清进行中和,若该病毒不被新城疫、产蛋下降综合征和支原体等阳性血清抑制,则可初步认定分离到的病毒为禽流感病毒。

(四)血清学诊断

1. 血凝试验和血凝抑制试验(微量法)

(1)血凝试验(HA)

试验步骤:①在微量反应板的 1~12 孔均加入 25 μL PBS。②吸取 25 μL 抗原加入第 1 孔,混匀。③从第 1 孔吸取 25 μL 抗原加入第 2 孔,混匀后,吸取 25 μL 加入第 3 孔,如此进行对倍稀释至第 11 孔,从第 11 孔吸取 25 μL 弃之。④每孔再加入 25 μL PBS 液。⑤每孔均加入 25 μL 1%鸡红细胞悬液(将鸡红细胞悬液充分摇匀后加入)。⑥在微量振动器上振荡混匀,置室温(20~25 ℃)下静置 40 min 后观察结果(如果环境温度太高,可置 4 ℃环境下 1 h)。对照孔的红细胞呈明显的纽扣状沉积于孔底时,记录结果。⑦结果判定:将反应板倾斜,观察红细胞有无呈泪滴状流淌。完全血凝(不流淌)的抗原的最高稀释倍数代表 1 个血凝单位。

(2)血凝抑制试验(HI)

试验步骤:①根据血凝试验结果配制 4 单位的病毒抗原。以完全血凝的病毒最高稀释倍数作为终点，终点稀释倍数除以 4 即为含 4 单位的抗原的稀释倍数。例如，如果血凝的终点滴度为 1∶256，则 4 单位抗原的稀释倍数应是 1∶64(256 除以 4)。②在微量反应板的 1～11 孔加入 25 μL PBS 液，第 12 孔加入 50 μL PBS 液。③吸取 25 μL 血清加入第 1 孔内，充分混匀后吸 25 μL 于第 2 孔，依次对倍稀释至第 10 孔，从第 10 孔吸取 25 μL 弃去。④在 1～11 孔均加入含 4 单位的病毒抗原液 25 μL，室温(20 ℃)静置至少 30 min。⑤每孔再加入 25 μL 1%鸡红细胞悬液，轻轻混匀，静置约 40 min(室温约 20 ℃，若环境温度太高可置 4 ℃条件下 1 h)，对照孔的红细胞将呈纽扣状沉于孔底时记录结果。⑥结果判定：以完全抑制 4 单位抗原的血清最高稀释倍数作为 HI 滴度。

只有阴性对照孔血清滴度不大于 2 log2，阳性对照血清误差不超过 1 个滴度时，试验结果才有效。HI 价小于或等于 3 log2 判定 HI 试验阴性，HI 价等于 4 log2 为阳性。

2. 琼脂凝胶免疫扩散试验

(1)1%琼脂板的制备　称量琼脂粉 1.0 g，加入 100 mL pH 7.2 的 0.01 mol/L PBS 液，在水浴中煮沸使之充分融化，加入 8 g 氯化钠，充分溶解后加入 1%硫柳汞溶液 1 mL，冷却至 45～50 ℃时，倒入直径为 90 mm 的灭菌平皿，每个平皿 18～20 mL，加盖待凝固后，将平皿倒置以防水分蒸发，放普通冰箱冷藏室保存备用(时间不超过 2 周)。

(2)打孔　在制备好的琼脂板上按 7 孔一组的梅花图案打孔(图 4-22)，孔径约 5 mm，孔距 2～5 mm，将孔中的琼脂块用针头轻轻挑出。

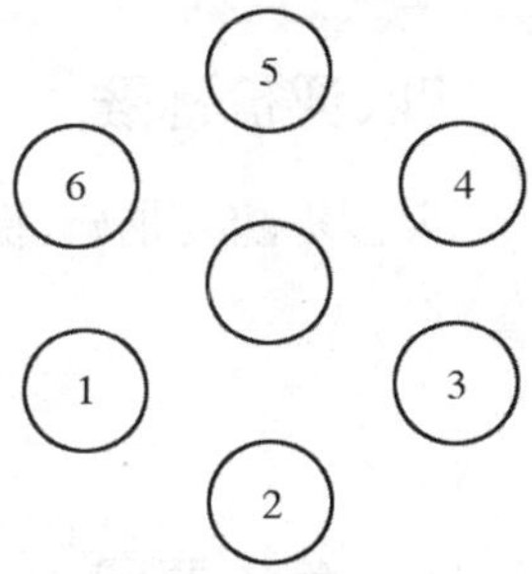

图 4-22　琼脂扩散试验打孔示意图

(3)封底　用酒精灯轻烤平皿底部至琼脂刚刚要熔化为止，封闭孔的底部，以防侧漏。

(4)编号　用记号笔在平皿底背面，对外周孔进行编号为 1、2、3、4、5、6。

(5)加样　用微量移液器，吸取标准抗原悬液滴入中央孔，标准阳性血清分别加入 1、4 孔中，被检血清按编号顺序分别加入 2、3、5、6 孔中。每孔均以加满不溢出为度，每加一个样品应换一个吸头。

(6)作用　加样完毕后，静置 5～10 min，然后将平皿轻轻倒置放入湿盒内，37 ℃温箱中作用，分别在 24 h、48 h 和 72 h 观察并记录结果。

(7)判定方法　将琼脂板置日光灯或侧强光下观察，若 1、4 孔与中央孔之间出现一条清晰的白色沉淀线，则试验成立。

(8)判定标准　以被检孔的第 2 孔为例说明。

若第 2 孔与中央抗原孔之间出现清晰致密的沉淀线，且该线与抗原和标准阳性血清 1 孔之间沉淀线的末端相吻合，则第 2 孔的结果判为阳性(图 4-23a)。

若第 2 孔与中央孔之间不出现沉淀线，但标准阳性血清 1 孔的沉淀线末端向 2 孔内侧弯曲，则第 2 孔的结果为弱阳性(图 4-23b)。凡弱阳性者应重复试验，仍为弱阳性者，则判为阳性。

若第 2 孔与中央孔之间不出现沉淀线，且标准阳性血清 1 孔沉淀线直向第 2 孔，则第 2 孔的结果判为阴性(图 4-23c)。

若第 2 孔与中央抗原孔之间的沉淀线粗而混浊，或标准阳性血清与抗原孔之间的沉淀线交叉并伸直，则为非特异反应，应重做；若仍出现非特异反应则判为阴性。

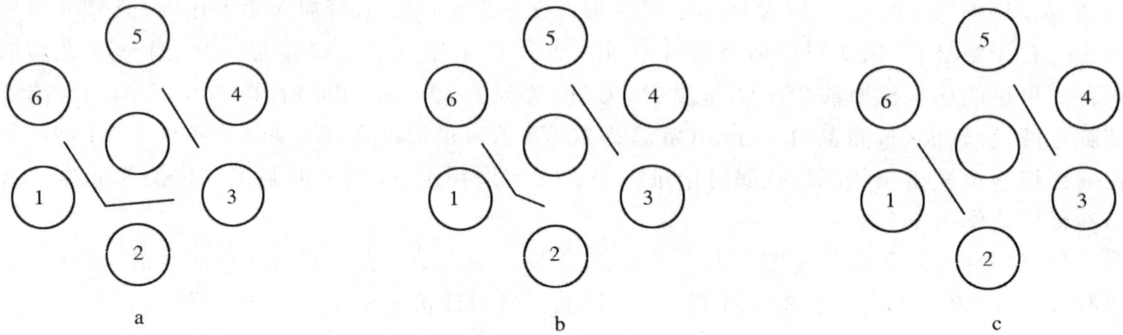

图 4-23 结果判定举例

四、评价标准

方法步骤要正确，操作规范，加样和结果判定要准确。

鸡马立克氏病的诊断

一、考核题目

提供病鸡和材料，运用琼脂扩散试验诊断鸡马立克氏病。

二、材料准备

注射器（1 mL 或 2 mL 规格）8～10 支 、6～8 号针头 20 个、10 mm×100 mm 试管若干支（分离血清或浸提羽髓抗原）、玻璃棒（直径 6～8 mm、圆头长约 16 cm）4～6 支、吸管（带乳胶头）18～20 支、烧杯或搪瓷缸 4～6 个（盛蒸馏水）、玻璃平皿、精制琼脂粉、打孔器（直径 3 mm 和 6 mm），pH 7.2～7.4 的磷酸盐缓冲液，氯化钠、镊子、剪刀、酒精棉球、来苏儿、MDV 标准抗原、MDV 标准阳性血清。

三、方法步骤

运用琼脂扩散试验检测病鸡羽髓中的 MDV 抗原或鸡血清中的 MDV 特异性抗体，其方法如下。

1. 1％琼脂平板制备

在含 8％氯化钠的 PBS 液（0.01 mol，pH 7.4）中，按 1％加入琼脂，水浴加温使其充分熔化后，加入直径 90 mm 的培养皿中，每皿约 15 mL，平置，在室温下凝固冷却后，将琼脂板放在预先印好的 7 孔形图案上，用打孔器按图形位置准确打孔，中央孔孔径为 4 mm，外周孔孔径为 3 mm，孔距均为 3 mm。每个平皿可打 4～5 组孔，并对外周孔编号为 1、2、3、4、5、6。

2. 检测羽髓中 MDV 抗原

向中央孔加 MD 阳性血清，向外周 1、4 孔加标准 MD 抗原，向周边 2、3、5、6 孔加待检羽髓浸提液，选取受检鸡含羽髓丰满的羽毛数根(幼鸡 8 根以上，成鸡 3～5 根)，将带有羽髓的毛根剪集于试管内，每管滴加 2～3 滴 PBS 液，用玻璃棒将羽毛根压集于管底，以适当的压力转动玻棒 10 多次，待浸提液充分浑浊后，倾斜试管，以玻璃棒引流将浸提液导至管口，另一人用吸管将之移加入该孔内。

3. 检测血清抗体(被检鸡血清)

向中央孔滴加标准琼扩抗原，向 1、4 孔滴加标准阳性血清，向 2、3、5、6 孔滴加待检血清，均以加满而不溢出为度；将平皿加盖后倒置放在加盖的湿盒内，置 37 ℃温箱中，8～24 h 内观察并记录结果。

4. 结果判定

上述方法可用于 20 日龄以上鸡羽髓 MDV 抗原检测和 1 月龄以上鸡的血清抗体检测，被检样品孔与中心孔之间形成清晰的沉淀线，并与周边已知抗原和阳性血清孔的沉淀线互相融合者，判为阳性，不出现沉淀线的判为阴性；已知抗原与阳性血清之间所产生的沉淀线末端变向被检样品孔内侧时，则该被检样品判为弱阳性。有的被检材料可能会出现两条以上沉淀线，其中一条与已知抗原——阳性血清的沉淀线融合者，仍判为阳性。

四、评价标准

会制作 1%缓冲琼脂平板；能熟练打孔和加样，会观察结果(沉淀线)。

鸡毒支原体病的诊断

一、考核题目

提供病鸡，运用病原学方法和血清学方法诊断鸡毒支原体病。

二、材料准备

玻璃板或一次性反应纸(50 压圈)、20 号或 22 号注射针头、100 μL 移液器及吸头、干棉球和酒精棉球、记号笔、纱布、牙签或火柴梗、工作服、营养琼脂培养基、吉姆萨染色液、鸡胚、鸡毒支原体抗原、鸡毒支原体标准阳性血清和标准阴性血清。

三、方法步骤

(一)病原学诊断

1. 分离培养

无菌操作采集病死鸡的气管、肺、气囊、鼻窦分泌物直接接种于含 10%～20%动物血清的营养琼脂培养基上，37 ℃培养 3～5 d，可形成圆形、表面光滑、透明、边缘整齐、露滴样的菌落，呈乳头状或脐状或油煎蛋样。

2. 染色镜检

取上述培养物作抹片，自然干燥，用甲醇固定 3～5 min，倾去甲醇后置吉姆萨染色缸中浸染 1 h 以上或室温过夜，水洗，吸干镜检，可以看到淡紫色的小球杆状支原体。

3. 鸡胚接种试验

支原体能够在鸡胚中生长繁殖，用支原体培养物经卵黄囊途径接种 7 日龄鸡胚，继代数次，可在接种后 5～8 d 引起死亡。接种感染的胚胎发育受阻，皮肤、尿囊膜及卵黄膜出血，肝脏肿大及出现心包炎。14～21 日龄感染的鸡胚发育停滞，全身水肿和肝脏坏死。死胚的卵黄囊、卵黄和绒毛膜中含支原体的浓度最高。

(二)血清学诊断

1. 全血平板凝集试验

在玻璃板上划格编号，或使用一次性反应纸，用移液器先滴加抗原 1 滴(0.05 mL)，用针头刺破被检鸡只翼下静脉，吸取血液 1 滴(0.05 mL)滴于抗原滴的旁边，用牙签充分搅匀；同时设阳、阴性血清做对照；20 ℃以上室温环境，2 min 内记录和判定结果，不超过 5 min。

(1)记录结果　血液与抗原的混合物在 2 min 内呈现紫色絮状的大凝集块，血细胞在液面中心部下沉，记录为“＋＋＋～＋＋＋＋”；凝集块较小，凝块在血滴边缘的血清层中清晰可见，记录为“＋＋”；菌体呈现颗粒状凝集，多在边缘部分出现，记录为“＋”；液滴呈暗紫色混浊，菌体和血细胞逐渐下沉或仅在液面边缘部分出现颗粒状色带者，记录为“－”。

(2)判定结果　在 2 min 内出现 50%(＋＋)或以上凝集者为阳性；2～5 min 出现凝集(＋＋)或 2 min 内出现“＋”反应者均为可疑。对疑似反应，应在 2 周后重检一次。

2. 血清平板凝集试验

加样规则和判定标准基本同全血平板凝集试验，但阴性反应时，在液滴中心呈现紫色沉淀物，其他部分为均等紫色。

四、评价标准

能按照要求采样，方法步骤正确，操作熟练和规范。

鸡传染性法氏囊病的诊断

一、考核题目

提供病鸡和材料，运用琼脂扩散试验诊断鸡传染性法氏囊病。

二、材料准备

荧光显微镜、剪刀、镊子、玻片、组织匀浆仪、离心机及离心管、90 mm 平皿、吸管(1 mL、10 mL)、带胶乳头滴管、精制琼脂粉、打孔器(直径 6 mm)、pH 7.2 PBS 液、氯化钠、0.1%石炭酸、酒精棉球、来苏儿、传染性法氏囊病阳性血清、传染性法氏囊病阴性血清、传染性法氏囊病抗原、传染性法氏囊病荧光抗体。

三、方法步骤

(一)流行病学诊断

传染性法氏囊病主要发生于2～15周龄的鸡，以3～6周龄的雏鸡发病最多，成年鸡一般呈隐性经过。在易感鸡群中，往往是突然发病，3～5 d死亡达到高峰，第7天后死亡减少或停止死亡。

(二)临诊诊断

初发生的鸡群多呈急性经过，早期有的鸡啄自己的肛门和羽毛，随着病程发展，出现精神委顿、羽毛无光泽、畏寒、食欲减退、下痢、消瘦，最后脱水衰竭而死亡。死亡率一般在5%～25%，如感染强毒株，死亡率可达40%以上。

(三)解剖检查

剖检时可见胸肌、腿肌出血，腺胃和肌胃交界处有带状出血。法氏囊初期肿胀2～3倍，浆膜面和黏膜皱褶面有点状或斑状或弥漫性出血，出血严重者法氏囊呈紫红色，囊内有奶油样棕红色黏性分泌物；病程长的病例，其法氏囊内有干酪样物质；后期萎缩。

(四)实验室诊断

1. 琼脂扩散试验

琼脂扩散试验是检测血清中特异性抗体或法氏囊组织中病毒抗原的最常用的诊断方法。

(1)病料采集　采集发病早期的血液样品，3周后再采血样，并分离血清。为了检出法氏囊中的抗原，无菌采取10只左右病鸡的法氏囊，用组织匀浆仪制成匀浆，以3 000 r/min离心10 min，取上清液备用。

(2)琼脂板制备　取1 g优质琼脂置于含有0.1%石炭酸的8%氯化钠溶液100 mL中，水浴加温使充分熔化后倒入90 mm平皿内，每皿约15 mL。

(3)打孔和加样　事先制好打孔的图案(中央1个孔和外周6个孔)，放在琼脂板下面，用打孔器打孔，并剔去孔内琼脂。孔径为6 mm，孔距为3 mm，现以检测抗原为例进行加样。中央孔加传染性法氏囊病阳性血清，1、4孔加入已知抗原，2、3、5、6孔加入被检抗原，加满以不溢出为度，将平皿倒置放在湿盒内，置37 ℃温箱内经24～48 h观察结果。

(4)结果判定　在对照孔结果正确的前提下，标准阳性血清与被检抗原孔之间有明显沉淀线者判为阳性，相反，如果不出现沉淀线者判为阴性。

2. 免疫荧光抗体检查

(1)被检材料的处理　取病死鸡的法氏囊、肾和脾，用冷冻切片制片后，用丙酮固定10 min。

(2)染色　在切片上滴加IBD荧光抗体，置湿盒内在37 ℃感作30 min后取出，先用pH 7.2 PBS液冲洗，再用蒸馏水冲洗，自然干燥后滴加甘油缓冲液封片(甘油9份，pH 7.2 PBS 1份)镜检。

(3)结果判定　镜检时见标本片上有特异性的荧光细胞时判为阳性，不出现荧光或出现非特异性荧光则判为阴性。

【注意事项】滴加标记荧光抗体于已知阳性标本上，应呈现明显的特异荧光。滴加标记荧光抗体于已知阴性标本片上，应不出现特异荧光。本法在感染12 h就可在法氏囊和盲肠扁桃体检出。

四、评价标准

会制作1%缓冲琼脂平板；能熟练打孔和加样，能正确观察和判定结果。

【知识链接】

1. GB/T 16550—2020　新城疫诊断技术；
2. GB/T 18936—2020　高致病性禽流感诊断技术；
3. GB/T 23197—2008　鸡传染性支气管炎诊断技术；
4. GB/T 26436—2010　禽白血病诊断技术；
5. GB/T 18643—2002　鸡马立克氏病诊断技术；
6. GB/T 19167—2003　传染性法氏囊病诊断技术；
7. GB 19442—2004　高致病性禽流感防治技术规范。

项目五
猪的传染病

【学习目标】

通过学习，掌握猪瘟、猪丹毒、猪支原体肺炎、猪繁殖与呼吸综合征、非洲猪瘟、猪细小病毒病、猪传染性胃肠炎、猪流行性腹泻、猪痢疾、猪水疱病、猪传染性胸膜肺炎和副猪嗜血杆菌病等的流行病学特点、症状、病理变化和诊断要点以及防制措施。

任务34 猪 瘟

猪瘟是由猪瘟病毒引起猪的一种急性、热性、高度接触性传染病。其特征是小血管变性，引起全身组织器官广泛性出血和脾脏梗死，慢性病例可引起肠道坏死。

猪瘟在世界上各养猪国家都有流行，不同年龄段的猪均可感染发病，传染性极强，具有很高的发病率和病死率，严重威胁养猪业的健康发展。我国《动物防疫法》将其列为二类动物疫病。近些年来，我国猪瘟的发生和流行特点出现了较大的变化，流行形式从大流行性转变为地方流行性或散发性，临诊症状和病理变化由典型转变为非典型，并出现亚临床感染、母猪繁殖障碍和新生仔猪先天性感染等。

［**病原**］

猪瘟病毒属于黄病毒科瘟病毒属，为 RNA 病毒。病毒粒子呈球形，直径为 35～50 nm，二十面体对称衣壳，有囊膜。猪瘟病毒只有一个血清型，但毒力却是变异的，在自然流行中出现强、中、弱不同毒力的毒株。强毒株可引起典型猪瘟，低毒株引起非典型猪瘟、慢性猪瘟，或呈隐性感染。

猪瘟属败血症，其病毒存在于病猪的所有组织器官、体液和分泌物中，以淋巴结、脾脏和血液中的含毒量最高。猪瘟病毒对外界环境的抵抗力不强，在自然干燥下病毒易死亡，尸体腐败后于 2～4 d 即失去传染性，但在腐败的骨髓内可存活 15 d。耐低温，冻肉中的病毒可存活 6 个月。在猪瘟病理材料中加入适量含 0.5％石炭酸的 50％甘油生理盐水，在室温下可保存数周，用于送检病理材料。在生产中常用 2％～3％氢氧化钠溶液、10％～20％的石灰乳和 5％的漂白粉溶液进行环境消毒。

［**流行病学**］

猪瘟仅感染猪和野猪，无年龄、性别和品种的差别。病猪是主要的传染源，可经病猪的粪、尿和各种分泌物排毒，污染环境、饲料、饮水和用具等。另外，在急宰病猪时，可随未经消毒处理的肉尸、脏器、污水散播病毒。

易感猪通过与病猪直接接触或间接接触，经口腔、鼻腔、眼结膜、生殖道和损伤的皮肤黏膜等途径感染。现在认为，病母猪和弱毒株感染的母猪可经胎盘感染胎儿，引起繁殖障碍，产出弱仔猪、死胎和木乃伊胎等。

[**临诊症状**]

潜伏期 2～21 d，根据临诊症状和病程长短分为典型猪瘟和非典型猪瘟。

1. 典型猪瘟

一般是未免疫猪群受强毒感染引起的，发病率和病死率高，根据流行过程和病程长短区分为以下四型。

(1)最急性型　多见于流行初期和首次发生猪瘟的猪场，表现为突然发病，病猪高热稽留，体温达 41 ℃以上，皮肤和黏膜有紫绀和出血点，全身痉挛，四肢抽搐，卧地不起而死亡，病程 1～5 d，病死率达 90%～100%。

(2)急性型　此型最常见，体温升高达 41～42 ℃，呈稽留热；病猪精神沉郁，怕冷挤卧；食欲减退或废绝，喜饮。结膜发炎，两眼无神，有多量黏性、脓性分泌物，黏合上下眼睑。口腔黏膜(唇内面、齿龈、口角)可见出血点。初便秘，后下痢，或便秘与下痢交替出现，粪便中常混有血液和黏液。公猪包皮肿胀，包皮内常积有尿液，挤压时流出恶臭、浑浊的尿液。小猪偶尔有神经症状，如突然后退、转圈或侧卧呈游泳状。末期，在体表某些部位(耳翼、颈部、腹部和股内侧等)的皮肤出现出血斑点。病程 1～3 周，病死率在 50%～60%。

(3)亚急性型　症状和急性型相似，但病情缓和，时有好转。体温先升高，然后又下降，直到死亡，病程 3～4 周。

(4)慢性型　多见于防疫卫生条件差的猪场。病猪轻度发热，食欲不振，贫血，消瘦，衰弱，行走无力。便秘和下痢交替出现，最后衰竭而死亡，病程 1 个月以上，病死率在 10%～30%。小猪耐过康复后发育不良，成为僵猪。

2. 非典型猪瘟

也称温和型猪瘟，由低毒力的猪瘟病毒引起。其症状和病变均不典型，病情缓和，发病率和病死率均比较低，死亡多为幼龄猪，成年猪一般可耐过。母猪感染低毒力猪瘟病毒后，不表现典型的猪瘟症状，可导致流产，出现畸形胎、死胎和木乃伊胎等，或产出弱仔猪或外表看似健康的先天性感染仔猪。产出的弱仔猪一般经数天后死亡，不死者可终身带毒和排毒。

猪瘟病例的血液学变化：单纯感染猪瘟时，白细胞和血小板数目显著减少，但有细菌并发或继发感染时，白细胞数目增多。

[**病理变化**]

1. 最急性型

仅见浆膜、黏膜、淋巴结和肾脏有少量的出血点。

2. 急性型

以组织器官的出血和脾脏梗死为主要变化。

(1)出血　可见皮肤、皮下组织、肌肉、扁桃体、喉头黏膜、口腔黏膜、膀胱黏膜、输尿管黏膜、胃肠浆膜、淋巴结、肾脏和心肌等出血，以肠系膜淋巴结和肾脏出血最为常见(图 5-1 至图 5-4)。

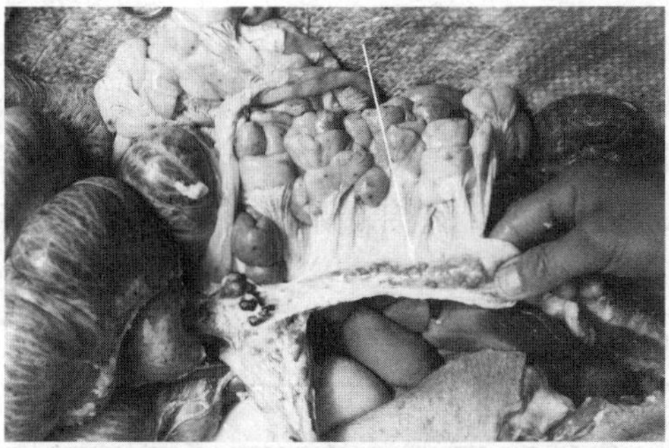

图 5-1　肠系膜淋巴结出血

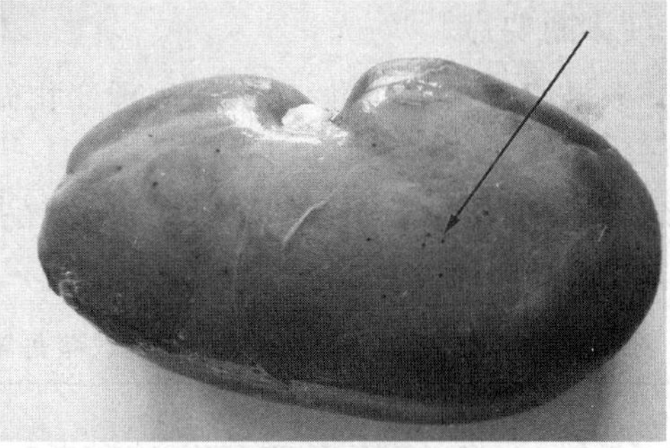

图 5-2　肾脏出血

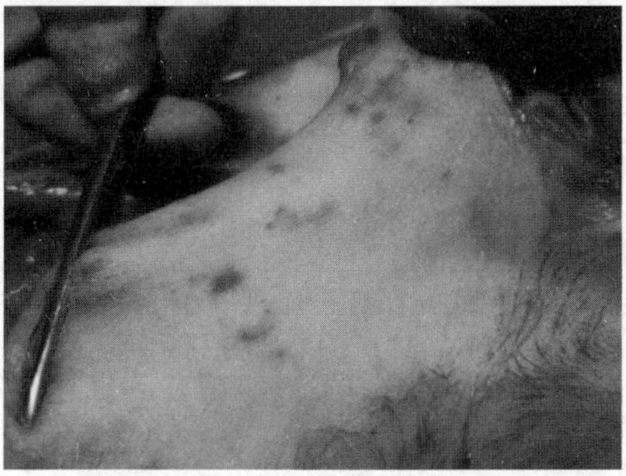

图 5-3　皮下出血

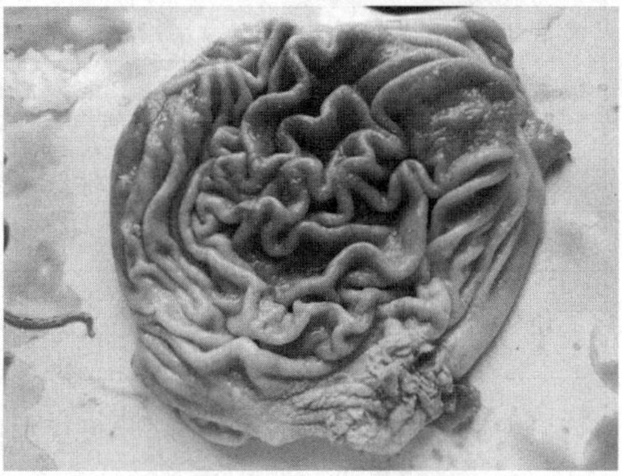

图 5-4　胃底黏膜出血、溃疡

(2)梗死　脾脏一般不肿大,边缘常有突出于表面的暗红色突起,针尖大至粟粒大,有时有豆粒大,称为出血性梗死,严重时中央区域也有梗死灶(图 5-5)。

3. 慢性型

出血和梗死均不明显,主要是在回盲瓣周围、盲肠和结肠黏膜上发生坏死性肠炎,形成扣状溃疡,突出于黏膜表面,呈褐色或黑色,中央低陷(图 5-6)。

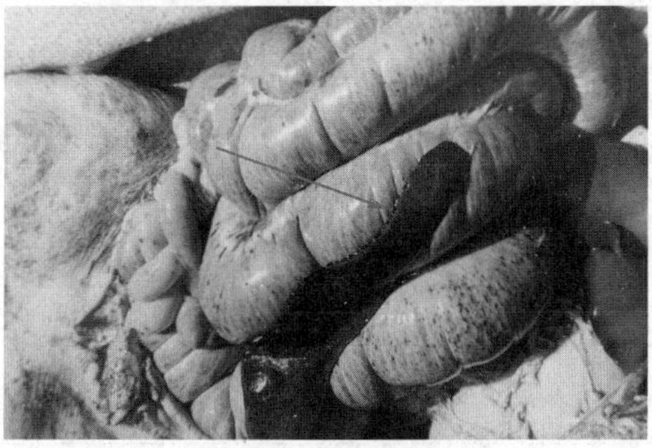

图 5-5　脾梗死

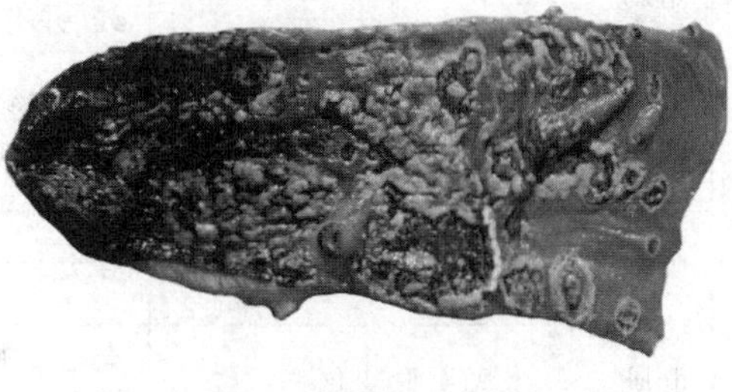

图 5-6　肠道黏膜坏死

4. 非典型

母猪感染非典型猪瘟后表现为繁殖障碍,产畸形胎、死胎和木乃伊胎等,或产出先天性感染仔猪。死胎呈现皮下水肿,胸、腹腔积液;皮肤有点状出血。畸形胎儿表现头和四肢变形,小脑、肺和肌肉发育不良。

[**诊断要点**]

根据流行病学、临诊症状和病理变化做初步诊断,但注意与急性猪丹毒、急性猪肺疫和急性仔猪副伤寒相鉴别,鉴别要点见表5-1。确诊必须进行实验室诊断,诊断方法有兔体交互免疫试验、免疫酶染色试验、直接免疫荧光抗体试验、猪瘟病毒反转录聚合酶链式反应(RT-PCR)等。

表5-1 猪瘟、猪丹毒、猪肺疫和仔猪副伤寒的鉴别

项目		病名			
		猪瘟	猪丹毒	猪肺疫	仔猪副伤寒
流行病学	发病季节	无季节性	夏季多发	无季节性	无季节性
	发病年龄	无年龄差别	3~12月龄	无年龄差别	2~4月龄
	流行情况	传播迅速,呈流行性	地方流行性	散发性	散发性或地方流行性
	死亡率	如不免疫可达100%	急性死亡率高,慢性低	急性达70%	20%~50%
症状	体温/℃	40.5~42	41~43	40~41	42
	粪便	初期便秘,后期下痢,混有黏液和血液	多数便秘,后期有的下痢	初期便秘,后期下痢,混有血液	下痢、恶臭、混有血液和气泡
	呼吸	有时咳嗽	呼吸加快	咳嗽,呼吸困难,呈犬坐姿势,咽喉部肿胀	一般无变化
	皮肤	有红色出血点,按压不褪色	有疹块状突起,按压褪色	有出血点,黏膜发绀	后期末梢皮肤呈紫色
剖检变化	心脏	心内、外膜有点状出血	疣状心内膜炎	心内、外膜有点状出血	无明显变化
	肺脏	轻度肿胀,有出血点	充血,水肿	急性的有出血点,有红、黄、灰色的肝变区,切面呈大理石样外观	慢性肺脏变硬,有干酪样坏死灶
	胃及十二指肠	有出血点	胃底、幽门及十二指肠黏膜弥漫性潮红,并有出血点	点状出血	无明显变化
	大肠	急性的有出血点、出血性肠炎,慢性回盲口有扣状肿和溃疡	急性的有出血点,慢性无明显变化	急性的有出血点,慢性无明显变化	黏膜肿胀、肠壁增厚、似糠麸样,溃疡边缘不规则
	脾脏	不肿大、边缘有梗死灶	肿大、呈樱红色	无明显变化	肿大,呈暗蓝紫色,触诊似橡皮状
	肝脏	无明显变化	充血、肿大,呈红棕色	无明显变化	肿大,充血,出血
	胆囊	无明显变化	无明显变化	无明显变化	肿大,黏膜有溃疡
	肾脏	色淡,皮质部有出血点	肿大,切面有出血点	被膜下有出血点	无明显变化
	膀胱	有出血点	无明显变化	无明显变化	无明显变化

[**防制**]

1. 预防措施

(1)坚持自繁自养的原则　从外地引进种猪时,先经产地检疫,引进后隔离观察 3 周,确认健康时接种疫苗,1 周后才能混群。

(2)加强饲养管理　做好猪舍的环境卫生,定期消毒。

(3)制定合理的免疫程序　目前国内猪瘟的免疫程序,尤其是生长猪的免疫程序还不统一,以下程序可供参考。

①无猪瘟流行地区(即控制区)。在仔猪 60 日龄注射 2 头剂猪瘟疫苗,可维持至出栏。大猪每年 1 次,以 4 头剂量肌内注射。

②猪瘟疫情少、污染程度小的地区(即不稳定地区)。在仔猪 20 日龄注射 4 头剂猪瘟疫苗,60 日龄 2 头剂。公猪每年 1 次,母猪每年 2 次(在空怀期间),各以 2 头剂注射。

③猪瘟常发区(即流行地区)。有两种方法:①超前免疫法:在仔猪出生后立即注射 1～2 头剂猪瘟疫苗,间隔 2 h 后再喂初乳,60 日龄 3～4 头剂。②三次免疫法:在仔猪 25 日龄、40 日龄、60 日龄分别以 4、2、2 头剂或 4、2、4 头剂免疫。

2. 发生猪瘟时的扑灭措施

隔离病猪,并淘汰处理;同群猪紧急免疫接种;病死猪及扑杀猪的尸体无害化处理;对污染的用具、圈舍、场地等彻底消毒。如果猪瘟呈暴发流行时,则按一类疫病处理,处理办法参照《猪瘟防治技术规范》。

任务 35　猪丹毒

猪丹毒是由猪丹毒杆菌引起猪的一种急性、热性传染病。急性病例表现为败血症;亚急性病例表现为皮肤疹块;慢性病例主要表现为心内膜炎、关节炎和皮肤坏死。

[**病原**]

猪丹毒杆菌为革兰氏阳性、纤细的小杆菌,菌体平直或稍弯曲,大小为(0.2～0.4) μm×(0.8～2.0) μm。在急性病猪的组织触片或血片中,呈单个、成对或丛状排列(图 5-7)。从慢性心内膜炎病猪的心脏瓣膜疣状物中分离的细菌常呈不分枝的长丝状。在普通培养基上能生长,加入适量的血清或血液时,生长更旺盛。由急性病猪分离的猪丹毒杆菌,其菌落为光滑型(S 型),毒力较强;而从慢性病猪、带菌猪体内分离的细菌,或经人工长期培养后,其菌落多为粗糙型(R 型),毒力较弱;在鲜血琼脂培养基上,培养 24～48 h,长出针尖大小、透明、露珠状的细小菌落。明胶穿刺培养 3～4 d 后,沿穿刺线呈试管刷状生长,不液化明胶,是本菌培养的特征之一。

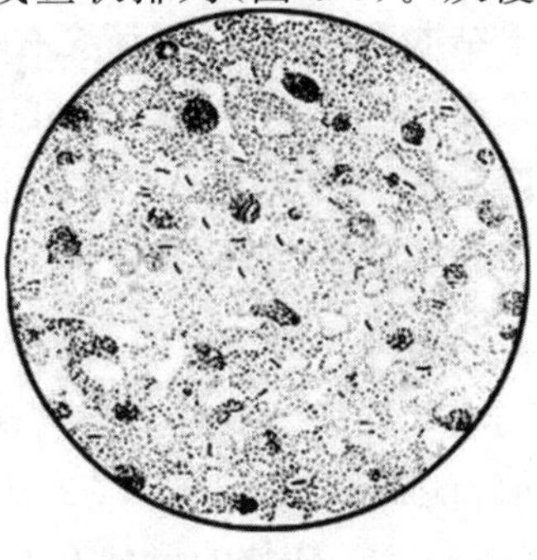

图 5-7　猪丹毒杆菌

由于猪丹毒杆菌表面有一层蜡样膜,所以对外界环境的抵抗力较强。如露天放置77 d的病死猪肝脏、深埋后经231 d的病死猪尸体、用12.5%食盐处理并冷藏于4 ℃环境148 d的病猪肉中,都可以分离到猪丹毒杆菌。但对热敏感,55 ℃ 15 min或70 ℃ 5～10 min可将其杀死。使用常用消毒剂,即使较低浓度也能很快杀死猪丹毒杆菌。本菌对青霉素敏感。

［**流行病学**］

1.易感动物

主要发生于猪,各种年龄段的猪都可发生,以3～12月龄的猪易感性较强,尤其多发于3～6月龄的猪,随着年龄的增长其易感性降低。其他动物,如牛、羊、马、犬和禽类也有病例报道,人也可以感染本病,称为类丹毒。

2.传染源

病猪和带菌猪是本病的传染源。病猪的粪尿和口、鼻、眼睛的分泌物以及局部组织病变均含有丹毒杆菌;健康带菌猪其带菌部位主要是扁桃体、胆囊和回盲瓣的腺体及骨髓等处。

3.感染途径

易感猪摄入污染的饲料、饮水以及含有丹毒杆菌的屠宰废水、废料和食堂残羹等,或拱污染的地面、用具经消化道而感染;也可经损伤的皮肤黏膜感染。另外,蚊、蝇、虱、蜱等吸血节肢动物也可传播本病。

4.流行特点

本病一年四季均可发生,有些地区以夏季炎热多雨的季节多发,有些地区不但夏季多发,冬春季也可形成高潮。常发区为散发性,新发区多呈地方流行性。

［**临诊症状**］

潜伏期一般为3～5 d,最短的为1 d,最长为8 d。根据病程长短和临诊症状分为急性型、亚急性型和慢性型。

1.急性型

急性型呈败血症,多见于流行的初期,有1头或几头猪不表现任何症状而突然死亡,其他的猪相继发病。病猪体温升高达42 ℃以上,稽留不退。精神沉郁,躺卧地上,不愿走动,常有寒战;站立时,背腰拱起;强行驱赶时步态不稳,步态僵硬。食欲废绝,有渴感,有的发生呕吐。眼结膜充血,但眼睛清亮有神,很少有分泌物。便秘,粪便干硬呈栗状,附有黏液,后期有的病猪出现腹泻。呼吸促迫,心跳加快。通常在发病1～2 d后或临死前,耳后、颈部、胸部、腹部及四肢内侧的皮肤上出现红色或暗红色紫斑。病程3～4 d,死亡率达80%左右,如果不死亡则转为亚急性型或慢性型。

2.亚急性型

其特征是皮肤表面出现特异性疹块,俗称“打火印”。病猪体温升高达41 ℃左右,精神沉郁,食欲不振。经1～2 d后,在胸、腹、背、肩、四肢等部位的皮肤上出现打火印样疹块(图5-8)。疹块的形状有方形、菱形、圆形和不规则形等;大小不一,约1 cm至数厘米;数量从几个到几十个不等。稍凸出于皮肤表面,界限明显,初期疹块充血,指压褪色,后期淤血,压之

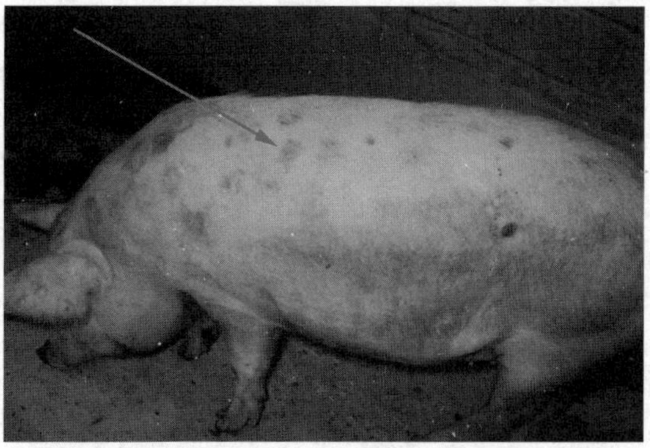

图 5-8　打火印

不退；对于黑猪皮肤则不易观察，用力平贴皮肤触摸，才能发现，但屠宰后易发现。疹块形成后，体温下降，病情减轻，疹块颜色淡化，凸起部下陷，形成干痂，经 1～2 周可自行康复，死亡率为 1%～2%。

3. 慢性型

多由急性或亚急性转化而来。

(1)慢性心内膜炎　病猪表现消瘦，贫血，体质虚弱，喜卧，不愿走动。听诊心脏，心跳加快，心音亢进，节律不齐，有心杂音。通常因心肌麻痹而死亡，病程 2～4 周。

(2)慢性关节炎　可发生在四肢关节，常见于腕、跗关节。病腿僵硬，疼痛，关节粗大、变形，跛行或卧地不起，生长缓慢和消瘦。病程数周至数月。

(3)皮肤坏死　常见于病猪的肩、背、耳、尾等部位，患部皮肤肿胀隆起、坏死，色黑、干硬，似皮革，最后与其下新生组织分离，如一层甲壳，2～3 个月脱落而自愈。

[**病理变化**]

1. 急性败血型

主要变化是全身性败血症，各组织器官可见弥漫性出血。胃肠道为卡他性、出血性炎症变化，尤其是胃底部黏膜有点状和弥漫性出血，十二指肠和回肠有不同程度的充血和出血。全身淋巴结充血、肿胀、切面多汁，呈浆液性出血性炎症。脾脏充血、肿胀，呈樱桃红色，切面可见“白髓周围红晕”现象。肾脏瘀血、肿大，呈暗红色，有“大红肾”之称，皮质部肾小球明显，有出血点。肺脏充血、水肿。肝脏充血、肿大。

2. 慢性心内膜炎

心脏瓣膜上附有由肉芽组织和纤维蛋白所组成的赘生物，灰白色或黄白色，外观似菜花样，以二尖瓣多见(图 5-9)。

3. 慢性关节炎

关节外形肿大，坚硬；切开关节囊，可见滑膜面充血，肉芽增生，关节软骨呈蚕食样溃疡。

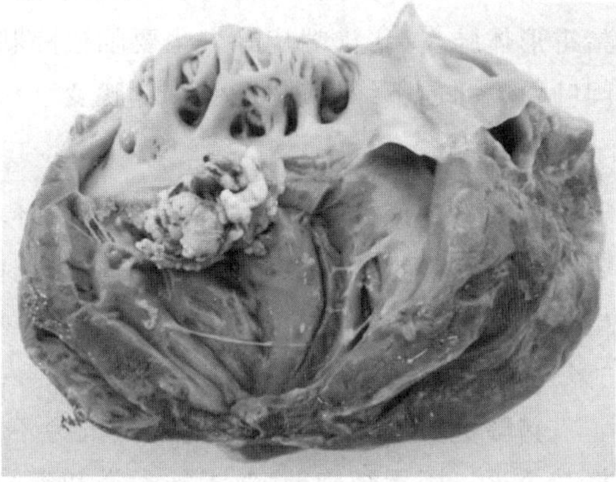

图 5-9　菜花样赘生物

[**诊断要点**]

亚急性型猪丹毒根据特殊疹块即可确诊；急性型猪丹毒根据流行病学、临诊症状和病理变化，再结合猪群中出现的疹块型病猪不难确诊，必要时进行细菌学诊断。慢性型猪丹毒多由急性和亚急性转化而来，结合临诊症状和病理变化也不难确诊，但急性败血型猪丹毒应注意与猪瘟、猪肺疫和猪链球菌病等相区别。

细菌学诊断：急性败血型病例，生前从耳静

脉采血，死后取肾、肝、脾和心血等；亚急性型病例取疹块边缘皮肤处血液；慢性型取心内疣状物、关节液，制片染色镜检，根据发现的特征性细菌可确诊为本病。

[**防制**]

加强饲养管理，坚持自繁自养原则。购入猪应隔离观察 2～4 周，确认健康后，方可混群饲养。经常保持圈舍和用具的清洁，定期消毒。用食堂残羹、下脚料等喂猪时，经煮沸消毒后再喂。加强对农贸市场、运输和屠宰等环节的检疫，如发现病猪和带菌产品时，应立即采取隔离、消毒、产品无害化处理等措施，以防止病原扩散。在常发区实施免疫接种，生长猪实行 2 次免疫，5～6 周龄时用猪丹毒-猪肺疫二联苗首免，间隔 3～4 周用猪瘟-猪丹毒二联苗二免；种公猪每年免疫一次，用猪丹毒-猪肺疫二联苗。在免疫接种前 3 d 和免疫后 7 d，不能给猪投服抗生素类药物，否则造成免疫失败。

发病时对全群猪进行检查，隔离病猪并治疗。使用青霉素和猪丹毒免疫血清，同时注射或单独使用，每天 2～3 次，连用 3～4 d。当青霉素疗效差或无效时，改用四环素。对未发病猪群，注射青霉素或四环素。对猪舍、用具、运动场等严格消毒，清除的粪便和垫料等发酵处理。对尸体以及急宰病猪的血液和割除的病变组织器官深埋或化制处理，没有病变的肉和脏器经高温处理后再利用。

[**公共卫生**]

人类感染猪丹毒杆菌所致的疾病称为"类丹毒"，是一种职业病，多见于畜牧兽医工作人员、屠宰人员及其帮工，他们在处理病猪及其产品时因皮肤有破损或受伤而感染。多发生于指部或手部，3～4 d 后，感染部位红、肿、热、痛、硬，不化脓，不坏死，肿胀向周围扩散，波及整个手部，常伴有腋窝淋巴结肿胀，一般经 2～3 周自愈，用青霉素治疗时可迅速治愈。康复后不遗留长期免疫性，一年之内可患病 3～4 次。

任务 36　猪支原体肺炎

猪支原体肺炎是由猪肺炎支原体引起猪的一种慢性呼吸道传染病，又称为猪地方性肺炎、猪霉形体肺炎、猪气喘病等。主要临诊症状为咳嗽和气喘，病理变化是在肺脏的心叶、尖叶、中间叶及膈叶前下缘出现"肉变"或"胰变"。

[**病原**]

猪肺炎支原体具有多形性，有球状、环状、杆状和两极状等，大小为 0.3～0.8 μm。革兰氏染色阴性，普通染色法着色效果不佳，吉姆萨染色良好，呈淡紫色。支原体能在人工培养基上生长，但生长条件要求较苛刻，须在培养基中加入血清、水解乳蛋白和酵母浸出液等，在有 5%～10% CO_2 的条件下生长良好。

猪肺炎支原体对外界环境的抵抗力不强，在外界最多能存活 36 h，常用消毒剂均能很快将其杀灭。因无细胞壁，对青霉素类和磺胺类药物不敏感，对壮观霉素、卡那霉素、土霉素、泰乐菌素、环丙沙星和氧氟沙星等药物敏感。

[**流行病学**]

本病仅见于猪,无年龄、性别和品种的差异,但以哺乳仔猪和断乳仔猪多发,发病率和死亡率高;其次是怀孕后期和哺乳期的母猪;育肥猪发病率较低,症状也较轻;成年猪多呈慢性或隐性经过。病猪和带菌猪是传染源,通过咳嗽、喘气和打喷嚏等过程将病原体排出,形成飞沫,经呼吸道而感染。一年四季均可发生,但在寒冷、多雨、潮湿或气候骤变时发病率较高。本病一旦传入猪场,如不采取严格控制措施,很难彻底根除。

[**临诊症状**]

潜伏期为 11～16 d,短的 3～5 d,最长的达 1 个月以上。根据病程长短和症状是否明显分为急性、慢性和隐性 3 种临诊类型,以慢性型和隐性型多见。

1. 急性型

多见于新发病的猪群(场),病猪精神沉郁,头下垂,站立一隅或趴伏于地。呼吸困难,呼吸次数增加至 60～120 次/min,严重者张口喘气,发出喘鸣声,呈腹式呼吸。咳嗽次数少而低沉,有时出现痉挛性阵咳。体温一般正常,如发生继发感染,则体温升高。病程 1～2 周,病死率较高。

2. 慢性型

多是由急性型转化而来,也有原发慢性病例,常见于老疫区的育肥猪和后备猪。病猪表现咳嗽和气喘,咳嗽多见于早晚和驱赶、运动或采食之后,咳嗽时呆立、拱背、伸颈、垂头。病初多为单咳,随病程发展则出现痉挛性阵咳,有不同程度的呼吸困难,呼吸加快,呈腹式呼吸。以上症状时轻时重,病猪生长发育不良,甚至停滞。病程数月,长者达半年以上。

3. 隐性型

通常由以上两型转化而来,不表现任何症状,生长也正常,但用 X 线透视检查或剖检时可见肺部有不同程度的肺炎病变。如饲养管理不当,则会出现急性或慢性病例,甚至引起死亡。本型病猪仍带毒排毒,是重要的传染源。

[**病理变化**]

肺、肺门淋巴结和纵隔淋巴结的变化明显。肺脏呈现融合性支气管肺炎,初期多见于心叶、尖叶和膈叶的前下缘呈淡红色或灰红色,半透明,病变部界限明显,似鲜嫩的肌肉样,俗称"肉变"(图 5-10),病变区切面湿润,小支气管内有灰白色泡沫样液体。随着病程的延长,病变部位转变为浅红色、灰红色或灰白色,半透明程度减轻,形似胰腺,俗称"胰变"或"虾肉样变"。肺门淋巴结和纵隔淋巴结肿大、切面多汁外翻,边缘轻度充血。

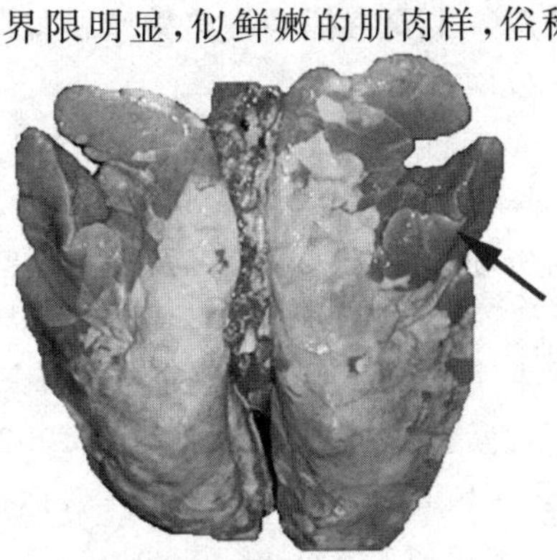

图 5-10　肺肉变

[**诊断要点**]

对急性型和慢性型病例,可根据流行病学、临诊症状和病理变化作出诊断,但注意与猪流行性感冒、猪肺疫、猪接触性传染性胸膜肺炎、猪肺丝虫病和猪蛔虫病等相鉴别。猪流行性感冒主要发生于秋、冬季节,传播迅速,发病率达 100%，呈急性经过，病程短，体温升高，抗生素治疗无效。猪肺疫常呈急性死亡，咽喉部肿胀，皮肤发紫，有少数出血点，剖检可见败血症和纤维素性胸膜肺炎，肺有肝变区，切面呈"大理石样"花纹。猪接触性传染性胸膜肺炎多见于 6 周龄至 6 月龄的猪，体温升高，肺部病变大多为两侧性，肺炎区质硬，切面易碎，纤维素性胸膜炎明显，胸腔积有红色液体。猪肺丝虫病常发生于温暖潮湿季节，剖检时从一侧或两侧支气管内可发现虫体，并有大量黏液，肺膈叶后缘有白色隆起，内有大量虫体，粪便检查可找到虫卵。猪蛔虫病见于 2～6 月龄的猪，在发病初期，肝脏表面有大小不等的白色斑点；肺表面有出血斑点，从肺部可检出幼虫；成虫寄生时，在小肠内可发现虫体。

对隐性病例须取气管、肺等病料进行病原分离培养和鉴定，或用 X 线透视检查。透视时以直立背胸位为主，侧位或斜位为辅。病猪的肺野内侧区以及心膈角区，呈现不规则的云絮状渗出性阴影，密度中等，边缘模糊，肺野的外周区无明显变化。

[**防制**]

在未污染猪场，坚持自繁自养原则，杜绝本病的侵入，引进种猪时应作产地检疫，引进后隔离观察 2～3 个月，并用 X 线透视检查 2～3 次，确认健康者，方可混群。同时有计划地进行免疫接种，免疫用猪气喘病乳兔化弱毒冻干苗，保护率达 80%，免疫期为 8 个月。

在污染猪场，商品猪集中育肥出售，对猪舍内、外环境彻底消毒，空舍半个月以上。对种猪进行临诊检查和用 X 线胸透检查，严格隔离病猪，对种用价值不大的病猪直接淘汰，价值大的进行隔离治疗。

治疗时，最好作药物敏感试验，选择高度敏感的药物，药物有壮观霉素、卡那霉素、土霉素、泰乐菌素、恩诺沙星、环丙沙星、氧氟沙星等。喘气症状加剧时，在用抗菌药物的同时，间隔注射鱼腥草注射液，以增强治疗效果。

平时还要加强饲养管理，搞好环境卫生，注意通风换气和定期消毒。近年来，在饲料中添加北里霉素、泰乐菌素预防，收到了较好的效果。

任务 37　猪繁殖与呼吸综合征

猪繁殖与呼吸综合征(PRRS)是由猪繁殖与呼吸综合征病毒引起猪的一种高度接触性传染病。主要特征为母猪繁殖机能障碍(流产、早产、死胎、木乃伊胎和产弱仔)和各种年龄猪的呼吸困难。

本病于 1987 年在美国首先被发现，猪群中妊娠母猪发生流产、早产、死胎和木乃伊胎，以及仔猪出现呼吸道病和高死亡率。此后，加拿大报道了类似的病症。1990 年后，德国、荷兰、西班牙、比利时、英国、法国等许多欧洲国家相继发生。1991 年在荷兰首次分离到病毒，我国于 1996 年首次从国内疑似感染猪群中检出 PRRS 抗体，并从流产胎儿中分离出 PRRSV。开始由于病原不明确，欧洲一些国家称之为"猪神秘病""猪不孕与呼吸综合征"；因部分病猪的耳部发紫，又称为"猪蓝耳病"。1992 年国际兽疫局在国际专家研讨会上，与会者一致同意采用"猪繁殖与呼吸综合征"这一名称，其病原为"猪繁殖与呼吸综合征病毒"。

[**病原**]

猪繁殖与呼吸综合征病毒(PRRSV)属于动脉炎病毒科动脉炎病毒属，为 RNA 病毒，病毒粒子呈球形，直径为 45～65 nm，二十面体对称衣壳，有囊膜。PRRSV 分离株有两种不同的基因型，即欧洲型和北美型。欧洲地区主要流行欧洲型，而美洲和亚太地区则以北美型为主要毒型。无论在体内或体外，PRRSV 均可在单核细胞-巨噬细胞系统（包括肺泡巨噬细胞、外周血液单核细胞、肺血管内巨噬细胞等）中复制，但肺泡巨噬细胞（PAM）是 PRRSV 最易侵袭的细胞，也是首选的增殖系统，由此建立的病毒分离方法是较可靠的诊断手段。

本病毒对外界环境的抵抗力较弱。在自然环境下，可因干燥而迅速失活。在冷冻组织中可存活数年，−20 ℃下可以长期保存。但在 4 ℃时仅存活 1 个月，37 ℃时存活 48 h，56 ℃时存活 45 min。病毒在 pH 小于 5 或大于 7 时易灭活；对乙醚、氯仿等有机溶剂敏感。

［**流行病学**］

猪繁殖与呼吸综合征仅见于猪，不同品种、不同年龄的猪均可感染，以妊娠母猪和哺乳仔猪最易感。病猪和带毒猪是传染源，可通过鼻、眼睛的分泌物、粪尿等排毒，污染空气、饲料、饮水等。本病主要通过呼吸道或通过公猪的精液经生殖道在猪群中水平传播，也可经胎盘发生垂直传播。

［**临诊症状**］

潜伏期一般为 14 d。不同年龄和性别的猪感染后症状差异较大。

（1）新生仔猪　呼吸困难，肌肉震颤，运动失调及轻瘫。产后 1 周内死亡率达 40％～80％。

（2）哺乳仔猪　体温升高达 40 ℃以上，呼吸困难，有时呈腹式呼吸；共济失调，跛行或瘫痪，较少死亡。

（3）育肥猪　仅表现暂时性的厌食和轻度的呼吸困难。

（4）母猪　精神沉郁，食欲减退或废绝；呼吸困难，发情期延长或屡配不孕。

（5）妊娠母猪　妊娠后期发生流产、早产、死胎、木乃伊胎和产弱仔。母猪在流产后 2～3 周开始康复，但再次配种时受胎率明显降低，发情期也常延迟。

（6）种公猪　感染后轻度发热，食欲不振，精神倦怠，嗜睡；轻度呼吸困难；繁殖机能下降（性欲减退，精子质量下降）。

感染本病的猪，有时耳部、腹部、阴唇、口、鼻部的皮肤发蓝，尤其以耳部明显，因此称其为“蓝耳病”。发生本病后，因机体发生免疫抑制现象，易继发感染其他病原体，如副猪嗜血杆菌、猪链球菌、霍乱沙门氏菌、多杀性巴氏杆菌、胸膜肺炎放线杆菌、猪流感病毒、脑心肌炎病毒、伪狂犬病病毒、猪巨细胞病毒、猪呼吸道冠状病毒、猪副黏病毒以及支原体等。

［**病理变化**］

无明显的肉眼变化，仔猪头部水肿，胸腹腔积液。具有诊断意义的组织学病变是间质性肺炎：肺泡壁增厚，单核细胞浸润，肺泡间隙含有蛋白碎片和变性细胞，可见于所有肺叶，有时还可见卡他性肺炎病灶。

［**诊断要点**］

根据流行病学、临诊症状、病理组织学变化和病毒分离鉴定以及血清抗体检测，进行综合分析判断。

病毒分离鉴定是可靠的诊断方法，首选材料是肺、扁桃体、脾、淋巴结和血清。弱胎猪和有呼吸道症状的急性感染仔猪检出率最高。可用于病毒分离的细胞有原代细胞 PAM、传代细胞 CL2621 和恒河猴肾细胞系 MARC-145。培养后，观察细胞病变，再用间接荧光抗体试验检测其中的病毒抗原。

用于血清抗体检测的方法有免疫过氧化物酶单层细胞试验、间接免疫荧光试验、间接酶联免疫吸附试验和血清中和试验等。血清学试验适于群体水平的普查和监测，但不适于个别动物的确诊，因为迄今尚无一种血清学试验能检出所有 PRRSV 毒株，也不能鉴别强、弱毒株。血清学诊断常与病毒分离、抗原或核酸检测相结合，以提高诊断的准确性。

[**防制**]

1. 预防措施

①坚持自繁自养原则。种猪场或规模化猪场引进猪时，先进行产地检疫，引进后隔离饲养 3 周，并进行 2 次血清学检查，阴性者方可混群。

②饲养管理实行“全进全出”制。

③严格执行卫生消毒制度，用 0.2%过氧乙酸带猪消毒。空舍在清扫的基础上，用水冲洗干净后，再用 2%～3%氢氧化钠溶液喷洒消毒。

④免疫接种：疫苗有灭活苗和弱毒苗，常用灭活苗。在本病流行地区，后备母猪于 6 月龄首免，3 周后加强一次。成年母猪每次配种前 15 d 免疫 1 次，种公猪每年 2 次。

2. 发生高致病性猪繁殖与呼吸综合征时的处理措施

任何单位和个人发现疫情时，应及时向当地动物疫病控制机构报告。动物疫病控制机构立即派人员到现场进行调查核实，判定为疑似疫情时，应采集样品进行实验室诊断，必要时送省级动物疫病控制机构或国家参考实验室确诊。确诊后，划定疫点、疫区和受威胁区。疫点为发病猪所在的地点：规模化养殖场（户）以病猪所在的相对独立的养殖圈舍为疫点；散养猪以病猪所在的自然村为疫点；在运输过程中，以运载工具为疫点；在市场发现疫情，以市场为疫点；在屠宰加工过程中发现疫情，以屠宰加工厂（场）为疫点。疫区指疫点边缘外延 3 km 范围内的区域。受威胁区是疫区边缘外延 5 km 的区域。报请同级人民政府发布封锁令，实施封锁。在疫点内，扑杀所有病猪和同群猪，对尸体、排泄物、被污染的饲料、垫料、污水等进行无害化处理；对被污染的物品、交通工具、用具、猪舍、场地等进行彻底消毒。在疫区和受威胁区内，对所有生猪用高致病性猪蓝耳病灭活疫苗进行紧急强化免疫，并加强疫情监测。在最后一头猪被扑杀后经 14 d 以上，未出现新的疫情，经终末消毒，经当地动物疫病控制机构审验合格，由当地农业农村主管部门提出申请，由原发布封锁令的人民政府宣布解除封锁。

3. 发生低致病性猪繁殖与呼吸综合征时的处理措施

发病后，圈舍用 0.2%过氧乙酸溶液带猪消毒，外环境用 2%～3%氢氧化钠溶液喷洒消毒。对流产胎儿、木乃伊胎、胎衣等最好焚烧或深埋处理。

任务 38 非洲猪瘟

非洲猪瘟（African Swine Fever，ASF）是由非洲猪瘟病毒（ASFV）引起的猪的一种急性、热性、高度接触性传染病，以高热、网状内皮系统出血和高病死率为特征，病死率接近 100%。我国将其列为一类动物疫病。

非洲猪瘟是一种虫媒传染病，在森林疣猪和灌木丛野猪间形成生物传播循环，属于自然疫源性疾病。软蜱科中的钝缘蜱属是非洲猪瘟病毒向外传播、扩散、流行，打破自然疫源地并建立新的环境循环系统的主要途径。自1921年非洲肯尼亚首次报道非洲猪瘟后，迅速扩散至全球许多地区。对家猪有很高的致死率，对养猪业和食品安全行业造成了极大的威胁。我国于2018年在辽宁沈阳首次发现该病。

［**病原**］

非洲猪瘟病毒（ASFV）属于非洲猪瘟病毒科、非洲猪瘟病毒属，是一种大型双链DNA病毒。病毒粒子呈球形，直径200 nm，结构非常复杂。病毒基因组与核蛋白聚集成病毒核心，核心外包裹有蛋白核壳，核壳外包裹着脂质内膜，脂质内膜外是二十面体蛋白衣壳，最后通过出胞时获得病毒外膜。

非洲猪瘟病毒抵抗力较强，在猪粪便中非洲猪瘟病毒可存活11 d，室温条件下可存活数周，37 ℃血液中可存活1个月，病死猪尸体中可存活1年，泔水中也能长时间存活；4℃保存组织中存活5个月，冻猪肉中存活15周，低温冷冻血液中可生存6年。在pH 3.9～11.5条件下仍能正常存活。对紫外线和许多消毒剂比较敏感，最有效的消毒剂是苯及苯酚、去污剂、次氯酸、碱类及戊二醛。碱类（氢氧化钠）、氯化物和酚化合物适用于建筑物、木质结构、水泥表面、车辆和相关设施设备消毒，酒精和碘化物适用于人员消毒。

［**流行病学**］

（1）易感动物　家猪和欧亚野猪高度易感，无明显的品种、年龄和性别差异。疣猪、丛林猪、红河猪和巨林猪虽可感染，但很少出现临床症状，是病毒的自然储存宿主。

（2）传染源　感染非洲猪瘟病毒的家猪、野猪（包括病猪、隐性感染猪以及康复猪）是传染源。

（3）传播途径和感染方式　主要通过接触非洲猪瘟病毒感染猪及其污染物（泔水、饲料、垫草、车辆等）传播，消化道和呼吸道是主要的感染途径，也可经钝缘软蜱等节肢动物叮咬传播。

（4）流行特点　季节性不明显。病死率因不同毒株致病性有所差异，强毒力毒株可导致猪在4～10 d内100%死亡，中等毒力毒株造成的病死率一般为30%～50%，低毒力毒株仅引起少数猪死亡。

［**临诊症状**］

潜伏期因毒株、宿主和感染途径的不同而有所差异，家猪感染非洲猪瘟病毒的潜伏期为15 d（波动范围为4～19 d）。

（1）最急性型　无明显临床症状突然死亡。

（2）急性型　体温可高达42 ℃，精神沉郁，厌食。耳、四肢和腹部皮肤有出血点；可视黏膜潮红或发绀。眼、鼻有黏性、脓性分泌物。呕吐，便秘，粪球表面附有血液和黏液；或腹泻，粪便带血。呼吸困难。共济失调或步态僵硬，病程延长则出现其他神经症状。妊娠母猪流产。病程4～10 d，病死率高达100%。

（3）亚急性型　症状与急性相同，病情缓和，病死率低。体温波动无规律，一般高于40.5 ℃，病程5～30 d。

（4）慢性型　波浪热，湿咳，呼吸困难。关节炎，关节肿胀，跛行。皮肤溃疡。消瘦或发育迟缓，体弱，毛色暗淡。病程2～15个月，病死率低。

[**病理变化**]

胃肠浆膜充血、出血，黏膜弥漫性出血；胆囊、膀胱出血；脾脏肿大、易碎，呈暗红色至黑色，表面有出血点，边缘钝圆，有时边缘出现梗死灶；颌下淋巴结、腹腔淋巴结肿大、出血；心内、外膜有大量出血点；气管内有血性泡沫样黏液，肺脏肿大，有出血点，切面流出泡沫样液体；肾脏有出血点。最急性型病例可能不出现明显的病理变化。

[**诊断要点**]

1. 初步诊断

根据流行病学、症状和病理变化可初步诊断为非洲猪瘟。临床症状与古典猪瘟、高致病性猪蓝耳病等相似，应注意鉴别诊断。

2. 实验室诊断

(1)病原学检查　取材：材料有口鼻拭子(病死猪、病猪、同群猪)，抗凝血(病猪、同群猪)，病死猪或扑杀同群猪的组织样品(首选脾脏，其次是扁桃体、淋巴结、肾脏、骨髓等)。病原学检测包括核酸检测和抗原检测。核酸检测方法有聚合酶链式反应(普通 PCR 方法和荧光 PCR 方法)和重组酶介导等温核酸扩增技术(荧光 RAA 方法)。抗原检测方法有高敏荧光免疫分析法和夹心酶联免疫吸附试验抗原检测法。

(2)血清学检测　无菌采集血液(病猪、同群猪)，置室温 12～24 h，收集血清。运用间接酶联免疫吸附试验、阻断酶联免疫吸附试验和夹心酶联免疫吸附试验抗体检测法等进行抗体检测。

[**防制**]

1. 预防措施

(1)加强边境防控和检疫监管　各边境省份畜牧兽医部门要加强边境地区防控，坚持内防外堵，切实落实边境巡查、消毒等各项防控措施。各地兽医部门要加强与出入境检验检疫、海关、边防等有关部门协作，加强联防联控，形成防控合力。严禁进口非洲猪瘟疫情国家和地区的猪、野猪及相关产品，对非法入境的猪、野猪及其相关产品及时销毁。

(2)加强饲养管理　各生猪饲养、生产、经营等场所建立并实施严格的卫生消毒制度。养猪场(户)应提高生物安全水平，采取措施避免家养猪群与野猪、钝缘软蜱的接触。严禁使用未经高温处理的餐馆、食堂的泔水或餐余垃圾等饲喂生猪。

(3)加强监测　按照国家动物疫病监测与流行病学调查计划，加强对重点地区重点环节的监测。加强与林业等有关部门合作，做好野猪和媒介昆虫的调查监测，摸清底数，为非洲猪瘟风险评估提供依据。

(4)宣传教育　广泛宣传非洲猪瘟防范知识和防控政策，提高进出境旅客和相关从业人员的防范意识，营造群防群控的良好氛围。加强基层技术人员培训，提高对非洲猪瘟的诊断能力和水平，尤其是提高对非洲猪瘟和古典猪瘟等疫病的鉴别诊断水平，及时发现、报告和处置疑似疫情，消除疫情隐患。

2. 扑灭措施

(1)疫情报告　任何单位和个人发现古典猪瘟免疫失败，或不明原因大范围生猪死亡的情形，应当立即向当地农业农村主管部门或动物疫病预防控制机构报告。当地县级动物疫病预防控制机构判定为非洲猪瘟临床可疑疫情的，应在 2 h 内报告本地农业农村主管部门，并逐级上报至省级动物疫病预防控制机构。省级动物疫病预防控制机构判定为非洲猪瘟疑似疫情时，应立即报告省级农业农村主管部门、中国动物疫病预防控制中心和中国动物卫生与流行病学中心；省级农业农村主管部门应在 1h 内报告省级人民政府和国务院农业农村主管部门。中国动物卫生与流行病学中心（国家外来动物疫病研究中心）或农业农村部指定实验室判定为非洲猪瘟疫情时，应立即报告国务院农业农村主管部门并抄送中国动物疫病预防控制中心，同时通知疫情发生地省级动物疫病预防控制机构。省级动物疫病预防控制机构应立即报告省级农业农村主管部门，省级农业农村主管部门应立即报告省级人民政府。

（2）确诊和确认疫情　符合非洲猪瘟的流行病学特点、临床表现和病理变化，判定为临床可疑疫情；经任一病原学检测方法或血清学方法检测，结果为阳性的，判定为疑似疫情；经中国动物卫生与流行病学中心（国家外来动物疫病研究中心）或农业农村部指定实验室复核，结果为阳性的，判定为确诊疫情。

国务院农业农村主管部门根据中国动物卫生与流行病学中心（国家外来动物疫病研究中心）或农业农村部指定实验室确诊结果，确认非洲猪瘟疫情。

（3）疫情处置　疫情确诊后，应立即启动相应级别的应急预案，划定疫点、疫区和受威胁区，实施封锁措施。疫点划分：相对独立的规模化养殖场（户），以病猪所在的场（户）为疫点；散养猪以病猪所在的自然村为疫点；放养猪以病猪所在的活动场地为疫点；在运输过程中发生疫情的，以运载病猪的车、船、飞机等运载工具为疫点；在市场发生疫情的，以病猪所在市场为疫点；在屠宰加工过程中发生疫情的，以屠宰加工厂（场）为疫点。疫区划分：由疫点边缘向外延伸 3 km 的区域。受威胁区划分：由疫区边缘向外延伸 10 km 的区域。对有野猪活动地区，受威胁区应为疫区边缘向外延伸 50 km 的区域。

疫点内采取的措施：扑杀所有猪只，并对病死猪、被扑杀猪及其产品进行无害化处理；对其排泄物、被污染或可能被污染的饲料和垫料、污水等进行无害化处理；对被污染或可能被污染的物品、交通工具、用具、猪舍、场地进行严格彻底消毒。出入人员、车辆和相关设施要按规定进行消毒。禁止易感动物出入和相关产品调出。

疫区内采取的措施：关闭生猪交易市场和屠宰场。对疫区、受威胁区及周边地区野猪分布状况进行调查和监测，并采取措施，避免野猪与人工饲养的猪接触。在钝缘软蜱分布地区，疫点、疫区、受威胁区的养猪场（户）应采取杀灭钝缘软蜱等虫媒控制措施。

受威胁区采取的措施：禁止易感动物出入和相关产品调出，相关产品调入必须进行严格检疫；关闭生猪交易市场；对养猪场、屠宰场进行全面监测和感染风险评估，及时掌握疫情动态。

解除封锁：在最后一头猪死亡或被扑杀后，并按规定进行消毒和无害化处理 6 周后，经疫情发生所在地的上一级农业农村主管部门组织验收合格后，由所在地县级以上农业农村主管部门向原发布封锁令的人民政府申请解除封锁，由该人民政府发布解除封锁令，并通报毗邻地区和有关部门，报上一级人民政府备案。

任务 39 猪细小病毒病

猪细小病毒病是由猪细小病毒引起猪的一种繁殖障碍性疾病，其特征是造成感染母猪，特别是初产母猪流产、死胎、畸形胎、木乃伊胎等，而母猪本身无明显临诊症状。有时也导致公猪和母猪不育，所以又称猪繁殖障碍病。

本病于 1967 年在英国首次报道，其后欧洲、美洲、亚洲及大洋洲很多国家均有本病的报道，现已遍布全世界。在我国，该病广泛分布，大多数感染猪场呈地方性流行，猪群感染后很难净化，从而造成了持续的经济损失，是我国常见的猪病之一。

[**病原**]

猪细小病毒属于细小病毒科细小病毒属。病毒粒子呈圆形或六角形，二十面体对称，大小约为 20 nm，无囊膜，单股 DNA 病毒。具有血凝性，能凝集人、猴、豚鼠、小鼠及鸡的红细胞；能在猪原代细胞如猪肾、猪睾丸细胞及传代细胞上生长繁殖，并出现细胞病变，在细胞核内产生包涵体。病毒可分为强毒株和弱毒株，例如 NADL-8 是强毒株，血清阴性的怀孕母猪感染后将导致病毒血症，并通过胎盘垂直感染，使胎儿死亡；NADL-2 是一种细胞适应后弱毒株，怀孕母猪感染后不能经胎盘感染胎儿，而被用作弱毒疫苗株。

该病毒对外界抵抗力强，能在被污染的猪舍生存数月，造成长期的传播。对热和一般消毒剂有较强抵抗力，对乙醚、氯仿不敏感，但在 0.5%漂白粉或 2%氢氧化钠溶液中 5 min 即可被杀死。

[**流行病学**]

猪是已知唯一的易感动物，不同年龄、性别的家猪和野猪都可感染，感染后终身带毒。初产母猪、血清学阴性的经产母猪最易感。病猪和带毒猪是主要传染源。急性感染猪的排泄物和分泌物中含有较多的病毒。

病毒可通过胎盘传给胎儿，感染母猪所产死胎、活胎、仔猪及子宫分泌物中均含有高的病毒；子宫内感染的仔猪至少可带毒 9 周；有些具有免疫耐受性的仔猪可能终身带毒和排毒。感染的公猪也是该病最危险的传染源，在精液、精索、附睾和副性腺均可分离出病毒。污染的猪舍空圈 4 个半月，经常规方法清扫后，当再放进易感猪时，仍有可能被染。

本病主要通过消化道、交配、人工授精和出生前胎盘感染，也可经呼吸道感染。

本病一年四季均可发生，主要发生于产仔季节。新疫区可呈地方性流行，老疫区呈散发型。猪群感染后很难净化，可连续几年内持续发病。

[**临诊症状**]

仔猪和母猪的急性感染通常都表现为亚临诊病例，体内多种器官内均有病毒存在。

怀孕母猪感染时，主要表现为母源性繁殖障碍。不同孕期感染，可分别造成死胎、木乃伊胎、流产等不同临诊症状。怀孕早期感染，胚胎死亡被母体吸收，出现产仔数减少或假孕返情；怀孕中期感染，主要是产木乃伊胎和死胎；在怀孕后期感染，母猪则常出现流产症状；在怀孕 70 d 后感染，大多数胎儿能对病毒感染产生有意义的免疫应答而存活，但可长期带毒排毒。

［**病理变化**］

感染母猪子宫内膜有轻微炎症，胎盘有部分钙化，胎儿被溶解、吸收。感染胎儿表现充血、水肿、出血、体腔积液、脱水（木乃伊化）及坏死等病理变化。组织学病理变化为母猪的妊娠黄体萎缩，子宫上皮组织和固有层有局灶性或弥散性单核细胞浸润。感染胎儿死亡后可见多种组织和器官有广泛的细胞坏死、炎症和核内包涵体。在大脑灰质、白质和软脑膜有以增生的外膜细胞、组织细胞和浆细胞形成的血管套为特征的脑膜脑炎变化，一般认为这是本病的特征性病理变化。

［**诊断要点**］

1.初步诊断

猪群无明显临床症状，妊娠母猪出现流产、死胎、木乃伊胎、胎儿发育异常等情况，结合具体流行病学情况，可以怀疑本病。若要确诊还必须进行实验室诊断。

2.实验室诊断

(1)病原学诊断　包括病毒分离培养鉴定、PCR、荧光抗体染色检查等。用荧光抗体检查病毒抗原是一种可靠和敏感的诊断方法。大于 70 日龄的木乃伊化胎儿、死产仔猪和初生仔猪则不宜送检，因其中可能含有干扰检验的抗体。

(2)血清学诊断　血清中和试验、血凝抑制试验、酶联免疫吸附试验、乳胶协同凝集试验、琼脂扩散试验和补体结合试验等，都可用于检测抗体。其中最常用的是血凝抑制试验。检测母猪血清或 70 d 以上感染胎儿的心血或组织浸出液，抗原用 4 个血凝单位的标准血凝素，红细胞用 0.5%豚鼠红细胞悬液，HI 效价大于 1∶16 为阳性。

应注意本病与猪伪狂犬病、猪乙型脑炎、猪繁殖与呼吸综合征和猪布鲁氏菌病等的鉴别诊断。

［**防制**］

1.预防措施

(1)引种时控制带毒猪传入猪场，坚持自繁自养。在引进猪时须从无病猪场引入，同时加强检疫，当 HI 抗体滴度在 1∶16 以下或阴性时方可准许引进，并隔离饲养 2 周后，再进行一次 HI 抗体测定，证实是阴性者，方可与本场猪混养。

(2)免疫接种是目前预防本病的主要措施，常用的疫苗有弱毒疫苗和灭活疫苗。

对初产母猪在配种前进行两次疫苗接种，每次间隔 2～3 周，可取得良好的预防效果。灭活苗免疫期可达 4 个月以上。我国已研制出灭活疫苗，在母猪配种前 1～2 个月免疫一次，便可预防本病发生。仔猪的母源抗体可持续 14～24 周，在 HI 抗体效价大于 1∶80 时可抵抗猪细小病毒感染。因此，在断奶时将仔猪从污染猪群转移到没有本病污染的地区饲养，可以培育出血清阴性猪群。

2.发生猪细小病毒病时的处理措施

一旦发病，应将发病母猪、仔猪全部淘汰。所有猪场环境、用具应严格消毒，并用血清学方法对全群猪进行检查，对阳性猪要坚决淘汰，以防疫情进一步扩大，与此同时，对猪群进行紧急免疫接种。

任务 40 猪传染性胃肠炎

猪传染性胃肠炎(TGE)是由传染性胃肠炎病毒引起猪的一种急性、高度接触性消化道传染病,以发热、呕吐、严重腹泻、脱水为特征,属于世界动物卫生组织(OIE)规定的B类疫病中必须检疫的猪传染病。

1946年首次发生于美国,20世纪50年代末传遍欧亚大陆。我国于20世纪60年代末开始流行。

目前,该病广泛存在于许多养猪国家和地区,造成严重的经济损失,被认为是仔猪发病和死亡的主要原因之一。

[**病原**]

传染性胃肠炎病毒(TGEV)属于冠状病毒科冠状病毒属。病毒粒子多呈圆形或椭圆形,直径为80～120 nm,有囊膜,其表面有棒状纤突,为单股正链RNA病毒。世界各地所分离的TGEV毒株均属同一个血清型。

该病毒存在于病猪各器官、体液和排泄物中,主要存在于空肠、十二指肠及回肠的黏膜,在鼻腔、气管、肺脏、肝脏、血液、扁桃体和肠系膜淋巴结等处也能查出病毒。

该病毒对热和紫外线敏感,在阳光下暴晒6 h即被灭活,56 ℃ 45 min或65 ℃ 10 min即可灭活。紫外线照射能使病毒迅速死亡。常用的化学消毒剂均可将其杀死。

[**流行病学**]

一般情况下本病只侵害猪,可发生于各种年龄的猪,对仔猪的影响最大,10日龄以内的仔猪最易感,7日龄以内的仔猪发病率和病死率为100%,5周龄以上猪感染后很少死亡,但会严重影响猪的增重并降低饲料报酬率。随着年龄的增长,临诊症状减轻,多数能自然康复,但可长期带毒。

病猪和带毒猪是主要传染源,通过粪便、乳汁、鼻液、呕吐物或呼出的气体排出病毒,污染饲料、饮水、空气及用具等,再由消化道和呼吸道侵入易感猪体内发生感染。

该病的流行有明显的季节性,多见于秋末至春初;主要以暴发性和地方流行性两种形式发生。新疫区呈流行性发生,仔猪死亡率高,老疫区则呈现地方流行性或间隔性。在密闭猪舍、湿度大、猪只密集、数量多的猪场,更易传播。

[**临诊症状**]

潜伏期很短,一般为15～18 h,有的长达2～3 d。本病发生突然,传播迅速,数日内可蔓延全群。不同日龄和不同疫区,猪感染后发病严重程度有明显差异。

仔猪突然发生呕吐,继而发生频繁水样腹泻,粪便黄色、绿色或白色,含有未消化的凝乳块,恶臭。病猪极度口渴,明显脱水,体重迅速减轻。10日龄以内的仔猪2～7 d死亡。日龄越小,病程越短,死亡率越高。病愈仔猪生长发育缓慢。

育肥猪、成年猪和母猪症状轻重不一,食欲不振或停止,精神委顿。泌乳母猪泌乳停止,呕吐,腹泻。有的症状不明显,有的表现呕吐,灰色、褐色水样腹泻,呈喷射状,5～8 d腹泻停止而康复，极少死亡。

［**病理变化**］

尸体脱水明显，消瘦，可视黏膜苍白或发绀，主要病理变化在胃和小肠。胃内滞留未消化的凝乳块，胃黏膜充血或不同程度的出血。小肠内充满白色或黄绿色液体，含有泡沫和未消化的小乳块，肠壁变薄，无弹性，肠管扩张呈半透明状。肠系膜充血，肠系膜淋巴结轻度或严重充血肿大。

在低倍显微镜或放大镜下观察，空肠和回肠绒毛显著变短。

［**诊断要点**］

1. 初步诊断

根据流行病学、临诊症状和病理变化进行综合判定可以作出初步诊断。确诊必须进行实验室诊断。

2. 实验室诊断

(1)病毒分离和鉴定　取病猪粪、肠内容物或空肠、回肠段为病料，经口感染 5 日龄仔猪，或将病料处理后接种猪肾细胞培养，分离病毒。用标准阳性血清做中和试验进行鉴定。也可以用免疫电镜检查病毒，以及 RT-PCR 快速诊断。

(2)荧光抗体检查　取腹泻早期病猪空肠和回肠的刮取物做涂片或以这段肠管冰冻切片，进行直接或间接荧光染色，在荧光显微镜下检查，见上皮细胞及沿着绒毛的胞浆性膜上呈现荧光者为阳性。

(3)血清学诊断　取急性期和康复期双份血清样品，经 56 ℃灭活 30 min，稀释后，每个稀释度均与等量的本病毒悬液混合，置 37 ℃环境 60 min，然后取混合液 0.1 mL 接种 PK15 细胞单层，经培养 24～48 h 观察结果，凡能中和 50%以上试管内病毒生长的最高血清稀释度，即为该血清的中和抗体滴度。康复期血清滴度超过急性期 4 倍以上者即为阳性。

注意与猪流行性腹泻病毒(PEDV)、猪轮状病毒(RV)引起的猪病毒性腹泻(TGE)、仔猪黄痢和仔猪白痢进行鉴别诊断。

［**防制**］

1. 预防措施

(1)不从疫区引种，防止病原传入；加强检疫，防止将病猪或隐性感染猪引入猪群。同时强化猪场的卫生管理，定期消毒；防止犬、猫等动物进入猪场。

(2)免疫预防是防制猪病毒性腹泻的有效方法。用猪传染性胃肠炎弱毒疫苗或传染性胃肠炎-猪流行性腹泻二联苗免疫可获得很好的免疫力。

2. 发生猪传染性胃肠炎时的处理措施

发生该病时，立即隔离治疗。可使用高免血清、抗病毒药物。同时使用抗生素防止继发感染，减轻临诊症状。也可用口服补液盐(氯化钠 3.5 g，碳酸氢钠 2.5 g，氯化钾 1.5 g，葡萄糖 20 g，加温水 1 000 mL)供猪自饮或灌服，疗效显著，康复迅速。

任务 41　猪流行性腹泻

猪流行性腹泻(PED)是由猪流行性腹泻病毒引起猪的一种急性肠道传染病，以呕吐、腹泻和脱水为基本特征，各种年龄猪均易感。本病的流行特点、临诊症状和病理变化都与猪传染性胃肠炎十分相似，但哺乳仔猪死亡率较低，在猪群中的传播速度相对缓慢。

本病于 1971 年首先发现于英国，1976 年第二次在英国暴发。1982 年被命名为猪流行性腹泻。随后德国、法国、荷兰、瑞士、保加利亚和日本等国均有报道。我国在 20 世纪 80 年代陆续出现本病，并分离到病毒。

[病原]

猪流行性腹泻病毒(PEDV)为冠状病毒科、冠状病毒属 RNA 病毒，略呈球形，在粪便中的病毒粒子常呈现多形态，有囊膜，囊膜上有花瓣状纤突。

本病毒对外界抵抗力弱，对乙醚、氯仿敏感，一般消毒剂都可将其杀灭。病毒在 60 ℃ 30 min 可失去感染力，但在 50 ℃条件下相对稳定。病毒在 4 ℃、pH 5.0～9.0 或在 37 ℃、pH 6.5～7.5 时稳定。

[流行病学]

猪流行性腹泻病毒仅感染猪，各种年龄的猪都易感。哺乳仔猪、架子猪和育肥猪的发病率可达 100%，尤其以哺乳仔猪发病严重。母猪的发病率在 15%～90%。

病猪和带毒猪是主要传染源，病毒随粪便排出后，污染环境、饲料、饮水、交通工具及用具等，主要经消化道感染。

本病一年四季均可发生，但主要发生于寒冷的季节，以 12 月和 1 月发病最多，常常是有一头猪发病后，同圈或邻圈的猪在 1 周内相继发病，2～3 周后临诊症状可缓解。

[临诊症状]

经口人工感染的潜伏期，新生仔猪为 15～30 h，育肥猪为 2 d，自然感染可能稍长些。该病的主要临诊症状为水样腹泻，呕吐多发生于进食或哺乳之后。病初体温升高或正常，精神沉郁，食欲减退或不食，继而排水样粪便，呈灰黄色或灰色。临诊症状的轻重随年龄的大小而有差异，年龄越小，症状越重，1 周内新生仔猪常于腹泻后 2～4 d 内因脱水而死亡，病死率可达 50%。日龄较大的仔猪约 1 周后康复，部分康复猪出现发育受阻而变成僵猪。断奶猪和肥育猪以及母猪常呈现沉郁和厌食临诊症状，持续腹泻 4～7 d 后，逐渐恢复正常。部分成年猪表现食欲不振和呕吐，重症水样腹泻，3～4 d 后自愈。

[病理变化]

主要病理变化为小肠膨胀，充满淡黄色液体，肠壁变薄，肠系膜充血，肠系膜淋巴结水肿，显微镜下小肠绒毛变短，重症者绒毛萎缩，甚至消失。胃经常是空的，或充满胆汁样的黄色液体。

[诊断要点]

本病在临诊症状、流行病学和病理变化等方面均与猪传染性胃肠炎无明显差异，只是猪流行性腹泻死亡率较低，在猪群中传播的速度也较慢。确诊必须进行实验室诊断。目前，诊断方法有免疫电镜、免疫荧光、间接血凝试验、ELISA、RT-PCR、中和试验等，其中免疫荧光和

ELISA 是较常用的。直接免疫荧光法(FAT)检测猪流行性腹泻是可靠的特异性诊断方法，目前应用最为广泛。ELISA 最大的优点是可从粪便中直接检查猪流行性腹泻抗原，目前应用也较为广泛。也可用 ELISA 间接法检测猪流行性腹泻抗体。

［**防制**］

1. 预防措施

(1)坚持自繁自养，避免从疫区引进，引进的猪必须隔离观察，确定健康后方可混群饲养。

(2)加强饲养管理，改善卫生条件，定期对畜舍进行消毒，注意防寒保暖，提高产房和保育舍温度。

(3)疫苗免疫接种。常用的疫苗有猪传染性胃肠炎-流行性腹泻二联苗、流行性腹泻-传染性胃肠炎-轮状病毒三联苗。仔猪、架子猪和育肥猪每头注射 1 头份，生产母猪每头注射 2 头份。

2. 治疗措施

对症治疗。本病无特效药治疗，可参照猪传染性胃肠炎的治疗方法。

任务 42　猪痢疾

猪痢疾是由致病性猪痢疾螺旋体引起猪的一种肠道传染病，曾称为血痢、黏液出血性下痢或弧菌性痢疾，现称为猪痢疾，其特征为黏液性或黏液出血性下痢，大肠黏膜发生卡他性出血性炎症，有的发展为纤维素性坏死性炎症。

1921 年首次报道本病，1971 年确定其病原体为猪痢疾短螺旋体，我国于 1978 年由美国进口种猪中发现本病。20 世纪 80 年代后，疫情迅速扩大，涉及全国 20 多个省、市，由于采取综合防制措施，20 世纪 90 年代后本病得到有效控制。目前仍有散在发生。

［**病原**］

病原体为猪痢疾短螺旋体，也称为猪痢疾密螺旋体、猪痢疾蛇形螺旋体。革兰氏染色阴性，苯胺染料或吉姆萨染液着色良好，组织切片以镀银染色更好。有 4～6 个弯曲，两端尖锐，呈缓慢旋转的螺丝线状，能自由运动。存在于猪的病变肠段黏膜、肠内容物及粪便中。

本菌为严格厌氧菌，对培养基要求严格，一般常用胰胨大豆鲜血琼脂或胰胨大豆汤培养基。在鲜血琼脂上可见明显的 β 型溶血，在溶血带的边缘，有云雾状薄层生长物或针尖状透明菌落。

猪痢疾短螺旋体含有两种抗原成分：一种为蛋白质抗原，为种特异性抗原；另一种为脂多糖抗原，是型特异性抗原，根据脂多糖抗原将本菌分为 9 个血清型。

猪痢疾短螺旋体对外界环境抵抗力较强，在粪便中 5 ℃存活 61 d，25 ℃存活 7 d，在土壤中 4 ℃能存活 18 d，37 ℃时很快死亡。对阳光照射、加热、干燥及消毒剂敏感。生产实践中常用的消毒药如过氧乙酸、氢氧化钠、来苏儿等可迅速将其杀死。

［**流行病学**］

猪痢疾仅引起猪发病。不同品种、年龄的猪均易感，最常见于断奶后正在生长发育的架子猪，乳猪和成年猪发病少。病猪或带菌猪是主要传染源，康复猪带菌可达数月，经常从粪便中排出大量菌体，污染周围环境、饲料、饮水、用具等，经消化道而传播。此外，犬、椋鸟、苍蝇、老鼠也可作为传染源或媒介。本病无明显季节性，传播缓慢，流行期长，可长期危害猪群。各种应激因素如运输、拥挤、寒冷、过热、饥饿、饲料变更或环境卫生不良等都可促进本病的发生和流行。本病一旦传入猪群，很难根除。

［临诊症状］

潜伏期长短不一，短的仅 3 d，长的可达 2 个月以上，自然感染多为 1～2 周。在感染的猪场，几乎每天都有新的病例出现。症状是不同程度的腹泻。临诊症状，通常分为以下几种。

1. 最急性型

流行初期多见，多无腹泻症状而突然死亡。有的表现为食欲废绝，肛门松弛，先排带黏液、血液的灰黄色软便，继而迅速下痢，转为水样腹泻，可见红褐色水样粪便从肛门流出，重症 1～2 d 死亡，粪便中充满血液和黏液。

2. 急性型

最多见，初期精神沉郁，食欲减退，体温升高，排出黄色至灰色的软便，表面附有条状黏液，以后迅速下痢，粪便黄色柔软或水样。持续下痢可见粪便中混有黏液、血液及纤维素碎片，使粪便呈油脂样或胶冻状，呈棕色、红色或黑红色。病猪弓背吊腹，脱水，消瘦，虚弱而死亡，死前体温降至常温以下，或转为慢性型。病程约 1 周。

3. 亚急性和慢性型

病例表现为时轻时重的下痢，粪便中黏液及坏死组织碎片较多，血液较少，病期较长。病猪不安，后肢踢腹，生长停滞，极度衰弱，不少病例能自然康复，部分病例可能复发甚至死亡。病程为 1 个月以上。

［病理变化］

病理变化主要在大肠，尤其是大肠、回盲结合处，肠系膜淋巴结肿胀，其他脏器无明显病理变化。

最急性和急性病例剖检可见卡他性出血性炎症，肠道黏膜肿胀，充血、出血，覆盖着黏液和带血的纤维素性物质。大肠内容物软至稀薄，并混有红色、暗红色黏液、血液和组织碎片。

慢性病例主要为坏死性大肠炎，黏膜表面有点状、片状或弥漫性坏死，形成假膜；有时黏膜上只有散在成片的薄而密集的纤维素。剥去假膜后会露出浅表糜烂面。

［诊断要点］

1. 初步诊断

根据特征性流行规律、临诊症状及病理变化的特点可以作出初步诊断。2～3 月龄猪多发，不同程度腹泻，粪便中含有大量黏液、血液或坏死组织；病变局限于大肠，出血性或坏死性肠炎变化，剥离假膜后仅见黏膜表层糜烂，可怀疑本病。进一步确诊须进行实验室诊断。

2. 实验室诊断

(1)染色、镜检　一般取急性病例的猪粪便和肠黏膜涂片，用吉姆萨、草酸铵结晶紫或复红染色液染色、镜检；或将病料制成悬滴或压滴标本用暗视野检查，可见到螺旋体即可初步确诊此病。

(2)分离培养　棉拭子采集结肠黏液或粪便样品，接种于选择培养基上，进行厌氧培养。

常用培养基为酪蛋白胰酶消化大豆琼脂，可在其中加入5%～10%马血液或牛血液，以及壮观霉素或多黏菌素，培养温度为38～42 ℃，每隔2 d检查一次，当培养基出现无菌落β溶血区即表明有本菌生长，经继代分离培养，纯化。进一步鉴定须动物接种试验，涂片镜检后可确诊。

(3)血清学诊断　可用凝集试验、免疫荧光试验、间接血凝试验、琼脂扩散试验、酶联免疫吸附试验等，以凝集试验和酶联免疫吸附试验较好，可作为综合判断的一项指标。

[**防制**]

严禁从疫区引进生猪，必须引进时，应隔离检疫2个月。加强饲养管理和卫生消毒，实行全进全出，保持舍内外干燥，防鼠灭鼠，粪便及时做无害处理，饮水应加含氯消毒剂处理，进猪前应按消毒程序与要求对猪舍进行消毒。发病猪场最好全群淘汰，彻底清理和消毒，空舍2～3个月，再引进健康猪。对易感猪群可选用多种药物进行防制，如痢立清、痢菌净、林可霉素、新霉素、泰乐菌素和泰妙菌素等。

任务43　猪水疱病

猪水疱病(SVD)是由猪水疱病病毒引起猪的一种急性、热性、接触性传染。该病传染性强，发病率高。其临诊特征是猪的蹄部、鼻端、口腔黏膜、乳房皮肤发生水疱，类似于口蹄疫，但该病只引起猪发病，对其他家畜无致病性。

本病1966年首先被发现于意大利，1971年见于我国香港地区，随后世界许多国家先后发生本病。

[**病原**]

猪水疱病病毒(SVDV)属于微RNA病毒科、肠道病毒属，病毒粒子呈球形，直径为20～30 nm，无囊膜，衣壳呈二十面体对称，基因组为单股正链RNA。无血凝特性，不能凝集人和家兔、豚鼠、牛、绵羊、鸡、鸽等动物的红细胞，只有一个血清型。

该病毒对理化因素有较强抵抗力，可在污染的猪舍内存活8周以上，在病猪粪便内12～17 ℃可存活138 d，病猪肉腌制3个月仍可检出病毒。对热敏感，60 ℃ 30 min和80 ℃ 1 min即可灭活，在低温中可长期保存。对乙醚、氯仿、胰蛋白酶不敏感。在pH 3.0～5.0的环境下表现稳定。常用消毒药有2%～3%氢氧化钠、3%福尔马林、10%漂白粉等。

[**流行病学**]

本病在自然流行中，仅感染猪，各种年龄、性别、品种的猪均可感染发病，其他动物不感染。人类有一定易感性，但不产生水疱。

病猪、带毒猪是本病的主要传染源，通过粪便、尿、水疱液、水疱皮、口腔分泌物、乳汁排出病毒。排出的病毒污染饲料、垫草、运动场和用具以及饲养员等，构成本病的主要传播媒介。病毒主要通过损伤的皮肤黏膜和消化道感染，也可通过呼吸道感染。

本病一年四季均可发生，但以冬、春发病较多。猪群密度越大，发病率越高，越易造成流行；在分散饲养情况下，很少引起流行。

[*临诊症状*]

自然感染潜伏期一般为2～5 d，有的延至7～8 d或更长。临诊症状可分为典型型、温和型和亚临诊型(隐性型)。

1. 典型的水疱病

主要表现是在趾和附趾的蹄冠、鼻盘、唇部、乳房部出现水疱。病初蹄部皮肤苍白肿胀,疼痛,病猪出现跛行;36～48 h时水疱明显凸出,其内充满淡黄色稍混浊水疱液,2～3 d水疱破裂,形成溃疡,严重时蹄壳脱落,因继发细菌感染形成化脓性溃疡。有的猪呈犬坐姿势或卧地不起,严重者用膝部爬行。在蹄部发生水疱的同时,病猪鼻盘、舌、唇和母猪乳头周围皮肤也出现水疱。形成水疱时,体温升高(40～42 ℃),精神沉郁、食欲减退,水疱破裂后体温下降至正常。约有2%的猪发生中枢神经系统紊乱,表现向前冲、转圈运动,用鼻摩擦、咬食猪舍用具,眼球转动,有时出现强直性痉挛。

在一般情况下,如无并发其他疾病者不引起死亡,但初生仔猪可造成死亡。病猪康复较快,病愈后2周,创面可痊愈,如蹄壳脱落,则相当长时间后才能恢复。

2. 温和型(亚急性型)

少数猪只出现水疱,传播缓慢,症状轻微,往往不容易被察觉。

3. 亚临诊型(隐性感染)

无临诊症状,但感染猪只能排出病毒,对易感猪有很大的危险性。

[**病理变化**]

特征性病理变化为在蹄部、鼻盘、唇、舌面、乳房出现水疱,水疱破裂、水疱皮脱落后,暴露出创面,有出血和溃疡。个别病例心内膜上有条状出血斑,其他内脏器官无可见病理变化。

[**诊断要点**]

根据临诊症状和病理变化很难与口蹄疫、猪水疱性口炎等区别开来,必须进行实验室诊断来区别诊断。

1. 动物接种

取病料,皮下或腹腔同时接种1～2日龄乳鼠和7～9日龄乳鼠,如两组乳鼠都死亡,则为口蹄疫;如仅1～2日龄乳鼠死亡,则为猪水疱病。病料经在pH 3～5缓冲液处理后,接种1～2日龄乳小鼠死亡者为猪水疱病,反之则为口蹄疫。

2. 细胞培养

取病料分别接种猪肾细胞和牛肾细胞,培养24～48 h,观察,如两种细胞都有病变,则为口蹄疫;如仅猪肾细胞有病变,则为猪水疱病。

3. 血清学试验

可使用中和试验、补体结合试验、反向间接血凝试验、ELISA和免疫荧光试验。

4. RT-PCR诊断

RT-PCR可以用于区分口蹄疫和猪水疱病。

[**防制**]

1. 平时的预防措施

加强饲养管理,防止引入传染源。禁止从疫区引入猪只和猪肉产品;对引进的猪只和产品进行严格的检疫。做好日常的消毒工作，对圈舍、环境、用具用有效消毒液进行定期消毒。在常发地区进行免疫，用猪水疱病高免血清进行被动免疫有良好的效果，免疫期可达 1 个月以上。所用的疫苗有鼠化弱毒苗、细胞培养弱毒苗和细胞灭活苗。但由于弱毒疫苗在实践应用中暴露出许多不足，目前已停止使用。灭活疫苗安全可靠，注苗后 7～10 d 即可产生免疫力，保护率在 80%以上，免疫保护期在 4 个月以上。

2. 发现疫情时的扑灭措施

发生本病时，立即向主管部门报告，实行隔离。对污染场所、用具要进行严格的消毒，粪便、垫料进行无害化处理。控制猪和相关产品出入疫区，必须出入疫区的车辆和人群要进行严格的消毒。扑杀猪只进行无害化处理。对疫区和受威胁区的假定健康猪只，可采用被动免疫或疫苗接种，以后实行定期免疫接种。

任务 44　猪传染性胸膜肺炎

猪传染性胸膜肺炎是由胸膜肺炎嗜血杆菌引起猪的一种急性呼吸道传染病，又称猪嗜血杆菌胸膜肺炎，以纤维素性胸膜肺炎的症状和病变为主要特征。急性者病死率高，慢性者常能耐过。本病常继发其他疾病，导致生长发育受阻。

本病于 1957 年英国首次报道。近年来，该病已遍布全球，在欧、美、亚洲等许多国家和地区均有发生，已成为猪的主要传染病。本病已在我国 20 多个省份发生和流行。

[病原]

胸膜肺炎嗜血杆菌也称为胸膜肺炎放线杆菌（APP），是一种革兰氏阴性小球杆菌，有荚膜和菌毛，不形成芽孢，能产生毒素，新鲜病料中呈两极染色。本菌为兼性厌氧，初次分离时将病料接种于含有 50%的小牛血液琼脂上，用葡萄球菌与病料交叉划线，在 CO_2 条件下培养 24 h，可见在葡萄球菌生长线周围有 β 溶血小菌落。

目前有 15 个血清型和两个生物型。其中生物Ⅰ型致病性较强，包括血清型 1～12 型和 15 型；生物Ⅱ型致病性较弱，包括血清型 13、14 型，主要分布于欧洲。研究证明，血清型 1、9 和 11，3，6 和 8，4 和 7 含有共同的脂多糖（LPS）抗原。在不同的地区，流行的血清型不同，我国主要以 1、3、7 型为主，其次也有 4、5、10 等血清型的分离报道。

胸膜肺炎放线杆菌的毒力与其所产生的毒素有关，引起猪发病的主要毒素包括荚膜多糖、脂多糖、外膜蛋白、转铁结合蛋白、蛋白酶、溶血素和渗透因子等。已经证实，溶血素是胸膜肺炎放线杆菌引起猪发病的主要毒力因子。

本菌的抵抗力不强，常用的消毒剂均能将其杀灭。

[流行病学]

各年龄猪均可感染，通常以 2～5 月龄的猪多发。病猪和带毒猪是主要的传染源，无临诊症状有病理变化猪，或无临诊症状无病理变化隐性带菌猪较常见。

胸膜肺炎放线杆菌是对猪有高度宿主特异性的呼吸道寄生物，急性感染不仅可在肺部病理变化和血液中见到，而且在鼻液中也有大量细菌存在。猪群规模越大，发病危险也越大。该菌主要通过呼吸道传染，也可通过猪只之间的接触（如公猪配种等）传播此病。

本病一年四季均可发生，但以秋末和初春寒冷季节多发。另外，卫生条件差、通风不良、气候突变、饲养密度大、长途运输、维生素 E 缺乏、过堂风侵袭等均能促进本病的发生，使发病率和死亡率升高。老疫区的发病率和死亡率相对较低。

[**临诊症状**]

自然感染潜伏期为 1～2 d，或 1～7 d，临床症状依据猪体的免疫状态、应激程度、环境状况和病原的毒力及其感染量不同，可分为最急性型、急性型和慢性型。

1. 最急性型

病猪突然发病，体温升高至 41.5 ℃，精神沉郁，食欲废绝，有短期的下痢和呕吐。中后期病猪出现严重的呼吸困难，腹部、双耳、四肢发绀。临死前从口、鼻流出带血的红色泡沫样分泌物。有的猪因败血症，无症状突然死亡。

2. 急性型

发病较急，体温升高至 40～41.5 ℃，精神沉郁，食欲减退或废绝，呼吸极度困难，咳嗽，常站立或犬坐而不愿卧地，张口伸舌，鼻盘和耳尖、四肢皮肤发绀。如不及时治疗，常于 1～2 d 内窒息死亡；若病初临诊症状比较缓和，耐过 4 d 以上者，临诊症状逐步减轻，常能自行康复或转为慢性。

3. 慢性型

临诊症状较轻，低热或不发热，食欲减少，精神沉郁，不愿走动，喜卧地；呈间歇性咳嗽，消瘦，生长缓慢，若混合感染巴氏杆菌或支原体时，则病程恶化，病死率明显增加。

[**病理变化**]

眼观病理变化主要见于呼吸道，特别以局部肺炎病变为主。

1. 最急性与急性型

突然死亡的猪，剖检多无明显变化。急性型剖检可见胸腔内有血样渗出液，气管和支气管内充满带血的黏液性泡沫样渗出物。肺炎为双侧性的，并涉及心叶、尖叶和膈叶，膈叶上的病变是局限性的，界限分明。肺炎区呈暗红色，质地较硬，切面似肝，间质充满红色黏液性液体；病程稍长者，可见胸腔内有纤维素性渗出物。肝脏淤血，暗红色。腹股沟浅淋巴结和肠系膜淋巴结肿大、充血，呈紫红色，切面呈大理石样花纹。

2. 慢性型

慢性病例可见肺脏有大小不等的黄色结节或脓肿结节，外面有一层结缔组织包裹，肺表面有一层黄色纤维素性渗出物与胸膜粘连。心包也发生纤维素性心包炎，心包液增多，纤维蛋白渗出物增多，先形成“绒毛心”，之后心包膜与心外膜发生粘连，心包外膜与肺脏发生粘连。有些病变肺脏病变消失，只有部分病灶与胸膜粘连。

[**诊断要点**]

根据流行病学和特征的临诊症状，可以作出初步诊断，确诊须进行实验室诊断。实验室检查的常用方法是：从气管或鼻腔采取分泌物，或采取肺炎病变部，涂片，作革兰氏染色，显微镜检查可看到红色（阴性）的小球杆菌；或将病料送实验室进行细菌分离培养和鉴定；也可采取血清进行补体结合反应、间接血凝试验、酶联免疫吸附试验、琼脂扩散试验和分子生物学检测等。

注意该病与猪肺疫、喘气病、副猪嗜血杆菌、猪圆环病毒感染的鉴别诊断。

[**防制**]

1. 预防

对无病猪场应防止引进带菌猪，在引进前应用血清学试验进行检疫，保证新引进的猪来源于已知无本病的猪场；改善饲养环境，注意通风换气，保持新鲜空气。猪群应注意合理的密度，不要过于拥挤；加强消毒制度，要定期进行消毒，并长年坚持；常发猪场可注射疫苗，但由于本菌有许多血清型，免疫的效果不理想。

2. 治疗

早期抗生素治疗有效，可以采用饮水和饲料添加；若猪不能采水和饮食时，可皮下或肌内注射，青霉素、氨苄西林、磺胺类、沙星类、氟甲砜霉素、卡那霉素、复方新诺明等都具有一定敏感性，应注意交替用药。

任务 45　副猪嗜血杆菌病

副猪嗜血杆菌病是一种泛嗜性细菌性传染病。病猪多以多发性浆膜炎，即多发性关节炎、胸膜炎、肺炎、心包炎、腹膜炎和脑膜炎为特征。此外，副猪嗜血杆菌还可引起败血症，并且可能留下后遗症，即母猪流产、公猪慢性跛行。

该病于 1910 年被首次报道，又称为格拉塞尔氏病，呈世界性分布，我国也有发生本病的报道。

[**病原**]

副猪嗜血杆菌具有多种不同的形态，从单个的球杆菌到长的、细长的丝状菌体，多无荚膜，但新分离的强毒株常有荚膜。革兰氏染色呈阴性，亚甲蓝染色呈两极浓染，着色不均。

该菌由于酶系统不完备，生长需要血液中的生长因子，分离培养时，须供给加热的血液，所以称为嗜血菌。在血液培养基和巧克力培养基上生长，菌落小而透明。若将副猪嗜血杆菌水平划线接种于鲜血琼脂平板上，再挑取金黄色葡萄球菌垂直于水平线划线，37 ℃培养 24～48 h，呈现出典型的“卫星生长”现象，并且不出现溶血。

该菌的血清型复杂多样，按琼脂扩散血清分型方法，至少可将副猪嗜血杆菌分为 15 种血清型，各血清型菌株之间的致病力存在极大的差异，其中血清 1、5、10、12、13、14 型毒力最强，其次是血清 2、4、8、15 型，血清 3、6、7、9、11 型的毒力较弱；血清型 5、4、13 最为常见（占 70%以上）。

本菌对外环境的抵抗力不强，在干燥情况下易于死亡，易被常用的消毒剂及较低温度的热力所杀灭，一般 60 ℃ 5～20min 内即死亡，在 4 ℃下通常只能存活 7～10 d。本菌对结晶紫、杆菌肽、林可霉素和壮观霉素等有一定的抵抗力，但对磺胺类药物、阿莫西林、阿米卡星、卡那霉素和青霉素等敏感。

[**流行病学**]

副猪嗜血杆菌只感染猪，发病年龄 1～4 月龄，其中 4～8 周龄最易感，主要在断奶后和保育阶段发病。病猪和带菌猪为主要传染源，该菌寄生在健康猪的鼻腔、扁桃体、气管等部位，是一种条件性致病菌。该病主要通过猪的相互接触传播，经消化道也可感染。

本病一年四季均可发生，以早春和深秋多发，气候骤变、饲料或饮水不足或长途运输时可诱发该病；猪感染支原体肺炎、猪繁殖与呼吸综合征、猪流感和猪呼吸道冠状病毒感染时可继发该病。

[**临诊症状**]

临诊症状取决于炎性损伤的部位。

(1)急性型　病猪体温升高达 41 ℃左右，精神沉郁，食欲减退。呼吸困难，全身淤血，皮肤发绀，常于发病后 2～3 d 死亡。

(2)亚急性或慢性型　轻热，体温达 39.6～40 ℃，精神沉郁，食欲不振。呼吸浅表，常呈“犬卧势”喘息，四肢末端及耳尖多发蓝紫色。有的病猪出现关节炎，关节肿大、腱鞘水肿，疼痛、跛行或卧地不起。有的病猪发生脑膜炎表现肌肉震颤、麻痹和惊厥。有的因腹膜粘连常引起肠梗阻。发生胸膜炎和腹膜炎而难以迅速康复时，病猪明显消瘦，呼吸困难，常低头喘息，全身皮肤发绀。

[**病理变化**]

死于本病的猪，体表常有大面积的瘀血，病情严重的猪，在全身性瘀血的基础上，四肢末端、耳朵、胸部、背部的皮肤呈蓝紫色，形成瘀斑。患猪的特征性病变为全身性浆膜炎，即见有浆液性纤维素性胸膜炎、心包炎、腹膜炎、脑膜炎和关节炎，其中以心包炎和胸膜肺炎最为常见。

当发生浆液性胸膜炎时，胸腔有多量淡红黄色的渗出液，发生胸腔积液。当发生纤维素性渗出时，则渗出液混浊，内含大量蛋白、脱落的胸膜间皮和渗出的炎性细胞。发生心包炎时，心包腔中的心包液也明显增多，初期呈淡黄色，较透明；继之混浊带有纤维蛋白凝块，甚至混有红细胞而呈淡红色。当渗出的纤维素在心外膜凝集时，则在心外膜形成一层灰白色的绒毛，发生心包粘连(图 5-11)。

关节炎表现为关节周围组织发炎和水肿，关节囊肿大，关节液增多(图 5-12)；发生浆液性关节炎时，关节液清亮，关节面上多覆有灰白色弹花样的纤维蛋白或凝块；发生纤维素性化脓性关节炎时，关节液混浊，内含黄绿色的纤维素性化脓性渗出物；发生纤维素性化脓性脑膜炎时，脑膜充血、出血，脑回扁平。

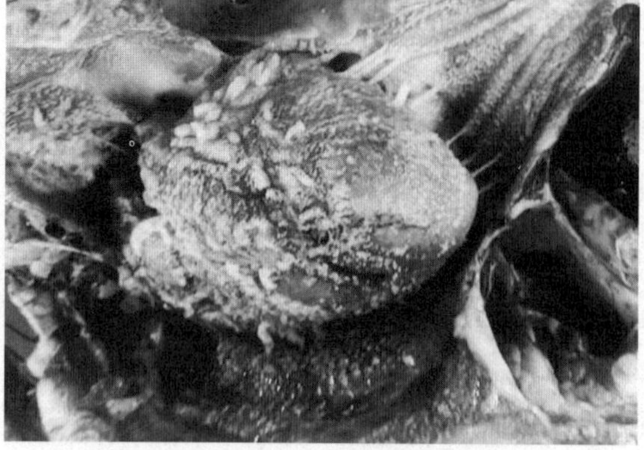

图 5-11　绒毛心

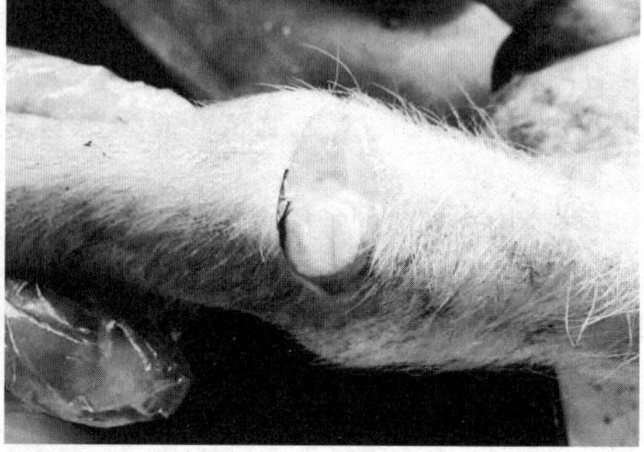

图 5-12　关节液增多

［**诊断要点**］

根据流行病学调查、临诊症状和病理变化，结合对病畜的治疗效果，可对本病作出初步诊断，确诊须实验室诊断，如细菌分离培养、琼脂扩散试验、补体结合试验、间接血凝试验和PCR技术。

鉴别诊断应注意与其他败血性细菌感染相区别，能引起败血性感染的细菌有链球菌、巴氏杆菌、胸膜肺炎放线杆菌、猪丹毒杆菌、猪放线杆菌、猪霍乱沙门氏菌以及大肠埃希菌等。另外，3～10周龄猪的支原体多发性浆膜炎和关节炎也往往出现与副猪嗜血杆菌感染相似的损伤。

［**防制**］

1. 预防措施

坚持自繁自养、全进全出的制度，加强饲养管理，消除各种应激因素，断奶前后注意环境条件，不可突然更换饲料。定期消毒。按时接种疫苗，由于HPS血清型较多，血清型之间没有交叉保护性，实际应用时要选用多价苗。

2. 出现副猪嗜血杆菌病时的处理措施

一旦出现临诊症状，应立即采用口服之外的方式应用大剂量的抗菌药物进行治疗，并应对整个猪群进行药物预防。可以选用青霉素治疗，但该细菌对青霉素的抗药性日渐增强。大多数副猪嗜血杆菌也对氨苄西林、氟喹诺酮类、头孢菌素、庆大霉素和增效磺胺类药物敏感，但对红霉素、氨基苷类、壮观霉素和林可霉素有抗药性。

【案例分析】

案例1　某猪场生猪存栏8 000头，其中繁育母猪80头，仔猪560头。2022年5月初，经连续几天阴冷雨天后，仔猪突然发病，表现咳嗽，血便，皮肤有点状出血，随后妊娠母猪出现流产。先后用磺胺类、抗生素等药物进行治疗，效果不佳。经询问，该猪场于4月份曾普免一次猪瘟疫苗，发病后未注射其他疫苗。临床检查：病猪体温升高，定型热；精神沉郁，被毛粗乱无光泽，弓背弯腰，喜卧，寒战，摇摆不稳；食欲废绝。血便，肛门周围沾污大量血粪。呼吸困难，呈腹式呼吸，气喘和鼾声明显。腹部、耳尖及四肢皮肤呈紫红色。腕关节和跗关节肿大，常将四肢屈于腹下。病死猪极度消瘦，剖检可见全身淋巴结肿大出血，切面多汁，呈大理石纹理样。肺表面有出血斑，尖叶呈对称性的虾样变，与正常肺组织界线明显。心叶与胸膜粘连，胸腔内有大量的积液，心耳与心肌表面皆有大小不等的出血点。肾脏呈土黄色，表面有散在的出血点，形似“麻雀蛋”。脾脏肿大，边缘有梗死灶，结肠盘上有纽扣状的坏死结节，回盲瓣口有出血点。根据病例描述，请判断该病例为几种病原的混合感染？诊断依据是什么？并提出有效的防制措施。

案例2　2022年3月初，某猪场从外地引进母猪48头，未进行隔离观察，就合群饲养。3个月后陆续有仔猪出现以高热、皮肤有红色斑点为特征的疾病。曾用病毒唑（利巴韦林）、抗生素等药物进行治疗，病情反复，且有30多头仔猪发生死亡。据了解，该猪场饲养环境较差，通风不畅，无排污便专用通道。临床检查：病猪精神倦怠，喜卧，体温升高，稽留热，饮食欲废绝。胸腹下、颈及四肢内侧等部皮肤有红色斑块，继而呈紫斑。眼结膜苍白黄染，眼角有黄色黏稠分泌物。初期便秘，粪球呈黄色或紫褐色，后腹泻，粪便呈水样。咳嗽，呼吸困难，呈犬坐姿势，重症病例口鼻流带血的泡沫样脓性分泌物。剖检可见病死猪极度消瘦，全身性黄疸。血液稀薄且凝固不良，胸腹腔及心包内有大量积液。肝脏肿大变脆，色淡黄，表面有黄色或灰白色坏死灶。肾脏肿大，表面有大小不一的出血点。根据所学知识，对该病例进行有效诊断，并提出有效的防制措施。

案例 3 某猪场生猪存栏约 10 000 头，其中能繁母猪约 200 头。从 2022 年 3 月起，有 200 多头仔猪陆续出现以呼吸困难、腹式呼吸为特征的疾病，曾用青霉素等药物进行治疗，效果不佳，且有 20 多头仔猪发生死亡。该猪场新建，消毒设施不完善，未建立严格的免疫程序。临床检查：病猪体温升高，精神萎靡，被毛粗乱无光泽，食欲废绝，眼结膜苍白。呼吸困难，皮肤及黏膜发绀，呈腹式呼吸，气喘和鼾声明显。咳嗽时，站立不动，拱背伸颈。剖检可见病死猪极度消瘦，肺门淋巴结和纵隔淋巴结显著肿大数十倍，呈灰白色，水肿。肺表面有出血斑，尖叶呈对称性的虾样变，与正常肺组织界线明显。根据所学知识，对该病例进行有效诊断，并提出有效的防制措施。

【知识拓展】

猪圆环病毒病

猪圆环病毒病是由猪圆环病毒Ⅱ型引起猪的一种多系统功能障碍性传染病，临床上主要表现为断奶仔猪多系统衰竭综合征和新生仔猪先天性震颤、繁殖障碍等，并出现严重的免疫抑制，从而容易导致继发或并发其他传染病，被世界各国的兽医公认为最重要的猪传染病之一。

本病于 1991 年首先在加拿大被发现，1996 年暴发于世界许多国家。我国 2002 年证实猪群中存在本病。

［**病原**］

猪圆环病毒是动物病毒中最小的一种病毒，其粒子直径为 14～25 nm，二十面体对称，无囊膜。本病毒分为猪圆环病毒Ⅰ型和猪圆环病毒Ⅱ型。猪圆环病毒Ⅰ型对猪无致病性，但能产生血清抗体，在猪群中存在较普遍。猪圆环病毒Ⅱ型对猪有致病性，可引起猪发病。本病毒对外界环境的抵抗力较强，对氯仿不敏感，在 pH 3 的酸性环境中很长时间不被灭活。70 ℃时可存活 15 min。该病毒不能凝集牛、羊、猪、鸡等动物和人的红细胞。

［**流行病学**］

圆环病毒主要感染猪，各种年龄段的猪均可感染，以断奶后 2～5 周龄的仔猪最易感，且出现典型的临床症状。

病猪和带毒猪为本病的主要传染源。病毒随鼻液、粪便、尿液等排泄物排出后污染饲料和饮水，通过消化道和呼吸道感染。少数怀孕母猪也可经胎盘垂直感染仔猪。

本病的发生与集约化生产方式有关，饲养管理不善、环境恶劣、饲养密度过大和应激因素等都可诱发本病，继发其他传染病可加重病情，造成不同程度的经济损失。

［**临诊症状**］

猪圆环病毒感染主要引起断奶仔猪多系统衰竭综合征、猪皮炎与肾病综合征以及繁殖障碍。

1. 断奶仔猪多系统衰竭综合征

病猪发热，精神沉郁，嗜睡，食欲不振。被毛粗乱，进行性消瘦，生长迟缓。咳嗽，呼吸困难，喘气。有的病猪贫血，皮肤苍白；可视黏膜苍白或黄染。临床上有 20%的病猪呈现贫血和黄疸症状，具有诊断意义。体表淋巴结肿大，腹泻。

2. 猪皮炎与肾病综合征

主要发生于保育猪和生长育肥猪，一般呈散发，死亡率低。皮肤上出现红紫色隆起的不规则斑块，通常出现在后肢、腹部。感染轻的猪可自行康复，严重的出现跛行、发热、厌食和体重下降。

3. 繁殖障碍

可出现繁殖障碍，流产、死胎、木乃伊胎和产弱仔，弱仔猪断奶前死亡率升高。

［**病理变化**］

断奶仔猪多系统衰竭综合征剖检可见全身淋巴结的变化显著，特别是腹股沟、肺门和肠系膜与颌下淋巴结，肿大 4～5 倍，切面呈灰黄色。

肺脏肿胀，间质增宽，质地坚硬似橡皮样，其上散在有大小不等的褐色实变区，多呈大理石样花纹。肝脏淤血、肿大，呈暗红色。肾脏水肿、呈灰白色，表面有灰白色、大小不一的病灶。脾脏轻度肿胀。胃黏膜水肿，有黏液，可见小溃疡。盲肠和结肠黏膜出血。如有继发感染则可见胸膜炎、腹膜炎，心包积水、心肌出血、心脏变形、质地柔软。

［**诊断要点**］

一般根据断奶后仔猪发病，具有贫血、黄疸和生长发育障碍等临床症状，淋巴组织、肺、肝、肾的特征性病变和组织学变化，即可做出初诊，确诊须进行实验室诊断。常用的实验室诊断方法有免疫荧光技术、聚合酶链反应（PCR）技术和酶联免疫吸附试验（ELISA）等。检测抗体的方法主要是酶联免疫吸附试验（ELISA）。

［**防制**］

1. 预防措施

（1）加强饲养管理做好卫生、消毒，保温等，通风良好，饲养密度适中，及时清理粪便，粪便要发酵处理等。断奶后的仔猪应分群饲养，严禁与早已断奶的育肥猪混群饲养，因为这会大大增加发病的风险。另外，还应做好对猪瘟、蓝耳病、伪狂犬病、细小病毒病、气喘病等疫苗接种，提高猪群整体的免疫水平，以降低断奶仔猪多系统衰竭综合征的发生。

（2）药物拌饲预防，定期在不同生长阶段猪的日粮中适当加入抗生素类药物，可达到预防和控制发病及继发感染的目的。

2. 发生猪圆环病毒病时的处理措施

发病后可应用支原净、卡那霉素、多西环素、庆大霉素、磺胺嘧啶钠、抗病毒药等治疗，同时肌内注射维生素 B_{12}、维生素 C，以及肌酐和静脉注射葡萄糖注射液等有一定的治疗效果。

【考核评价】

猪瘟的诊断

一、考核题目

提供设备和试剂,进行猪瘟的实验室诊断。

二、材料准备

剪刀、手术刀、镊子、接种环、酒精灯、酒精棉球、血液琼脂平板、麦康凯琼脂平板、载玻片、荧光显微镜、抗猪瘟荧光抗体、pH 3.0 磷酸盐缓冲液(PBS)、猪瘟酶标抗体、0.02 mol/L 磷酸缓冲盐水(PBS)、pH 7.4 0.05 mol/L Tris-HCl 缓冲液的混合液,pH 7.6 1% 叠氮钠(NaN_3)、1%过氧化氢(H_2O_2)、猪瘟兔化毒、清洁级家兔 6 只。

三、方法步骤

(一)临诊诊断和尸体剖检

详细了解猪群的发病情况,包括发病经过、发病头数、传播的媒介、主要临诊症状、治疗措施及效果,病程和死亡情况。发病猪的来源及预防接种的时间,发病猪群附近其他猪群的情况等。详细观察病猪的症状,如精神状态、体温变化、食欲、粪便的形状、口腔黏膜、体表可触及的淋巴结肿大情况等。病猪急宰或死亡后,应进行剖检,检查各内脏器官的眼观病理变化,特别注意肾脏、淋巴结、喉头黏膜、膀胱、胆囊和肠道等脏器的出血性变化。

(二)实验室诊断

1.家兔接种试验

①选择体重 1.5 kg 以上、大小基本相等的清洁级健康家兔 4 只,分为 2 组;试验前 3 d 测温,每天 3 次,间隔 8 h,体温应正常。

②采病猪淋巴结和脾脏等病料制成 1∶10 悬液,取上清液加青霉素、链霉素各 1 000 U 处理后,对试验组以每只 5 mL 的剂量肌肉接种试验兔。如用血液须加抗凝剂,每只接种 2 mL。对照组不接种。

③继续测温,间隔 6 h 测温 1 次,连续 3 d。

④7 d 后用猪瘟兔化弱毒(1∶20)~(1∶50)的液体静脉注射试验兔及对照兔,每只 1 mL。每隔 6 h 测温 1 次,连续 3 d。

⑤记录每只兔的体温变化,绘制体温曲线。根据试验组和对照组兔的热反应进行诊断。

如试验组接种病料后无热反应,后来接种猪瘟兔化弱毒后也无热反应,而对照组兔接种猪瘟兔化弱毒后有定型热反应,则诊断为猪瘟。

如试验组接种病料后有定型热反应,后来接种猪瘟兔化弱毒不发生热反应,而对照组接种猪瘟兔化弱毒发生定型热反应,则表明病料内含有猪瘟兔化弱毒。

如试验组接种病料后无热反应,后来接种猪瘟兔化弱毒后发生定型热反应,或接种病料后发生热反应，后来对接种猪瘟兔化弱毒又发生定型热反应，而对照组接种猪瘟兔化毒后发生定型热反应，则不是猪瘟。

2.酶标抗体检查

①将扁桃体、淋巴结、脾、肾等去净外面结缔组织和脂肪横切后在洁净玻片上做触片。经自然干燥后，以 4 ℃丙酮固定 10 min。

②量取 PBS(pH 7.2，0.015 mol/L)100 mL 置染色缸中，再加入 1% H_2O_2 和 1% NaN_3 各 1 mL，混匀；将制好的涂片或触片放入缸内，室温中作用 30 min；弃去缸内液体，加入 PBS，浸泡 1～2 min 后再倒去，如此反复泡洗 5～6 次，再用去离子水泡洗 3 次，最后取出玻片晾干。

③取冻干的猪瘟酶标抗体，按说明书用 PBS 作适当稀释，然后滴加于涂片或触片上，留一小部分不加酶标抗体，放入湿盒内，37 ℃作用 45 min；取出玻片，在染缸内按上法用 PBS 泡洗 6 次，最后取出玻片晾干。

④取 Tris-HCl 缓冲液(pH 8.0，0.012 5 mol/L)100 mL，加入 DAB(3,3-二氨基联苯胺四盐酸盐)76 mg，避光搅拌溶解，加入 1% H_2O_2 0.5 mL；然后将溶液倒入染色缸中，将洗好未干的玻片放入，避光作用 30 min；最后用去离子水泡洗 6 次以上，取出晾干。

⑤将染好色的玻片加 1 小滴阿拉伯胶，加盖玻片后先以低倍镜找到染色细胞，然后用高倍镜或油镜检查。

⑥细胞浆呈棕黄色，细胞核不染色或呈淡黄色，则诊断为猪瘟。未用酶标抗体染色的部分，细胞浆应无色或与背景呈同样颜色。试验应设阳性和阴性对照片。

3.直接荧光抗体检查

①取急性高温期病猪的扁桃体、淋巴结、脾脏或其他组织一小片，用滤纸吸去外面液体。

②取洁净载玻片一块，稍为烘热，将组织小片的切面触压玻片，略加转动，做成压印片，置室温干燥，或将病理组织制成冰冻切片。

③滴加冷丙酮数滴，置－20 ℃固定 15～20 min。

④用磷酸盐缓冲液(PBS)漂洗，阴干。

⑤滴加标记荧光抗体，置 37 ℃饱和湿度箱盒内作用 30 min。

⑥用 pH 7.2 的 PBS 漂洗 3 次，每次 5～10 min。

⑦干后滴加甘油缓冲液，加盖玻片封闭，用荧光显微镜检查。

⑧如细胞胞浆内有弥散性、絮状或点状的亮黄绿色荧光，为猪瘟；如仅见暗绿或灰蓝色，则不是猪瘟。

⑨试验设已知含猪瘟病毒材料压印片和不含猪瘟病毒材料压印片，作为阳性和阴性对照。

四、评价标准

会正确使用设备，能够熟练运用酶标抗体检查或直接荧光抗体检查猪瘟。

猪丹毒的诊断

一、考核题目

提供病猪或病死猪，运用实验室诊断方法诊断猪丹毒。

二、材料准备

猪丹毒杆菌人工感染的实验动物尸体、小鼠、鸽子；普通琼脂平板、普通肉汤、血液琼脂平板、明胶等培养基；剪刀、镊子、手术刀、接种环、酒精灯、酒精棉球、灭菌的平皿及试管、组织匀浆仪或研钵、载玻片、显微镜、香柏油、亚甲蓝染色液、瑞氏染色液及革兰氏染色液等。

三、方法步骤

(一)临诊诊断

猪丹毒主要发生于3～12月龄的猪，具有明显的季节性，每年的7—8月为流行高峰期，10月以后逐渐减少。急性败血型病猪表现为突然发病、高热、皮肤充血、指压褪色，病死率高。亚急性为疹块型，见身体各部皮肤出现方形或菱形凸出皮肤表面的疹块，初期充血，后期淤血，指压不褪色，在疹块发生时体温升高，症状比败血型缓和，死亡率达25%～50%。慢性猪丹毒主要表现关节炎、心内膜炎等。

(二)剖检

胃和十二指肠充血、出血、脾脏肿胀、充血、樱红色。淋巴结急性肿胀、充血。肺充血和水肿。肾脏充血肿大，有“大红肾”之称。慢性者除关节炎和皮肤坏死外，心内膜炎菜花样疣状增生。

(三)实验室诊断

1. 直接涂片染色检查

急性败血型病猪可以从耳静脉采血，亚急性型可以采集皮肤疹块的渗出液，慢性病例采集患病关节滑囊液。病猪死亡后，应采集心血、脾、肝、淋巴结、肾等组织直接涂片，晾干后用亚甲蓝或瑞氏染色、镜检。病料中丹毒杆菌呈细小杆菌、散在、成对散布于细胞之间，有时在白细胞内呈丛状排列。

2. 分离培养

取病猪的血液、脾、肝、淋巴结等分别接种于血液琼脂、普通琼脂、肉汤。对死亡过久的尸体，可取骨髓作分离培养。接种后置37 ℃培养24 h，可见针尖样细小的菌落；普通琼脂培养基上生长贫瘠；肉汤呈轻度浑浊，有少量灰白色黏稠沉淀。挑取菌落，经涂片染色镜检，为革兰氏阳性细小杆菌。再挑选典型菌落培养后，作明胶穿刺培养，3～4 d后呈试管刷状生长，明胶不液化。也可在培养基中加入叠氮钠和结晶紫各0.01%，制成选择培养基，只有猪丹毒杆菌能在这种培养基上正常生长繁殖，其他杂菌受到抑制。

3. 动物接种

当被检病料中含菌量少或已被污染，作细菌分离有困难时，可以接种小动物作辅助诊断。取病料(心血、脾脏、淋巴结)或纯培养物接种鸽或小鼠。病料先磨碎用灭菌生理盐水作1∶10稀释成悬液。鸽胸肌内注射0.5～1 mL，小鼠皮下注射0.2 mL。如为固体培养基上的菌落，则用灭菌生理盐水洗下，制成菌液进行接种。鸽子一般在接种后，出现腿翅麻痹、精神委顿、头缩羽乱，不采食，3～4 d 内死亡。小鼠出现精神委顿、眼结膜发炎、畏光、背拱、毛乱、停食，3～5 d 死亡。死亡的鸽和小鼠脾脏肿大、肺和肝充血，肝有时可见小点坏死，并可从内脏分离出猪丹毒杆菌。

4. 血清培养凝集试验

在 3%胰蛋白胨肉膏汤（或肝化汤）中，加入（1:40）～（1:80）的猪丹毒高免血清，同时每毫升再加入 400 μg 卡那霉素、50 μg 庆大霉素及 25 μg 万古霉素（缺乏抗生素时，可加 0.05%叠氮钠及 0.000 5%结晶紫），制成丹毒血清抗生素诊断液（分装安瓿管在 4 ℃冰箱可保存 2 个月）。取病猪耳尖血 1 滴或死后取少许病料放入安瓿管内，37 ℃培养 14～24 h。凡管底出现凝集颗粒或团块即判为阳性。此法检出率很高。

四、评价标准

能够严格地按照操作顺序进行，操作熟练和规范。对用过的器材及其他一切物品，要放在指定地点，消毒后处理，以防病原体散播。另外，要注意个人防护，以防感染。

【知识链接】

1. GB/T 16551—2020　猪瘟诊断技术；
2. GB/T 18090—2000　猪繁殖和呼吸综合征诊断方法；
3. NY/T 566—2002　猪丹毒诊断标准；
4. GB/T 18648—2020　非洲猪瘟诊断技术。

项目六

牛羊的传染病

【学习目标】

通过学习，掌握羊梭菌性疾病、小反刍兽疫、牛恶性卡他热、牛海绵状脑病、牛病毒性腹泻/黏膜病、山羊病毒性肝炎-脑炎等的流行病学特点、临诊症状、病理变化和诊断要点以及防制措施。

任务 46　羊梭菌性疾病

羊梭菌性疾病是由多种梭状芽孢杆菌引起羊的一类传染病，包括羊快疫、羊肠毒血症、羊猝狙、羊黑疫和羔羊痢疾。其特点是发病快、病程短、病死率高。临诊症状有相似之处，容易混淆，对养羊业危害较大。

一、羊快疫

羊快疫是由腐败梭菌引起羊的一种急性传染病，其特点是发病快、病程短，真胃黏膜呈出血性、坏死性炎症。

[病原]

腐败梭菌，为两端钝圆，大小为(3.1～4.1) μm×(1.1～1.6) μm 的专性厌氧菌。用病料涂片、染色、镜检时，能发现单在或 2～3 个相连的短链，部分菌体形成卵圆形的芽孢，位于菌体中央或近端。革兰氏染色为阳性，但陈旧的培养物中可能为阴性。本菌能产生 α、β、γ、δ 四种毒素：α 毒素是一种卵磷脂酶，具有坏死、溶血和致死作用；β 毒素是一种脱氧核糖核酸酶，具有杀白细胞作用；γ 毒素是一种透明质酸酶；δ 毒素是一种溶血素。常用的消毒剂能杀死腐败梭菌的繁殖体，但芽孢体抵抗力很强。常用 20%漂白粉、3%～5%氢氧化钠溶液消毒。

[流行病学]

本病主要发生于 6～18 月龄的绵羊，山羊也能感染，但发病率低。腐败梭菌主要存在于低洼潮湿的草地、熟耕地、污水及人、畜的粪便中，平时许多羊可经消化道摄入这种细菌，但不发病；当外界环境因素不良时，如寒冷刺激(气候骤变、阴雨连绵、风雪交加、饲喂冰冻饲料)引起羊的机体抵抗力降低时，可促进本病的发生。

[临诊症状]

潜伏期 12～72 h，突然发病，往往在放牧时未表现临诊症状而突然死亡，或在早晨查圈时发现死于圈舍内。病程长者有的表现为虚弱，运动失调；腹痛，臌气，排黑色软粪或稀粪，内混有黏液或脱落的黏膜。体温一般不升高，但也有高达 41.5 ℃者，呼吸困难，多数于 1 d 内死亡。

［**病理变化**］

尸体迅速腐败而膨胀，皮下有出血性胶样浸润。肠腔内充满气体，真胃和十二指肠黏膜有明显的充血、出血，黏膜下组织水肿甚至形成溃疡。胸腔、腹腔和心包大量积液，暴露于空气中易凝固形成胶冻样。心内外膜有出血点。胆囊肿大充盈。

［**诊断要点**］

本病生前诊断比较困难，根据流行病学、临诊症状和病理变化可作出初步诊断，确诊须进行微生物学检查，肝被膜触片、染色、镜检时，具有无关节长丝状菌体。必要时还须进行细菌的分离培养和动物接种实验。

［**防制**］

本病发病快，病程短，往往来不及治疗而死亡。因此，必须加强饲养管理和防疫措施。发病后应及时隔离病羊，对病程长者用青霉素、磺胺类药物进行治疗。在本病常发地区，每年定期接种“羊快疫-羊猝狙-羊肠毒血症”三联苗或“羊快疫-羊猝狙-羊肠毒血症-羔羊痢疾-羊黑疫”五联苗。

二、羊肠毒血症

羊肠毒血症是由 D 型魏氏梭菌在羊肠道内大量繁殖产生毒素所引起的一种急性传染病。其特点是腹泻、惊厥、麻痹和突然死亡，死后肾脏多软化如泥，所以又称“软肾病”“类快疫”。

［**病原**］

魏氏梭菌，又称产气荚膜杆菌（图 6-1），菌体两端钝圆，呈单个或成双排列，无鞭毛，大小为(4～8)μm×(1.0～1.5)μm。在动物体内能形成荚膜，芽孢位于菌体的中央或近端。革兰氏染色为阳性，但陈旧的培养物中可能为阴性。常用的消毒剂能杀死魏氏梭菌的繁殖体，但芽孢体抵抗力较强，消毒时常用 20%漂白粉和 3%～5%氢氧化钠溶液等。

根据产生毒素的不同，可将本菌分为 A、B、C、D、E 等 5 个型，D 型能产生 ε 毒素。

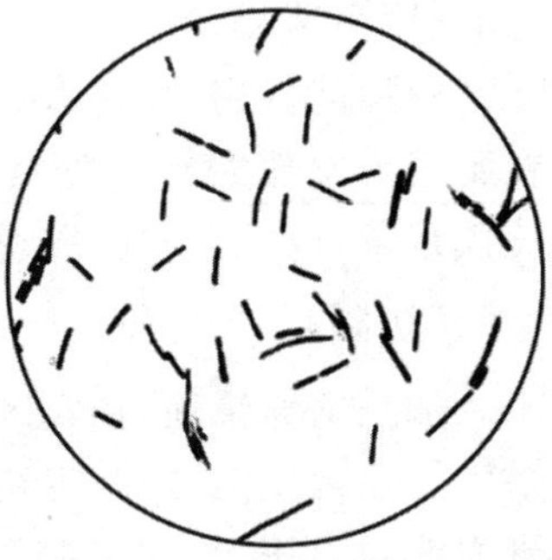

图 6-1　产气荚膜梭菌

［**流行病学**］

通常以 2～12 月龄、膘情好的绵羊多发，山羊发病较少。本菌芽孢主要存在于土壤和污水中，羊采食被病原体芽孢所污染的饲料或饮水而感染。过食青嫩多汁的饲料、谷类饲料和富含蛋白质的饲料时可促进本病的发生。因此，本病具有明显的季节性和条件性，农区多发生于收菜和收粮季节，牧区多发生于牧草返青和牧草结籽后。

［**临诊症状**］

潜伏期 0.5～1 d，突然发病，迅速死亡，很少能见到症状。在临诊上可分为两种类型：一类以抽搐为特征，表现为四肢强烈地划动，肌肉震颤，眼球转动，磨牙，口水较多，随后头颈显著抽搐，在2～4 h内死亡(图6-2)；另一类型以昏迷和静静地死亡为特征，表现为步态不稳，感觉过敏，流涎，上下颌“咯咯”作响，继而昏迷，角膜反射消失；有的发生腹泻，多数在3～4 h内静静地死去。

图6-2　羊后颈抽搐

［病理变化］

尸体膨胀，胃、肠内充满气体和液状内容物(图6-3)。真胃内充满未消化的饲料，肠道(主要是小肠)黏膜充血、出血，严重者肠壁呈血红色，有时出现溃疡。胸腔、腹腔和心包积液，易凝固。心内、外膜有出血点。肾脏肿大，实质变软，重者软化如泥(图6-4)。胆囊肿大1～3倍。

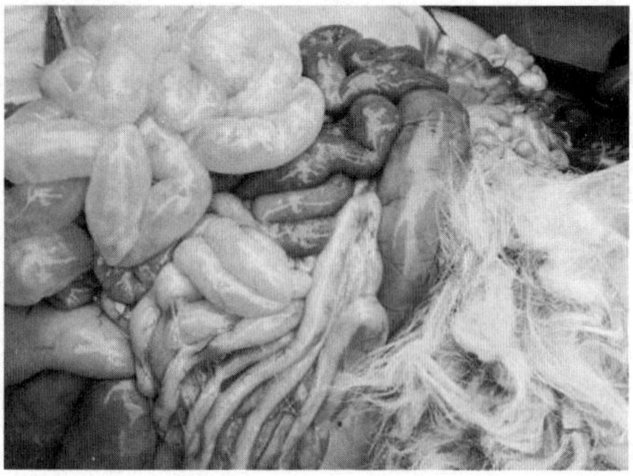

图6-3　肠内充满气体

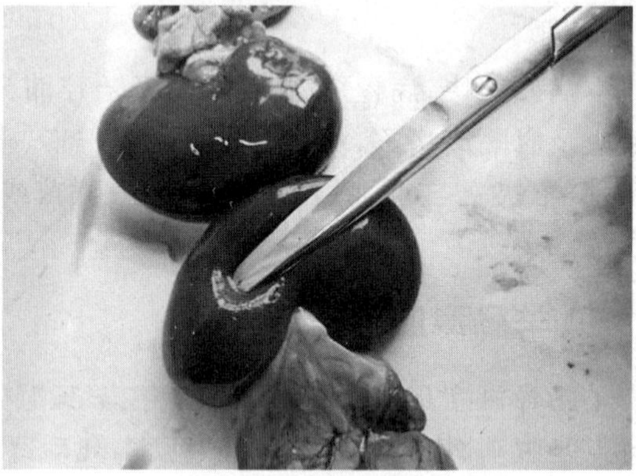

图6-4　肾脏肿大，变软

［诊断要点］

根据流行病学、临诊症状和病理变化等可作出初步诊断，确诊须进行实验室检查。可根据在肠道内发现大量D型魏氏梭菌、在小肠内检出ε毒素、在肾脏和其他实质器官内发现D型魏氏梭菌，以及在尿内发现葡萄糖等确诊。

［防制］

加强饲养管理，在农区、牧区避免抢青、抢茬，避免吃过量结籽饲草，同时注意饲料的合理搭配。在常发地区，应定期接种“羊快疫-羊猝狙-羊肠毒血症”三联苗或“羊快疫-羊猝狙-羊肠毒血症-羔羊痢疾-羊黑疫”五联苗。发病时应立即将羊群转移到高燥地区放牧，并将病羊隔离，病程长者用抗生素药物治疗；同时对未发病的羊进行紧急免疫接种。

三、羊猝狙

羊猝狙是由C型魏氏梭菌引起羊的一种毒血症，以急性死亡、腹膜炎和溃疡性肠炎为特征。

［病原］

C型魏氏梭菌，主要产生β毒素。

［流行病学］

本病以1～2岁的绵羊多发。常发生于低洼、沼泽地区，呈地方流行性。多发生于冬、春季节，主要经消化道感染。

［临诊症状］

潜伏期0.5～1 d，病程短促，常见不到临诊症状而突然死亡。有时发现病羊离群、卧下，表现出不安、腹泻和痉挛等，在3～6 h内死亡。

［病理变化］

十二指肠和空肠黏膜严重充血、糜烂，有时可见大小不等的溃疡；浆膜上有出血点。胸腔、腹腔和心包积液，暴露于空气中易凝固。死亡后骨骼肌出现气肿和出血。

［诊断要点］

根据流行病学、临诊症状和病理变化可作初步诊断，确诊须从体腔渗出液、脾脏等取病料作细菌的分离和鉴定，以及从小肠内容物里检查有无β毒素。

［防制］

参照羊快疫和羊肠毒血症的防制措施。

四、羊黑疫

羊黑疫又名传染性坏死性肝炎，是由B型诺维氏梭菌引起羊的一种急性、高度致死性毒血症。其特征是肝实质坏死。

［病原］

诺维氏梭菌，又称水肿梭菌，大小为(5～10) μm×(0.8～1.5) μm，呈单个或短链排列；革兰氏阳性，厌氧；有鞭毛、无荚膜、易形成芽孢。抵抗力与羊快疫和羊肠毒血症的病原体相似。根据产生的毒素不同将本菌分为A、B、C、D四型，B型菌可产生α、β、η、δ、ξ五种毒素。

［流行病学］

绵羊比山羊易感，多见于2～4岁膘情好的羊。诺维氏梭菌芽孢主要存在于土壤中，羊采食被污染的饲料，经消化道而感染。本病主要发生于肝片吸虫病流行的地区。

［临诊症状］

本病临诊症状与羊快疫、羊肠毒血症等极其相似。病程急促，绝大多数病例未见临诊症状而突然发生死亡。少数病例病程可拖延1～3 d，病羊表现为离群，不食，呼吸困难，体温升高达41.5 ℃左右，呈昏睡俯卧状态而死亡。

［病理变化］

病羊尸体皮下静脉显著充血，皮肤呈暗黑色外观，因此称为黑疫。胸部皮下组织常见水肿，胸腔、腹腔和心包积液，暴露于空气中易凝固。肝脏充血肿大，表面有一个到多个灰黄色、不规则形的凝固坏死灶，其周围常为一鲜红色的充血带围绕，坏死灶直径达2～3 cm。

［诊断要点］

在肝片吸虫病流行地区，发现急死或昏睡状态下死亡的病羊，剖检见肝脏的特殊坏死变化，可作出初步诊断，确诊须作细菌学检查和毒素检查。

[防制]

本病的预防应首先控制肝片吸虫的感染，用“羊快疫-羊猝狙-羊肠毒血症-羔羊痢疾-羊黑疫”五联苗进行免疫接种。发病时应将羊群转移到高燥地区放牧，病羊用抗诺维氏梭菌血清治疗。

五、羔羊痢疾

羔羊痢疾是由 B 型魏氏梭菌引起初生羔羊的一种急性毒血症。其特征为剧烈腹泻和小肠溃疡。

[病原]

B 型魏氏梭菌，主要产生 β 毒素。

[流行病学]

本病主要发生于 7 日龄以内的羔羊，以 2～3 日龄的羔羊发病最多，7 日龄以上的羔羊很少发病。主要经消化道感染，也可经脐带或伤口感染。因母羊怀孕期营养不良，致使产下的羔羊体质衰弱，以及气候异常、哺乳不当、卫生不良时均可促进本病的发生。

[临诊症状]

潜伏期 1～2 d。病初精神沉郁，低头拱背，不吃奶。很快发生腹泻，粪便恶臭，呈黄绿色或黄白色或灰白色，糊状或水样粪便；后期粪便中混有黏液、血液和气泡。病羔羊逐渐衰弱，卧地不起。如不及时治疗，一般在 1～2 d 内死亡，只有少数病轻者可能自愈。

有的羔羊腹胀而不下痢，或只排少量稀粪，主要表现神经症状，四肢瘫痪，卧地不起，呼吸急促，口流白沫，最后昏迷，头向后仰，体温下降至正常体温以下。如不及时治疗，一般在数小时到十几小时内死亡。

[病理变化]

尸体严重脱水。真胃内有未消化的凝乳块。小肠内容物呈血红色，黏膜（尤其是回肠段）充血发红，多见直径为 1～2 mm 的溃疡面，其周围有一出血带环绕。肠系膜淋巴结肿大、充血或出血。心包积液，心内膜有出血点。肺有充血区或淤血斑。

[诊断要点]

根据流行病学、临诊症状和病理变化可做出初步诊断，但注意与沙门氏菌病、大肠杆菌病等相区别；确诊须进行实验室检查，以鉴定病原体和毒素。

[防制]

加强饲养管理，增强怀孕母羊的体质；同时注意羔羊的保暖，合理哺乳。常发区给母羊接种羔羊痢疾菌苗或“羊快疫-羊猝狙-羊肠毒血症-羔羊痢疾-羊黑疫”五联苗，于产前 14～21 d 再接种 1 次。

羔羊出生后 12 h 内可灌服土霉素 0.15～0.2 g，每天 1 次，连用 3 d，有一定的预防效果。

治疗可用土霉素、磺胺类药、呋喃唑酮等药物，同时注意对症治疗。

任务 47　小反刍兽疫

小反刍兽疫(PPR)是由小反刍兽疫病毒引起小反刍兽的一种急性、接触性传染病，以发热，眼、鼻、口有分泌物，腹泻和肺炎为特征。

[病原]

小反刍兽疫病毒(PPRV)属于副黏病毒科、麻疹病毒属，病毒粒子呈多形性，多为圆形或椭圆形，大小为 130～390 nm，有囊膜。主要侵害淋巴组织及消化道上皮组织，可在胎绵羊肾、胎羊及新生羊的睾丸细胞、Vero 细胞上增殖，并产生细胞病变(CPE)，形成合胞体。

病毒在体外存活时间不长，50 ℃ 60 min 可灭活，70 ℃以上迅速灭活。在 pH＜4.0 或 pH＞11.0 条件下失活；在冷冻组织中能较长时间存活。醇、醚和常用消毒剂可以杀灭病毒，石炭酸和烧碱都是有效的消毒剂。

[流行病学]

(1)易感性　山羊及绵羊为主要的易感动物，山羊较绵羊易感性高且临诊症状严重。

(2)传染源　主要是患病动物和带毒动物，急性期自分泌物、排泄物及呼气等排出病毒，造成空气、草料、饮水和用具的污染；公羊精液中有病毒。

(3)传播方式和感染途径　主要通过直接接触和间接接触传播，经呼吸道和消化道感染。另外，还可经人工授精或胚胎移植感染。

[临诊症状]

潜伏期为 4～6 d，最长 21 d。病羊体温升高达 40～42 ℃，持续 3～5 d；精神沉郁，食欲减退。鼻镜干燥，鼻流水样分泌物，此后变成黏、脓性分泌物，阻塞鼻腔引起呼吸困难。结膜炎，眼流黏性分泌物，粘合上、下眼睑。口炎，口腔黏膜先是轻微充血，大量流涎，其后牙床下方黏膜开始坏死，并迅速向牙龈、硬腭、颊、舌面等部蔓延；坏死组织脱落后，出现不规则的浅表糜烂斑。部分羊的口腔病变在 2 d 内痊愈。多数病羊发生严重的下痢，迅速脱水。怀孕母羊可发生流产。随之体温下降，因二次细菌性感染出现咳嗽、呼吸困难，发病率可达 100%，病死率达 50%以上。

[病理变化]

口腔黏膜和鼻腔黏膜糜烂坏死；支气管肺炎，肺尖肺炎；有时可见坏死性或出血性肠炎，盲肠、结肠近端和直肠出现特征性条状充血、出血，呈斑马状条纹；肠系膜淋巴结肿胀；脾脏肿大并可出现坏死病变。

组织学变化可见肺部组织出现多核巨细胞以及细胞内嗜酸性包涵体。

[诊断要点]

(1)临诊诊断　根据临诊症状、流行病学和病理变化做初步诊断。

(2)病原学诊断　生前取病羊口、鼻棉拭子，死后取淋巴结、扁桃体、脾、肺、大肠等组织器官；采用细胞培养法分离病毒，也可直接对病料进行检测，采用反转录聚合酶链式反应(RT-PCR)结合核酸序列测定，也可采用抗体夹心 ELISA 试验。

(3)血清学检测　采用小反刍兽疫单抗竞争 ELISA 检测法、间接 ELISA 抗体检测法。

[**防制**]

1. 预防措施

(1)加强饲养管理　避免放牧羊群与野羊群接触。

(2)免疫接种　发生过疫情的地区及受威胁地区,定期对羊群进行免疫接种。

(3)检疫

①产地检疫　羊在离开饲养地之前,养殖场(户)必须向当地动物卫生监督机构报检。动物卫生监督机构接到报检后必须及时派人员到场(户)实施检疫。检疫合格后,出具合格证明;对运载工具进行消毒,出具消毒证明,对检疫不合格的按照有关规定处理。

②屠宰检疫　动物卫生监督机构的检疫人员对羊进行验证查验,合格后方可入厂(场)屠宰。检疫合格并加盖(封)检疫标志后方可出厂(场),不合格的按有关规定处理。

③运输检疫　国内跨省调运山羊、绵羊时,应当先到调入地动物卫生监督机构办理检疫审批手续,经调出地按规定检疫合格,方可调运。种羊调运时还需在到达后隔离饲养 10 d 以上,由当地动物卫生监督机构检疫合格后方可投入使用。

2. 发生小反刍兽疫时的扑灭措施

任何单位和个人发现疑似小反刍兽疫情时,应立即向当地动物疫病预防控制机构报告。当地动物疫病预防控制机构接到报告后,应立即赶赴现场取材确诊。划定疫点、疫区和受威胁区。相对独立的规模化养殖场(户),以病死畜所在的场(户)为疫点;散养畜以病死畜所在的自然村为疫点;放牧畜以病死畜所在牧场及其活动场地为疫点;家畜在运输过程中发生疫情的,以运载病畜的车、船、飞机等为疫点;在市场发生疫情的,以病死畜所在市场为疫点;在屠宰加工过程中发生疫情的,以屠宰加工厂(场)为疫点。由疫点边缘向外延伸 3 km 范围的区域划定为疫区。由疫区边缘向外延伸 10 km 的区域为受威胁区。县级以上农业农村主管部门报请同级人民政府对疫区实行封锁,跨行政区域发生疫情的,由共同上级农业农村主管部门报请同级人民政府对疫区发布封锁令。在疫区周围设立警示标志,在出入疫区的交通路口设置动物检疫消毒站,对出入的人员和车辆进行消毒;必要时,经省级人民政府批准,可设立临时动物卫生监督检查站,执行监督检查任务。在疫点内,扑杀所有山羊和绵羊,并对所有病死羊、被扑杀羊及羊鲜乳、羊肉等产品按国家规定标准进行无害化处理,具体可参照《口蹄疫扑杀技术规范》和《口蹄疫无害化处理技术规范》执行;对排泄物、被污染或可能污染饲料和垫料、污水等按规定进行无害化处理,具体可参照《口蹄疫无害化处理技术规范》执行;羊毛、羊皮进行消毒处理,经检疫合格,封锁解除后方可运出;对被污染的物品、交通工具、用具、禽舍、场地进行严格彻底消毒。疫区内停止羊、牛交易市场和屠宰场,停止活羊、活牛展销活动,必要时,对羊进行免疫。受威胁区应加强检疫监管,禁止活羊调入、调出,反刍动物产品调运必须进行严格检疫。在疫点内最后一只羊死亡或被扑杀后,经过 21 d,未出现新病例时,经当地动物疫病防控机构审验合格,由农业农村主管部门向原发布封锁令的人民政府申请解除封锁,由该人民政府发布解除封锁令。

任务48　牛恶性卡他热

牛恶性卡他热是由恶性卡他热病毒引起牛的一种急性、热性、高度致死性传染病。其特征为持续性高热，呼吸道和消化道黏膜发生卡他性纤维素性炎症，角膜浑浊，有神经症状，淋巴结肿大。本病呈散发性，但病死率很高。

［**病原体**］

牛恶性卡他热病毒属于疱疹病毒，恶性卡他热病毒属。病毒粒子呈球形，二十面体对称，有囊膜，大小为175 nm左右，核酸为DNA。病毒主要存在于病牛的血液、脑和脾脏等组织中。病毒对外界环境的抵抗力不强，血液中的病毒在室温下24 h失去活力，常用消毒剂能迅速将其杀灭。

［**流行病学**］

本病主要发生于1～4岁的黄牛和水牛，绵羊和鹿也可感染，但症状不明显或无症状，成为病原携带者。本病的流行不是病牛传给健康牛，而是健康牛与绵羊接触而感染。一年四季均可发病，以冬季和早春多见，呈散发性或地方流行性。

［**临诊症状**］

潜伏期差别较大，一般为4～20周，最常见的为28～60 d。临诊分型有最急性型、头眼型、肠型和皮肤型，各型可混合出现，以头眼型多见。

(1)最急性型　突然发病，体温升高达41～42 ℃，稽留热，精神沉郁，食欲和反刍减少或停止，饮水欲增加。眼结膜潮红，呼吸及心跳加快，有时出现急性胃肠炎症状，多数在1～2 d内死亡。

(2)头眼型　体温升高达41～42 ℃。双眼畏光流泪，流黄褐色脓性及纤维素性分泌物，眼睑肿胀，结膜充血潮红，继而发展为角膜炎，角膜浑浊。口腔和鼻腔黏膜充血、坏死和糜烂，口腔流出带有臭味的黏液；鼻腔流出黄色黏稠脓样的分泌物，如分泌物凝固阻塞鼻孔可引起呼吸困难。个别病牛出现兴奋不安，高声哞叫、磨牙、冲撞、肌肉震颤等神经症状。体表淋巴结肿大。病程1～2周，多数以死亡而告终。

(3)肠型　高热稽留，严重腹泻，粪便恶臭，内含有坏死组织和血液，呈现纤维素性坏死性肠炎的特征。口腔和鼻腔黏膜充血，有时发生糜烂和溃疡，流泪、流涎，淋巴结肿大。一般于4～9 d死亡。

(4)皮肤型　体温升高，皮肤出现丘疹、疱疹、龟裂、坏死等变化，淋巴结肿大。

［**病理变化**］

口腔和鼻腔黏膜充血、出血、溃疡和糜烂，有脓性纤维素性分泌物。全身淋巴结肿胀和出血。胃肠黏膜充血、出血。脑膜充血，有时可见出血。

［**诊断要点**］

根据流行病学、临诊症状和病理变化可作出初步诊断，注意与牛巴氏杆菌病、口蹄疫、牛病毒性腹泻-黏膜病等相区别，确诊须采血进行病毒分离培养鉴定或血清学诊断。

[防制]

目前无特异性免疫方法,也无特效的治疗药物。预防本病只能通过加强饲养管理,禁止牛和羊的接触。发病时应及时隔离,消毒,对症治疗。治疗可用肾上腺皮质激素、抗生素、氯化钙、强心剂和葡萄糖生理盐水等。

任务 49 牛海绵状脑病

牛海绵状脑病俗称"疯牛病",是由牛海绵状脑病朊病毒引起成年牛的一种慢性、致死性传染病。临床特征是潜伏期长、精神失常、共济失调、后肢瘫痪、感觉过敏,病牛恐惧或狂暴;剖检变化特点是中枢神经系统灰质部的神经元细胞出现空泡变性以及大脑的淀粉样变性。本病于1986年首次发生于英国,之后在西欧大多数国家及韩国、日本也有发生的报道,是目前严重威胁养牛业的主要传染病之一。

[病原]

本病病原为一种朊病毒,也称蛋白侵袭因子,主要由蛋白质构成。牛海绵状脑病朊病毒对各种理化因素抵抗力很强,如高温灭菌需136 ℃ 30 min。消毒时常用1%～2%的氢氧化钠溶液、5%次氯酸钠溶液、5%碘酊等,对牛海绵状脑病朊病毒有很好的灭活作用。

[流行病学]

不同品种和性别的牛均可发病,但多发生于3～5岁的牛,最早的可使22个月的牛发病,最晚到17岁才发病。病牛及其他感染的动物是主要的传染源,牛多是因食入被本病病毒污染的动物性饲料而感染发病。本病无季节性,呈散发形式。

[临诊症状]

潜伏期一般为2.5～8年,主要表现活动失常、不安、步态不稳、共济失调、感觉过敏,易恐惧、狂暴,触觉和听觉减退,麻痹或瘫痪,后期不能站立,多因衰竭而死亡,病程从16 d至6个月。

[病理变化]

本病无肉眼可见剖检变化,但组织学变化具有明显的特征,表现为神经元的突起部和神经胞体中形成空泡,多见于延脑、中脑的中央灰质部分、下丘脑的室旁核等;神经胶质增生,胶质细胞肥大;神经元变性、消失;大脑淀粉样变性。

[诊断要点]

本病既无炎症变化,也不能产生免疫反应,不能进行血清学检查,诊断只能根据流行特点(多发生于3～5岁的牛,多是因食入被本病病毒污染的动物性饲料而感染发病)、临床症状(潜伏期长、精神失常、共济失调、后肢瘫痪、感觉过敏,病牛恐惧或狂暴)和剖检变化(中枢神经系统灰质部的神经元细胞出现空泡变性以及大脑的淀粉样变性)等进行诊断。同时注意与低镁血症、酮病、狂犬病和伪狂犬病的区别。

[防制]

我国目前尚未发现本病,应加强国境检疫,禁止从有疫情的国家和地区进口易感动物和动物性饲料是防止本病引入的重要措施。发生本病后，要严格隔离、封锁、扑杀病牛，对被病牛污染的环境、用具等进行彻底的消毒，尸体进行无害化处理。

任务 50　牛病毒性腹泻/黏膜病

牛病毒性腹泻/黏膜病又称牛病毒性腹泻或黏膜病，是由牛病毒性腹泻/黏膜病毒引起牛的一种急性、热性传染病，其主要特征为黏膜发炎、糜烂、坏死和腹泻。

本病呈世界性分布，广泛存在于欧美等许多养牛发达的国家。自 1980 年以来，我国从国外引进奶牛和种牛，将本病带入我国，并分离鉴定出了病毒。

[**病原**]

1. 病原基本特性

牛病毒性腹泻/黏膜病毒(BVDV)，属黄病毒科、瘟病毒属的单股 RNA 病毒，病毒粒子直径 50～80 nm，呈圆形，有囊膜。与猪瘟病毒、羊边界病病毒(BDV)为同属病毒，可发生交叉免疫反应。

2. 病毒培养特性

本病毒主要分布在血液、精液、脾、骨髓、肠淋巴结、妊娠母畜的胎盘等组织以及呼吸道、眼、鼻的分泌物中；能在胎牛肾、睾丸及猪肾等细胞培养物中增殖传代。

3. 病毒抵抗力

本病毒对外界环境抵抗力不强，56 ℃很快灭活；对乙醚、氯仿脂溶剂敏感；常用的消毒剂可很快将其杀死，血液和组织中的病毒在－70 ℃可存活数年。

[**流行病学**]

1. 易感动物

本病可感染多种动物，牛、羊、鹿等易感。各种年龄的牛对本病毒均易感，以 6～18 月龄者居多。成年牛和其他动物多为隐性感染。

2. 传染源

患病动物和带毒动物是本病的主要传染源。病毒经鼻液、泪液、粪便等排出。绵羊多为隐性感染，康复牛可带毒 6 个月。

3. 感染途径

本病可通过直接或间接接触传播，主要通过消化道和呼吸道而感染，也可通过胎盘发生垂直感染。

4. 流行特点

本病呈地方流行性，无季节性，常年均可发生，但多见于冬末和春季。新疫区急性病例多，老疫区急性病例很少，发病率和病死率都很低。

[**临诊症状**]

潜伏期 7～14 d。临诊表现有急性和慢性两种类型。

1. 急性型

多见犊牛，表现突然发病，体温升至40～42 ℃，持续2～3 d，有的可发生第二次升高。病牛精神沉郁，食欲减退，眼、鼻有浆液性、黏液性分泌物，之后鼻镜及口腔黏膜表面糜烂，舌面上皮坏死，流涎增多，呼出恶臭气体。继而出现腹泻，粪便呈水样，恶臭、混有黏液、血液，有的混有脱落的黏膜。通常发病后1～2周死亡。

2. 慢性型

慢性病牛很少有明显的发热症状。典型的临诊症状是鼻镜糜烂，眼常有浆液性的分泌物，间歇性腹泻。蹄叶炎及趾间皮肤糜烂坏死、跛行。通常鬐甲、颈部及耳后皮肤成为皮屑状。大多数病牛均死于2～6个月内，有的病程可达1年以上。

妊娠母牛感染本病时常发生流产，产死胎、弱胎，弱胎常见小脑发育不全。患犊可能呈现共济失调、不能站立、卧地不起，有的可能盲目运动。

［**病理变化**］

主要病理变化在消化道和淋巴组织。鼻镜、鼻孔黏膜、齿龈、上腭、舌面两侧及颊部黏膜有糜烂及浅溃疡。特征性损害是食道黏膜糜烂，呈形状大小不等的直线排列。瘤胃黏膜偶见出血和糜烂，真胃炎性水肿和糜烂。肠淋巴结肿大，肠壁水肿而增厚，急性卡他性、出血性、溃疡性以及坏死性等不同程度的炎症。新生犊牛有严重的小脑发育不全与脑室积水。蹄部趾间皮肤及全蹄冠有急性糜烂性溃疡和坏死。

［**诊断要点**］

在本病严重暴发流行时，可根据其发病史、临诊症状及病理变化作出初步诊断，如出现犊牛腹泻、血痢、粪便中带有黏膜，病死率高，黏膜糜烂出血，肠道黏膜脱落等，可怀疑为本病。最后确诊须依赖实验室诊断。

1. 病毒分离培养

病毒的分离应于病牛急性发热期间采集血液、尿、鼻液或眼分泌物。剖检时，取脾、骨髓、肠系膜淋巴结等病料，人工感染易感犊牛或乳兔来分离病毒。也可接种牛胎肾细胞、牛睾丸细胞分离病毒。

2. 血清学试验

目前，应用最广的是血清中和试验。试验时，采取双份血清(间隔3～4周)，滴度升高4倍以上者为阳性，本法可用来定性，也可用来定量。

此外，还可利用补体结合试验、免疫荧光技术、ELISA、琼脂扩散试验等。

3. 分子生物学技术

反转录聚合酶链式反应(RT-PCR)为常用的一种方法，它可以高度特异、灵敏地检测器官、组织、培养细胞中的BVDV。其次，核酸杂交技术可直接检测血和组织器官中的BVDV。

4. 鉴别诊断

注意将本病与牛瘟、口蹄疫、牛传染性鼻气管炎、恶性卡他热及水疱性口炎、牛蓝舌病等相区别。

［**防制**］

加强检疫，防止引入带毒牛羊，淘汰持续感染的牛；做好疫苗接种，灭活苗对妊娠母牛安全，通常需多次免疫，但活疫苗不稳定，且能引起胎儿感染，诱发免疫抑制。一旦发生本病，对病牛要及早隔离、治疗或淘汰。应用收敛剂和补液疗法可缩短恢复期，减少损失。使用抗生素和磺胺类药物，可减少继发性细菌感染。

任务 51　山羊病毒性关节炎-脑炎

山羊病毒性关节炎-脑炎（CAE），是由山羊关节炎脑炎病毒引起的慢性传染病。临床特征是成年山羊慢性多发性关节炎，羔羊呈脑脊髓炎症状。

本病分布于德国、日本、美国、澳大利亚、加拿大等很多国家，我国许多省份也不同程度地发生。

[病原]

山羊关节炎-脑炎病毒（CAEV），属于反转录病毒科、慢病毒属。病毒粒子呈球形，直径80～100 nm，有囊膜，核酸为单股线型 RNA。其形态结构和生物学特征与梅迪-维斯纳病毒相似，血清学试验有交叉反应，因此可用梅迪-维斯纳病毒抗原来诊断山羊病毒性关节炎脑炎。实验动物感染后不发病，人工接种该病毒对绵羊有一定的致病性。可将滑液、乳汁和血液白细胞接种于山羊胎儿滑膜细胞，用于病毒的分离鉴定，接种后 2～4 周出现细胞合胞体。

病毒在外界环境中抵抗力弱，56 ℃ 1 h 可以完全灭活乳汁中的病毒。

[流行病学]

在自然条件下，本病在山羊间互相传染发病，无年龄、性别、品系间的差异，但以成年羊感染居多。病羊和隐性感染羊是本病的主要传染源。通过粪便、唾液、呼吸道分泌物、阴道分泌物、乳汁等排出病毒，病毒经乳汁感染羔羊，经污染的饲草、饲料、饮水等通过消化道感染，也可通过生殖道、呼吸道感染。感染率为 1.5%～81%，感染母羊所产的羔羊当年发病率为 16%～19%，病死率高达 100%。感染山羊常不出现临诊症状或临诊症状不明显，只有通过血清学检查才能发现，在应激因素刺激下，则会出现临诊症状。

[临诊症状]

依据临诊表现分为 3 型：脑脊髓炎型、关节炎型和间质性肺炎型。多独立发生，少数有混合感染。

1. 脑脊髓炎型

潜伏期 53～131 d。多见于 2～4 月龄羔羊。病羊病初精神沉郁、跛行，后期四肢僵直或共济失调，一肢或数肢麻痹，卧地不起，四肢划动。有的病例出现眼球震颤、惊恐、角弓反张，头颈歪斜或做圆圈运动。有时出现面神经麻痹，吞咽困难或双目失明。病程半个月至 1 年，多数病羊死亡。有明显的季节性，多发生于 3—8 月间，与晚冬和春季产羔有关。

2. 关节炎型

多发生于 1 岁以上的成年山羊，病程 1～3 年。典型临诊症状是腕关节肿大和跛行。膝关节和跗关节也可发生。病羊关节肿大、疼痛，触诊有波动感，不同程度的跛行，继而关节肿大如拳，活动不便。有时病羊肩前淋巴结肿大。

3. 间质性肺炎

较少见。无年龄限制，病程 3～6 个月。患羊渐进性消瘦，咳嗽，呼吸困难，叩诊胸部有浊音，听诊有湿啰音。此外，哺乳母羊有时发生间质性乳腺炎。

[**病理变化**]

脑脊髓炎型主要发生于小脑和脊髓的白质有棕红色病灶。

肺炎型肺脏表现轻度肿大，质地硬，呈灰色，表面散在灰白色小点，切面有大叶性或斑块状实变区。支气管淋巴结和纵隔淋巴结肿大，支气管空虚或充满浆液及黏液。

关节炎型，患关节周围软组织肿胀波动，皮下浆液渗出。关节囊肥厚，滑膜常与关节软骨有粘连。关节囊内充满黄色、粉红色液体，并有纤维蛋白条索或淤血块；滑膜表面或有结节状增生物。

乳腺炎时乳房间质增生。少数病例肾表面有直径 1～2 mm 的灰白小点，镜检可见广泛性的肾小球肾炎。

[**诊断要点**]

依据病史、临诊症状和病理变化可作出初步诊断，确诊须进行病原分离鉴定和血清学试验。目前广泛使用的血清学试验是琼脂扩散试验、酶联免疫吸附试验和免疫印迹试验。

[**防制**]

本病目前尚无疫苗和有效治疗方法，主要是通过加强饲养管理和采取综合性措施进行防制；加强进口检疫；禁止从疫区(疫场)引进种羊；引进种羊前，应先做血清学检查，运回后隔离观察 1 年，其间再做两次血清学检查(间隔半年)，均为阴性才可混群。对感染羊群应采取检疫、扑杀、隔离、消毒和培育健康羔羊群的方法进行净化。

【案例分析】

分析以下案例，根据病史和检查，提出初步诊断结果，并制定防制措施。

案例 1 2021 年 9 月初，从祁连山区新引进藏系羊 231 只。1 个月后，有 20 多只羊相继出现体温升高，食欲不振，呼吸困难，喘气和腹泻等症状，用青霉素进行治疗，效果不佳，5 只重症病例死亡。经询问，自引进后未注射任何疫苗，由放牧散养转为精料喂养。临床检查：病羊体温升高达 41 ℃以上；精神沉郁，不愿走动，行走时步态不稳；食欲减退，重症病例食欲废绝；流鼻涕，呼吸急促，喘气，后期呼吸极度困难；磨牙，心跳加快；腹泻。剖检可见淋巴结肿大；肺脏水肿、气肿、出血，出现肉样变，部分肺脏与胸壁粘连，并出现化脓灶，浆膜面附着纤维素性渗出物；胆囊肿大。

案例 2 小尾寒羊存栏 1 000 只，以放牧为主。在 2022 年 6 月中旬，陆续有羊只出现以神经症状和腹泻为主要特征的疾病，发病 80 只，成年羊死亡 6 只，羔羊死亡 16 只。临诊检查：发病急，精神沉郁，离群呆立，食欲减退，重症者食欲废绝，体温升高达 38～39.8 ℃。濒死期，步态不稳，全身肌肉震颤，倒地后呈游泳姿势，磨牙呻吟。眼球突出，瞳孔散大，耳尖发凉，随后角弓反张，口流白沫，腹部膨大显著。尸体腐败迅速，腹部臌胀，可视黏膜发绀。剖检可见胸腔、腹腔及心包有大量积液；肾充血、肿胀、质脆；真胃和十二指肠黏膜呈急性出血性炎症。全身淋巴结肿大，切面呈黑褐色，胆囊肿大。

【知识拓展】

绵羊痒病

绵羊痒病由朊病毒引起，不同性别、不同品种的羊均可发病，但多以绵羊感染为主。一般发生于2～4岁的羊，以3岁半羊发病率最高，1.5岁以内的羊很少发病。本病存在明显的家族史，病羊所产后代经常发病。

病毒主要经口感染或经体表伤口感染。潜伏期很长，自然感染为1～5年，所以1岁以内的羊极少出现临诊症状。病羊常表现神经症状，初期兴奋性增强，易惊，共济失调，头颈或腹肋部肌肉发生频细震颤；随着病程发展，病羊出现剧痒，常啃咬腹肋部、股部或尾部，或在墙壁、栅栏、树干等物体上摩擦这些部位，致使被毛大面积脱落，皮肤红肿发炎，甚至破溃出血。病羊体温正常，采食正常，但日渐消瘦，常行动迟缓或不能跳跃。病程几周至几个月，病死率几乎达100%。

目前尚无有效的疫苗和药物，由于痒病具有长的潜伏期和病程，以及痒病病原的特殊稳定性，采用隔离、消毒等一般性预防措施均无效。因此，严禁从有痒病病史的地区引进种羊，是预防该病的根本措施。

【知识链接】

1. GB/T 27982—2011 小反刍兽疫诊断技术；
2. DB13/T 1094—2009 羊梭菌病防治技术规程。

项目七
其他动物的传染病

【学习目标】

通过学习，掌握犬瘟热、犬细小病毒病、犬传染性肝炎和兔病毒性出血症等的流行病学特点、临诊症状、病理变化和诊断要点以及防制措施。

任务52　犬瘟热

犬瘟热是由犬瘟热病毒引起犬和肉食目中多种动物共患的一种急性、热性、高度接触性传染病。其特征以早期出现的双相热(复相热)，急性鼻、眼卡他，以及随后出现的支气管炎、严重的胃肠炎和神经症状为主。

[病原]

犬瘟热病毒属副黏病毒科、麻疹病毒属，核酸类型为 RNA，形状为圆形或不整形，有时呈长丝状，大小为 150～300 nm，有囊膜。病毒在干燥、低温的状态下抵抗力较强，在干燥－70 ℃下存活 1 年以上，在－10 ℃存活半年以上，室温下存活 7～8 周，对紫外线和热敏感，常用消毒剂均能在短时间内将其杀灭。

[流行病学]

(1)易感性　所有的犬科、鼬科和部分浣熊科动物对犬瘟热病毒都有易感性，尤其以青年犬最易感。

(2)传染源　病犬是主要的传染源，病毒广泛存在于病犬的体液和各组织器官，通过分泌物、排泄物大量排毒。

(3)传播方式和感染途径　通过直接接触或间接接触传播，经呼吸道、消化道和皮肤、黏膜等门户感染。

(4)流行特点　本病常发生于寒冷季节，呈现地方流行性，也可暴发于犬科和鼬科动物的养殖场。

[临诊症状]

潜伏期 3～5 d。病初体温升高达 39.5～41 ℃，精神委顿，减食或不吃。眼、鼻流浆液性、黏液性分泌物，高热维持 2 d 左右下降至正常，此时，病犬精神状态、食欲情况好转，2～3 d 后体温再次升高，保持稽留热，这种体温两次升高的现象称之为双相热(复相热)。此时，病情又趋于恶化，很快发展为鼻炎或支气管肺炎，鼻镜干裂，呼出恶臭的气体，排出脓性鼻汁，严重时呼吸困难，病犬不时用爪搔鼻，听诊肺部常有啰音，有的病犬并发结膜炎，分泌物增多，常粘合上、下眼睑。有的还表现为急性肠炎，以腹泻为主，排出恶臭带黏液或血丝水样粪便，迅速脱水、衰竭，濒死前常有阵发性神经症状，癫痫、转圈，共济失调，抽搐，肌肉痉挛，昏迷等，一旦出现惊厥，很快死亡。病程 4～7 d，病死率高。个别病例通过治疗而消除上述症状的犬，常留下舞蹈病、麻痹或不完全麻痹等病症。

［**病理变化**］

有些病犬在毛少或薄皮处出现水疱性或脓疱性皮疹，有些病犬的鼻和脚底表皮增生而呈角质化，触之如人的厚而硬的手掌老茧，叩之有响声，称之为"角化病"或"硬脚掌病"。早期或快速死亡犬，常见胸腺萎缩，多呈胶冻样。呼吸困难死亡者，上呼吸道、支气管、肺常有卡他性、出血性或化脓性炎症，肺表面和实质有不同时期的肺炎病变。严重腹泻死亡者，胃肠浆膜、黏膜常有出血点或出血斑，肠黏膜片状脱落，肠内容物稀薄，混有血液，呈粉色或褐色胶冻样。肠系膜淋巴结肿大，充血或出血，切面多汁。

［**诊断要点**］

根据流行病学调查、临诊症状和病理变化可作出初步诊断，确诊须进行实验室检查。

1. 包涵体检查

对疑似病犬生前无菌采集可视黏膜，或死后采集组织器官及某些器官黏膜，制片、甲醇固定、苏木素-伊红染色、镜检，若发现上皮细胞和多种组织细胞浆内有数量不一、红色、圆形或卵圆形团块状颗粒，即为包涵体检查阳性，可作为本病主要诊断依据。必要时做病毒分离。

2. 病毒分离

急性病例采集胸腺、脾、肝、肺、淋巴结等，伴有神经症状者加采小脑等病料，制成 10%乳剂，加双抗于 4 ℃下处理 40 min，腹腔接种 1～2 周龄易感幼犬 5 mL/只，感染后 1～2 周发病，出现典型症状，多于 2 周后死亡。也可将上述处理病料接种易感雪貂或犬肾原代细胞、犬肺泡巨噬细胞等进行病毒分离，结合包涵体检查确诊。

3. 血清学诊断

有条件时还可用琼扩试验、中和试验、荧光抗体试验或酶标抗体技术等方法确诊。

4. 鉴别诊断

在本病的临诊诊断中应注意与犬传染性肝炎、犬细小病毒性肠炎，狂犬病、钩端螺旋体病、犬副伤寒等疾病鉴别。犬传染性肝炎无呼吸道症状，剖检时肝和胆囊有特征性病变，包涵体形成于细胞核内，而犬瘟热包涵体以胞浆包涵体为主。犬细小病毒性肠炎无眼、鼻卡他性炎症，发病初期(3～9 d)，其粪便离心上清液对猪的红细胞具有较高的凝集作用。狂犬病具有狂暴性和主动攻击性，有咬伤史。钩端螺旋体病有明显黄疸，无呼吸道炎症和结膜炎，病原检查为钩端螺旋体。犬副伤寒生前无呼吸道症状和皮疹，剖检可见脾脏显著肿大，病原为沙门氏菌。

［**防制**］

平时做好犬的免疫接种。目前，犬的常用疫苗有五联苗(狂犬病-犬瘟热-细小病毒病-传染性肝炎-副流感)、六联苗(五联苗＋冠状病毒病)和七联苗(六联苗＋传染性脑炎或钩端螺旋体病)，均为冻干弱毒疫苗，每瓶装 1 头剂，加注射用水 2 mL 稀释，溶解后肌内注射。仔犬从断奶之日起，连续注苗3次，每次间隔3～4周；成年犬每年免疫1～2次；怀孕犬还可于产前2周免疫1次。另外，还应加强犬的饲养管理和卫生防疫等综合性措施。

发病时，隔离病犬，给予治疗。病犬污染的环境、圈舍、物品等彻底消毒。尸体、粪便焚烧或深埋处理。治疗方法如下。

(1)特异疗法　尽早大剂量使用犬瘟热高免血清或多价免疫血清，皮下注射，或肌内注射或静脉注射，每天一次，每次5～30 mL/只，有一定的疗效。此外，犬瘟热特异转移因子、犬白细胞干扰素等也可选用。

(2)抗菌疗法　为控制继发或并发感染，可同时使用卡那霉素、庆大霉素、红霉素等抗生素或磺胺类药物，能减少死亡。

(3)对症疗法　有脱水症状时，静脉输入葡萄糖氯化钠注射液200～1 000 mL，加入维生素 B_1 和维生素C；有神经症状的病犬，每天口服安定100～200 mg。

任务53　犬传染性肝炎

犬传染性肝炎(ICH)是由犬腺病毒(CAV)引起犬的一种急性、高度接触性、败血性传染病，病犬主要表现为肝炎和眼睛疾患。在狐狸则表现为脑炎。

本病最早于1947年由Rubarth发现，所以也叫Rubarth病。目前，广泛分布于世界各地。我国于1983年发现此病，1984年分离到犬传染性肝炎病毒，1989年从患脑炎的狐狸中分离到了犬腺病毒Ⅰ型，即狐狸脑炎病毒，是我国犬、狐狸的重要疫病之一。

［**病原**］

1. 病毒特性

犬传染性肝炎病毒，又称犬腺病毒(CAV-Ⅰ)，在分类上属于腺病毒科、哺乳动物腺病毒属的成员。形态特征与其他哺乳动物腺病毒相似，双股DNA病毒，呈二十面体对称，无囊膜，有衣壳。易在犬肾细胞和睾丸细胞内增殖，形成核内包涵体。

2. 病毒的分类

犬腺病毒可分为Ⅰ型和Ⅱ型两种，其中，犬腺病毒Ⅰ型引起犬传染性肝炎和狐狸脑炎，还可引起呼吸道病、眼病、慢性肝炎和间质性肾炎；犬腺病毒Ⅱ型只引起呼吸器管疾病。两者具有70%的基因同源性，在免疫上能交叉保护。血凝抑制试验和中和试验可以将二者进行区分。

3. 病毒的抵抗力

本病毒对外界环境的抵抗力强，病犬肝脏、血液和尿液中的病毒在20 ℃可存活3 d。污染物上的病毒能存活10～14 d，在冰箱中保存9个月仍有传染性。对乙醚和氯仿有抵抗力，苯酚、碘酊及烧碱是常用的有效消毒剂。

［**流行病学**］

1. 易感动物

主要感染犬和狐，不同品种和年龄的犬均易感，但以1岁以内幼犬的感染率与死亡率最高。成年犬很少发生且多为隐性感染或症状较轻。山狗、浣熊、黑熊也有易感性。

2. 传染源

病犬和带毒犬是本病的主要传染源。病犬在发病初期，血液含毒较多，随后病毒见于所有分泌物和排泄物中。通过眼泪、唾液、粪尿等分泌物和排泄物排毒，污染周围环境、饲料和用具等。康复犬肾脏中持续带毒，可经尿排毒达 6～9 个月，成为重要的传染源。

3. 感染途径

本病主要通过消化道感染，也可经胎盘感染。犬呼吸型和犬肝炎型也可能经飞沫通过呼吸道传播。

4. 流行特点

本病无明显季节性，但以冬季发生较多。刚断奶的幼犬发病率和死亡率高。

[**临诊症状**]

临诊症状可分为 3 型，即犬肝炎型、犬呼吸型和狐脑炎型，其中以犬肝炎型分布最广。

1. 犬肝炎型

潜伏期为 6～9 d，初生犬及 1 岁内的犬发病多为最急性型。表现为体温升高至 40～41 ℃，持续 1 d，又降至常温，之后又升高再降低。精神沉郁，食欲不振，饮欲增加，呕吐、腹泻，排果酱样血便。眼和鼻流浆液性或黏液性分泌物，齿龈、口腔有点状出血或出血斑。眼睑、头、颈及腹部皮下发生水肿，扁桃体肿大，黏膜潮红。右腹有压痛、呻吟。在恢复期或亚急性病例中，病犬往往一眼或两眼呈现角膜浑浊，似被淡蓝色薄膜覆盖，称之为“肝炎性蓝眼病”，数天后角膜转为透明。

2. 犬呼吸型

主要由腺病毒Ⅱ型引起，潜伏期 5～6 d，发热持续 1～3 d。病犬表现精神委顿，食欲减退，呼吸困难，干咳，流浆液性或黏脓性鼻涕，持续 1 周左右，严重的发生致死性肺炎。有些病例发生呕吐，粪便变软带黏液。

3. 狐脑炎型

本病主要见于狐狸和黑熊等野生动物，潜伏期 6～7 d，常突然发病，病程一般不超过 24 h。病初发热，食欲废绝，流涕，眼球震颤和腹泻。之后出现兴奋、痉挛、共济失调，最后麻痹、瘫痪和昏迷死亡。

[**病理变化**]

1. 犬肝炎型

实质性器官、浆膜、黏膜有出血点或出血斑。浅表淋巴结、颈部皮下组织水肿、出血，腹腔内充满淡红色液体。肝脏肿大，呈斑驳状，表面有纤维素附着物。胆囊壁水肿、增厚、浆膜有纤维素性渗出物。脾脏、肾脏肿大、出血。肠系膜淋巴结肿大、出血。

2. 犬呼吸型

病理变化主要为肺炎和支气管炎，膨胀不全，充血，并有实变病灶。肺淋巴结和支气管淋巴结充血或出血。

3.狐脑炎型

脑和脊髓出血变化明显，脑脊髓和软脑膜血管呈袖套现象。神经临诊症状的明显程度与脑血管受损轻重呈正相关。

[**诊断要点**]

根据流行病学、临诊表现和病理变化特点，可作出初步诊断，但确诊须病毒分离鉴定和血清学检查。

1.病原学检查

生前可采集发热期的血液和尿液、扁桃体或肝、脾脏等，用电镜直接检查病犬肝脏中的典型腺病毒粒子，或检查核内包涵体；还可做病毒分离与鉴定。

2.血清学检查

早期诊断可用荧光抗体检查扁桃体涂片；也可进行凝集和血凝抑制试验、补体结合试验、琼脂扩散试验、中和试验和皮内变态反应等进行诊断。

3.分子生物学诊断

应用 PCR 方法能区分犬腺病毒Ⅰ型和Ⅱ型，可用于本病的临诊检验。

4.鉴别诊断

本病的肝炎型早期临诊症状与犬瘟热、钩端螺旋体病相类似，且有时混合感染，必须注意区别。

[**防制**]

(1)加强饲养管理和环境卫生的消毒，防止病毒传入。一旦发病，初期用高免血清进行治疗，但出现明显症状后即使使用大剂量高免血清也很少有效果。轻型病例，采用对症疗法帮助病犬康复。可用广谱抗生素防止继发感染。

(2)人工接种疫苗是防制本病的根本方法。我国多使用五联苗或六联苗进行预防接种。幼犬于 6～8 周龄时进行初次免疫，10～12 周龄时进行第二次免疫，13～15 周龄时进行第三次免疫。成年犬每年免疫一次，即可达到有效的免疫目的。

任务 54　犬细小病毒病

犬细小病毒病是由犬细小病毒(CPV)引起犬的一种急性传染病，又称犬传染性出血性肠炎。主要特征为出血性坏死性肠炎和非化脓性心肌炎，多发生于幼犬，病死率为 10%～50%。

1977 年，在患出血性腹泻犬的粪便中首先发现了细小病毒粒子。1978 年，在犬肾细胞中分离出细小病毒。1982 年我国首次分离出犬细小病毒，随后在东北、华北和西南等地区的警犬和良种犬中陆续发生和蔓延，并已分离获得多株病毒。

世界各地都有本病暴发的报道，给养犬业造成极大威胁，是危害犬群的最主要传染病之一。

[**病原**]

犬细小病毒属于细小病毒科、细小病毒属。病毒粒子细小，直径 20～22 nm，呈六角形或圆形，二十面体对称，无囊膜，有衣壳。基因组为单股NDA。

病毒在4 ℃和25 ℃可凝集猪和恒河猴的红细胞，但不能凝集其他动物的红细胞。抗原上与猫泛白细胞减少症病毒(猫细小病毒)有较密切的关系。

本病毒对外界环境具有较强的抵抗力。在4～10 ℃存活6个月，37 ℃存活2周，56 ℃存活24小时。对乙醚、氯仿、醇类有一定的抵抗力，对紫外线、福尔马林、次氯酸钠、氧化剂敏感。

［**流行病学**］

1. 易感动物

犬是主要的易感动物，各年龄和品种的犬均可感染。断乳前后的幼犬易感性最高，往往以同窝暴发为特征。3～4周龄犬感染后呈急性致死性心肌炎的较多；8～10周龄的犬则以肠炎为主，但心肌细胞有核内包涵体。小于4周龄的幼犬和大于5岁的老龄犬发病率低，一般分别为2%和16%。狼、狐、浣熊也可感染。

2. 传染源

病犬和带毒犬是主要的传染源，其粪便、尿液、唾液和呕吐物中均含有病毒。康复犬可从粪、尿中长期排毒，污染饲料、饮水、垫草、用具和周围环境。无症状带毒犬也是重要的传染源。

3. 感染途径

本病主要经消化道传染，健康犬因接触病犬或食入污染的饲料、饮水而感染。经胎盘垂直感染的可能性也存在。

4. 流行特点

本病一年四季均可发生。但冬、春多见。天气寒冷、气温骤变、卫生条件差及并发感染均可加重病情和提高死亡率。常呈散发，养犬集中的区域可呈地方流行性。犬场一旦感染本病，具有常在性和顽固性。

［**临诊症状**］

潜伏期5～7 d，在临诊上分为肠炎型和心肌炎型两个型，有时出现兼有两种临诊症状。

1. 肠炎型

多见于青年犬。病犬精神沉郁、食欲废绝，呕吐和腹泻。呕吐物清亮、胆汁样或带血。随后腹泻，粪便先为黄色或灰黄色，覆以多量黏液和伪膜，接着排番茄汁样稀粪，腥臭。病犬迅速脱水，急性衰竭而死。病程短的4～5 d，死亡率高。

2. 心肌炎型

多见于8周龄以下的幼犬，常突然发病，数小时内死亡。感染犬或仅表现轻度腹泻，继而突然衰弱，呻吟，或呼吸极度困难，脉搏快而弱，心律不齐有杂音。病死率60%～100%。

［**病理变化**］

1. 肠炎型

病犬极度脱水、消瘦，腹部蜷缩，眼球下陷，可视黏膜苍白，眼角常有灰白色黏稠分泌物。肛门周围有血样稀便或从肛门流出血便。空肠和回肠的病理变化最为严重而且具有特征性，内有酱油色恶臭分泌物，肠壁增厚，黏膜下水肿，黏膜潮红、肿胀，弥漫性或局灶性充血、出血。

盲肠、结肠和直肠的内容物稀软，呈酱油色，具腥臭味，黏膜肿胀，散在少量出血点。结肠肠系膜淋巴结肿大、充血。肝脏肿大，呈紫红色或红黄色，质地脆弱，切面有多量凝固不良的血液。胆囊膨大，内贮多量黄绿色胆汁。脾脏轻度肿大，偶见出血性梗死灶。心包积液，心肌黄红色、柔软，心内、外膜偶见点状出血。肺呈局灶性肺水肿。

2. 心肌炎型

主要病理变化在肺和心脏。肺脏水肿，局部充血、出血，呈灰红色或花斑状。气管和支气管充满泡沫样液体。心脏扩张，左房室松弛，心肌和心内膜可见非化脓性坏死，心肌纤维严重损伤，呈白色条纹状。

[**诊断要点**]

根据流行病学、特征临诊症状和病理变化等特点，可以作出初步诊断，确诊须进行实验室检查。

荧光抗体技术常可直接检出细胞核内的病毒抗原。血凝试验和血凝抑制试验常用于测定粪便和细胞培养物中的病毒。

犬细小病毒病快速诊断试纸条可简便、快速、高效地检测出抗原。

[**防制**]

平时做好免疫接种，目前有灭活疫苗和弱毒疫苗两类。于7～8周龄首免。灭活疫苗接种两次，间隔2～3周；弱毒疫苗接种一次。以后每年加强免疫一次。母犬则在产前3～4周免疫接种。

发现本病应立即进行隔离饲养。防止病犬与健康犬接触，对犬舍及场地用2%火碱溶液、5%的福尔马林溶液、10%～20%漂白粉等反复消毒。加强护理，采用对症疗法，如止吐、止泻、止血、补水。同时可使用犬细小病毒病单克隆抗体、免疫球蛋白等进行特异性疗法，可较快解除临诊症状和缩短病程，降低病死率。特异性血清治疗效果可靠。

任务55 兔病毒性出血症

兔病毒性出血症是由兔病毒性出血症病毒引起兔的一种急性、热性、高度接触性传染病，俗称“兔瘟”。其特征是突然发病，呼吸急促，运动失调，抽搐尖叫，迅速死亡，发病率及病死率都很高。

[**病原**]

兔出血性病毒属嵌杯样病毒科、兔嵌杯病毒属，核酸类型为RNA。病毒粒子无囊膜，大小为25～35 nm。病毒具有凝集人O型红细胞的特性，故以此做HA/HI试验，借以鉴定病毒和抗体。病毒存在于病兔的所有组织器官、体液、分泌物和排泄物中，尤其以血液、肝、脾、肺、肾和淋巴结等含病毒量最高。病毒对乙醚和氯仿不敏感，对紫外线和干燥等环境因素的抵抗力较强。对常用消毒剂有较强的耐受性，1%氢氧化钠溶液作用4 h，1%～2%甲醛、1%漂白粉作用3 h病毒才能被灭活，生石灰和草木灰对病毒几乎无作用。因此，在发生该病实施消毒时须适当提高消毒剂的浓度及用量方可奏效。

[**流行病学**]

自然条件下仅发生于兔，毛用兔的易感性略高于皮用兔和肉用兔，其中以长毛兔最易感，土种兔次之。乳兔和不满2月龄的仔兔一般不感染，青壮年兔、成年兔则易感性极高，以3～4月龄兔最易感，月龄越小发病越少。病兔和带毒兔是传染源，它们均能通过分泌物及排泄物排毒。通过直接接触或间接接触传播，由呼吸道、消化道、皮肤和黏膜等多种途径感染。本病在新疫区常呈暴发性或地方流行性，具有突然发病、传播快、范围广，感染率、发病率、死亡率高的特点，常呈毁灭性损失。老疫区多为散发性，一年四季均可发生，但以寒冷季节多见。

[**临诊症状**]

潜伏期为2～4 d。根据临诊表现常分为最急性型、急性型和慢性型三种。

1. 最急性型

多见于流行初期的个别青年兔，突然发病，迅速死亡。若观察及时，可发现部分病兔意识不清，抽搐几下即刻死亡，病程数小时至半天。

2. 急性型

此型最多见，体温升高达41 ℃以上，精神萎靡，食欲废绝，反应迟钝，不愿活动，呼吸加快。阵发兴奋时，运动失调，时而盲目狂奔、蹦跳，时而惊厥、挣扎，惨叫时声颤凄凉。濒死前，严重腹泻，迅速衰竭，抽搐死亡后，多有角弓反张势，口、鼻、肛门和阴门有出血现象。病程1～2 d，病死率达90%～100%。

3. 慢性型

此型多见于老疫区的老龄兔或免疫力降至临界限的兔，体温升高，精神不振，食欲减退，饮欲增加，被毛粗乱，迅速消瘦。后期腹泻加重，终因脱水、衰竭而死。病程3～4 d，病死率达20%～50%，病愈兔生长发育迟缓。

[**病理变化**]

主要是全身败血症变化，尤以多器官的出血、瘀血、水肿、变性坏死为特征。口、鼻、肛门、阴门等天然孔有血液流出。气管黏膜广泛充血、出血，严重时外观呈弥漫性鲜红或暗红或黑红，称为“红气管”或“血气管”。肺表面常有瘀血、出血斑点，外观呈“花斑状”。心包积液，心内外膜有出血。肝脏淤血肿大、呈暗红色，有的肝变性，呈土黄色，有条纹状出血。肾脏肿大，呈暗红色，称为“大红肾”；有的肾脏呈紫褐或紫黑色；还有的肾变性，呈黄白色，常有散发或密集的出血点，呈斑驳状，称为“花斑肾”。脾脏肿大，出血，呈暗褐色。胃肠浆膜、黏膜有出血点，内容物稀薄带血丝。肠系膜淋巴结肿大、出血，切面流出血样液体。

[**诊断要点**]

根据流行病学特点、典型临诊症状和病理变化可作初步诊断，确诊须进行病原学检查和血清学试验。

(1)病毒检查　采集病料送检，电镜检查时发现该病毒即可确诊。

(2)血凝试验　采肝、脾等病料制成10%乳剂，高速离心后保留上清液，用0.75%人O型红细胞进行微量血凝试验，凝集价大于1∶160时判为阳性。

[**防制**]

1. 预防措施

(1)坚持自繁自养的原则　不从疫区购买种兔及其产品，对引进兔要做好产地检疫和临时免疫，并隔离饲养、观察1个月以上，确认健康者方可混群饲养或种用。

(2)加强饲养管理　不同年龄、性别、体重的兔要分开饲养。刚断乳兔以群养为宜，每笼6～8只；成年兔，尤其是公兔应单独笼养。兔料要勤添少喂，定时定量。每天早、晚各打扫兔舍一次，清除粪尿和剩料，保持清洁、干燥，通风良好。冬季注意防寒保暖。严禁闲杂人员进出兔舍。

(3)重视消毒工作　兔场应设立消毒池。定期对饲槽、饮水用具和兔笼刷洗消毒，兔舍在清除污物的基础上，用清水冲洗干净，待干燥后用5%烧碱溶液或20%漂白粉液喷洒消毒。

(4)预防免疫接种　常用疫苗有兔瘟组织灭活苗、兔瘟-巴氏杆菌病二联苗、兔瘟-巴氏杆菌病-魏氏梭菌A型三联苗。对免疫母兔所生的仔兔在45日龄左右注射疫苗，对未免疫过的母兔所生的仔兔要在20～30日龄时注射疫苗；成年兔每年免疫2次。

2. 发生兔瘟时的处理措施

一旦发病，立即隔离病兔，对未发病兔尽快进行免疫接种。对有价值种兔及时采用高免血清治疗，1～2 mL/kg体重，肌内或静脉注射；无治疗价值病兔及时扑杀，尸体深埋或焚烧处理。清除粪便和污染垫料及剩料，堆积发酵或烧毁处理；对兔笼、用具，场地等用5%～10%的烧碱溶液消毒处理。

【案例分析】

分析以下案例，根据病史和检查，提出初步诊断结果，并制定防制措施。

案例　1.5岁金毛犬，雌性，体重30 kg。1个月前，饮食欲较差，偶尔咳嗽，疑为感冒，给予常规感冒药进行治疗。近1周，表现为不吃，流清涕，鼻镜干燥，体温升高达41 ℃。临诊检查，眼结膜潮红，眼内有黏性分泌物；呼吸28次/min，心跳101次/min，被毛粗乱；呼吸困难，流脓性鼻涕。血常规检查，白细胞明显增多，单核细胞增多，淋巴细胞相对减少。

【知识拓展】

猫泛白细胞减少症

猫泛白细胞减少症，又名猫传染性肠炎或猫瘟热，是幼龄猫的一种急性高度接触性传染病。其临床特征是双相高热、呕吐、腹泻、白细胞显著减少、出血性肠炎，妊娠猫繁殖障碍，幼猫感染后死亡率高。

1930年首次报道，1957年首次进行本病毒分离培养，1964年鉴定为细小病毒。我国在20世纪50年代初即有此病，1984年首次从自然病例中分离到该病毒。

[**病原**]

猫细小病毒(FPV)属细小病毒科、细小病毒属。病毒粒子直径20～40 nm，无囊膜，二十面体对称，基因组为单股DNA。本病毒只有一个血清型，在4 ℃和37 ℃(pH 6.0～6.4)对猪和猴的红细胞都有凝集性。

本病毒对外界环境具有很强的抵抗力，在组织中的病毒低温下可存活较长时间。耐热，能抵抗 56 ℃ 30 min 的加热作用；对乙醚、氯仿等有机溶剂及酸、碱、酚(0.5%)、胰蛋白酶等具有一定的抵抗力，0.5%福尔马林和 6%次氯酸能有效地将其杀灭。

［**流行病学**］

1. 易感动物

各种年龄的猫均易感，主要发生于 1 岁以下的幼猫，以 2～5 月龄的幼猫最为易感。随着年龄的增长发病率降低，成年猫感染常无临床症状。家养和野生猫科动物以及鼬科和浣熊科动物也可感染。

2. 传染源

病猫和康复带毒猫是主要的传染源。感染早期即从粪尿、唾液、鼻眼分泌物和呕吐物中排毒。患病康复猫可获得坚强的免疫力，但可从粪尿中排毒数周。出生后感染的幼猫肾中带毒可长达 1 年以上。

3. 感染途径

主要是通过消化道、呼吸道感染，妊娠母猫感染后也可经胎盘垂直传染。在病毒血症期间可通过虱、蚤和螨等吸血昆虫传播。

4. 流行特点

本病多见于冬末和春季。长途运输、饲养条件急剧改变以及来源不同的猫混群饲养等应激因素，可促进本病的暴发流行，病死率可达 90%以上。

［**临诊症状**］

潜伏期 2～6 d。易感猫群感染率可高达 100%。根据临诊表现，可分为最急性、急性、亚急性和隐性 4 个类型。

1. 最急性型

病猫突然死亡，易误认为中毒。

2. 急性型

病猫仅有一些前驱临诊症状，如精神委顿、食欲不振等，于 24 h 内死亡。

3. 亚急性型

病猫最初精神委顿，食欲不振，体温升高到 40 ℃以上，24 h 后下降到常温。2～3 d 后体温再度上升到 40 ℃以上，呈明显的双相热。第二次发热时，临诊症状加剧，高度沉郁、衰弱，顽固呕吐和腹泻，粪便水样，内含血液，严重脱水，体重迅速下降，白细胞数减少。病程 3～6 d，如能耐过 7 d，多能康复。妊娠母猫感染后可发生胚胎吸收、死胎、流产、早产或产小脑发育不全的畸形胎儿。

在严重流行时，幼猫几乎全部死亡。水貂感染本病后，临诊症状与猫的相似。

［**病理变化**］

病猫尸体消瘦，脱水。主要变化是出血性肠炎，可见小肠黏膜肿胀、充血、出血，严重的呈伪膜性炎症变化，内容物灰黄色、水样、恶臭。肠系膜淋巴结肿胀、充血、出血、坏死。肝脏肿大，呈红褐色，胆囊充满黏稠胆汁。脾出血。肺充血、出血、水肿。长骨的红骨髓呈液体状或胶冻样。

[**诊断要点**]

根据发病多为1岁龄内的猫，表现顽固性呕吐，呕吐物黄绿色，双相体温，小肠病变严重，白细胞数明显减少可怀疑为本病。确诊则须实验室诊断，如病毒分离和鉴定，以及用猪红细胞凝集试验、中和试验、免疫荧光抗体试验等。

[**防制**]

平时加强饲养管理，做好猫舍清洁卫生，对新引进的猫必须经过免疫接种并隔离观察60 d，方可混群饲养。未免疫猫群一旦发生本病应立即隔离。早期病猫可用抗血清以及用对症、支持疗法和使用抗生素防止并发症等综合性措施进行抢救。中后期病猫扑杀后和病死猫一起无害化处理。污染的料、水、用具和环境用1%福尔马林彻底消毒。

科学免疫接种，可参照以下免疫程序：

弱毒疫苗，45～60日龄断乳幼猫首免，4～5月龄二免，以后每年免疫1次。成年猫每年免疫1次；

灭活疫苗，在猫断奶前后(6～8周龄)首免，9～12周龄二免，以后每年间隔3～4周进行2次注射免疫。

【考核评价】

犬瘟热的快速诊断

一、考核题目

提供试剂和其他材料，对宠物犬或家犬进行犬瘟热诊断。

二、材料准备

犬瘟热抗原检测卡、棉签、滴管、样品稀释液、一次性卫生手套。

三、方法步骤

用棉签取病犬眼部分泌物、鼻液、唾液或尿液(最好是血清)等作为样品，放入装有稀释液的样品管中搅匀，用吸管取上清液，在测试样品孔(S)中滴入4～5滴，5～10 min即可观察结果，在检测区(T)和对照区(C)分别出现一条紫红色线时判为阳性，只在对照区(C)出现一条紫红色线时判为阴性。

四、评价标准

能正确诊断犬、猫类传染病；操作熟练，能准确判定结果。

【知识链接】

1. GB/T 27532—2011　犬瘟热诊断技术。

附　录

附录1　中华人民共和国动物防疫法

（1997年7月3日第八届全国人民代表大会常务委员会第二十六次会议通过　2007年8月30日第十届全国人民代表大会常务委员会第二十九次会议第一次修订　根据2013年6月29日第十二届全国人民代表大会常务委员会第三次会议《关于修改〈中华人民共和国文物保护法〉等十二部法律的决定》第一次修正　根据2015年4月24日第十二届全国人民代表大会常务委员会第十四次会议《关于修改〈中华人民共和国电力法〉等六部法律的决定》第二次修正　2021年1月22日第十三届全国人民代表大会常务委员会第二十五次会议第二次修订）

第一章　总　则

第一条　为了加强对动物防疫活动的管理，预防、控制、净化、消灭动物疫病，促进养殖业发展，防控人畜共患传染病，保障公共卫生安全和人体健康，制定本法。

第二条　本法适用于在中华人民共和国领域内的动物防疫及其监督管理活动。

进出境动物、动物产品的检疫，适用《中华人民共和国进出境动植物检疫法》。

第三条　本法所称动物，是指家畜家禽和人工饲养、捕获的其他动物。

本法所称动物产品，是指动物的肉、生皮、原毛、绒、脏器、脂、血液、精液、卵、胚胎、骨、蹄、头、角、筋以及可能传播动物疫病的奶、蛋等。

本法所称动物疫病，是指动物传染病，包括寄生虫病。

本法所称动物防疫，是指动物疫病的预防、控制、诊疗、净化、消灭和动物、动物产品的检疫，以及病死动物、病害动物产品的无害化处理。

第四条　根据动物疫病对养殖业生产和人体健康的危害程度，本法规定的动物疫病分为下列三类：

（一）一类疫病，是指口蹄疫、非洲猪瘟、高致病性禽流感等对人、动物构成特别严重危害，可能造成重大经济损失和社会影响，需要采取紧急、严厉的强制预防、控制等措施的；

（二）二类疫病，是指狂犬病、布鲁氏菌病、草鱼出血病等对人、动物构成严重危害，可能造成较大经济损失和社会影响，需要采取严格预防、控制等措施的；

（三）三类疫病，是指大肠杆菌病、禽结核病、鳖腮腺炎病等常见多发，对人、动物构成危害，可能造成一定程度的经济损失和社会影响，需要及时预防、控制的。

前款一、二、三类动物疫病具体病种名录由国务院农业农村主管部门制定并公布。国务院农业农村主管部门应当根据动物疫病发生、流行情况和危害程度，及时增加、减少或者调整一、二、三类动物疫病具体病种并予以公布。

人畜共患传染病名录由国务院农业农村主管部门会同国务院卫生健康、野生动物保护等主管部门制定并公布。

第五条　动物防疫实行预防为主，预防与控制、净化、消灭相结合的方针。

第六条　国家鼓励社会力量参与动物防疫工作。各级人民政府采取措施，支持单位和个人参与动物防疫的宣传教育、疫情报告、志愿服务和捐赠等活动。

第七条　从事动物饲养、屠宰、经营、隔离、运输以及动物产品生产、经营、加工、贮藏等活动的单位和个人，依照本法和国务院农业农村主管部门的规定，做好免疫、消毒、检测、隔离、净化、消灭、无害化处理等动物防疫工作，承担动物防疫相关责任。

第八条　县级以上人民政府对动物防疫工作实行统一领导，采取有效措施稳定基层机构队伍，加强动物防疫队伍建设，建立健全动物防疫体系，制定并组织实施动物疫病防治规划。

乡级人民政府、街道办事处组织群众做好本辖区的动物疫病预防与控制工作，村民委员会、居民委员会予以协助。

第九条　国务院农业农村主管部门主管全国的动物防疫工作。

县级以上地方人民政府农业农村主管部门主管本行政区域的动物防疫工作。

县级以上人民政府其他有关部门在各自职责范围内做好动物防疫工作。

军队动物卫生监督职能部门负责军队现役动物和饲养自用动物的防疫工作。

第十条　县级以上人民政府卫生健康主管部门和本级人民政府农业农村、野生动物保护等主管部门应当建立人畜共患传染病防治的协作机制。

国务院农业农村主管部门和海关总署等部门应当建立防止境外动物疫病输入的协作机制。

第十一条　县级以上地方人民政府的动物卫生监督机构依照本法规定，负责动物、动物产品的检疫工作。

第十二条　县级以上人民政府按照国务院的规定，根据统筹规划、合理布局、综合设置的原则建立动物疫病预防控制机构。

动物疫病预防控制机构承担动物疫病的监测、检测、诊断、流行病学调查、疫情报告以及其他预防、控制等技术工作；承担动物疫病净化、消灭的技术工作。

第十三条　国家鼓励和支持开展动物疫病的科学研究以及国际合作与交流，推广先进适用的科学研究成果，提高动物疫病防治的科学技术水平。

各级人民政府和有关部门、新闻媒体，应当加强对动物防疫法律法规和动物防疫知识的宣传。

第十四条　对在动物防疫工作、相关科学研究、动物疫情扑灭中作出贡献的单位和个人，各级人民政府和有关部门按照国家有关规定给予表彰、奖励。

有关单位应当依法为动物防疫人员缴纳工伤保险费。对因参与动物防疫工作致病、致残、死亡的人员，按照国家有关规定给予补助或者抚恤。

第二章　动物疫病的预防

第十五条　国家建立动物疫病风险评估制度。

国务院农业农村主管部门根据国内外动物疫情以及保护养殖业生产和人体健康的需要，及时会同国务院卫生健康等有关部门对动物疫病进行风险评估，并制定、公布动物疫病预防、控制、净化、消灭措施和技术规范。

省、自治区、直辖市人民政府农业农村主管部门会同本级人民政府卫生健康等有关部门开展本行政区域的动物疫病风险评估，并落实动物疫病预防、控制、净化、消灭措施。

第十六条　国家对严重危害养殖业生产和人体健康的动物疫病实施强制免疫。

国务院农业农村主管部门确定强制免疫的动物疫病病种和区域。

省、自治区、直辖市人民政府农业农村主管部门制定本行政区域的强制免疫计划；根据本行政区域动物疫病流行情况增加实施强制免疫的动物疫病病种和区域，报本级人民政府批准后执行，并报国务院农业农村主管部门备案。

第十七条　饲养动物的单位和个人应当履行动物疫病强制免疫义务，按照强制免疫计划和技术规范，对动物实施免疫接种，并按照国家有关规定建立免疫档案、加施畜禽标识，保证可追溯。

实施强制免疫接种的动物未达到免疫质量要求，实施补充免疫接种后仍不符合免疫质量要求的，有关单位和个人应当按照国家有关规定处理。

用于预防接种的疫苗应当符合国家质量标准。

第十八条　县级以上地方人民政府农业农村主管部门负责组织实施动物疫病强制免疫计划，并对饲养动物的单位和个人履行强制免疫义务的情况进行监督检查。

乡级人民政府、街道办事处组织本辖区饲养动物的单位和个人做好强制免疫，协助做好监督检查；村民委员会、居民委员会协助做好相关工作。

县级以上地方人民政府农业农村主管部门应当定期对本行政区域的强制免疫计划实施情况和效果进行评估，并向社会公布评估结果。

第十九条　国家实行动物疫病监测和疫情预警制度。

县级以上人民政府建立健全动物疫病监测网络，加强动物疫病监测。

国务院农业农村主管部门会同国务院有关部门制定国家动物疫病监测计划。省、自治区、直辖市人民政府农业农村主管部门根据国家动物疫病监测计划，制定本行政区域的动物疫病监测计划。

动物疫病预防控制机构按照国务院农业农村主管部门的规定和动物疫病监测计划，对动物疫病的发生、流行等情况进行监测；从事动物饲养、屠宰、经营、隔离、运输以及动物产品生产、经营、加工、贮藏、无害化处理等活动的单位和个人不得拒绝或者阻碍。

国务院农业农村主管部门和省、自治区、直辖市人民政府农业农村主管部门根据对动物疫病发生、流行趋势的预测，及时发出动物疫情预警。地方各级人民政府接到动物疫情预警后，应当及时采取预防、控制措施。

第二十条　陆路边境省、自治区人民政府根据动物疫病防控需要，合理设置动物疫病监测站点，健全监测工作机制，防范境外动物疫病传入。

科技、海关等部门按照本法和有关法律法规的规定做好动物疫病监测预警工作，并定期与农业农村主管部门互通情况，紧急情况及时通报。

县级以上人民政府应当完善野生动物疫源疫病监测体系和工作机制，根据需要合理布局监测站点；野生动物保护、农业农村主管部门按照职责分工做好野生动物疫源疫病监测等工作，并定期互通情况，紧急情况及时通报。

第二十一条　国家支持地方建立无规定动物疫病区，鼓励动物饲养场建设无规定动物疫病生物安全隔离区。对符合国务院农业农村主管部门规定标准的无规定动物疫病区和无规定动物疫病生物安全隔离区，国务院农业农村主管部门验收合格予以公布，并对其维持情况进行监督检查。

省、自治区、直辖市人民政府制定并组织实施本行政区域的无规定动物疫病区建设方案。国务院农业农村主管部门指导跨省、自治区、直辖市无规定动物疫病区建设。

国务院农业农村主管部门根据行政区划、养殖屠宰产业布局、风险评估情况等对动物疫病实施分区防控，可以采取禁止或者限制特定动物、动物产品跨区域调运等措施。

第二十二条　国务院农业农村主管部门制定并组织实施动物疫病净化、消灭规划。

县级以上地方人民政府根据动物疫病净化、消灭规划，制定并组织实施本行政区域的动物疫病净化、消灭计划。

动物疫病预防控制机构按照动物疫病净化、消灭规划、计划，开展动物疫病净化技术指导、培训，对动物疫病净化效果进行监测、评估。

国家推进动物疫病净化，鼓励和支持饲养动物的单位和个人开展动物疫病净化。饲养动物的单位和个人达到国务院农业农村主管部门规定的净化标准的，由省级以上人民政府农业农村主管部门予以公布。

第二十三条　种用、乳用动物应当符合国务院农业农村主管部门规定的健康标准。

饲养种用、乳用动物的单位和个人，应当按照国务院农业农村主管部门的要求，定期开展动物疫病检测；检测不合格的，应当按照国家有关规定处理。

第二十四条　动物饲养场和隔离场所、动物屠宰加工场所以及动物和动物产品无害化处理场所，应当符合下列动物防疫条件：

（一）场所的位置与居民生活区、生活饮用水水源地、学校、医院等公共场所的距离符合国务院农业农村主管部门的规定；

（二）生产经营区域封闭隔离，工程设计和有关流程符合动物防疫要求；

（三）有与其规模相适应的污水、污物处理设施，病死动物、病害动物产品无害化处理设施设备或者冷藏冷冻设施设备，以及清洗消毒设施设备；

（四）有与其规模相适应的执业兽医或者动物防疫技术人员；

（五）有完善的隔离消毒、购销台账、日常巡查等动物防疫制度；

（六）具备国务院农业农村主管部门规定的其他动物防疫条件。

动物和动物产品无害化处理场所除应当符合前款规定的条件外，还应当具有病原检测设备、检测能力和符合动物防疫要求的专用运输车辆。

第二十五条　国家实行动物防疫条件审查制度。

开办动物饲养场和隔离场所、动物屠宰加工场所以及动物和动物产品无害化处理场所，应当向县级以上地方人民政府农业农村主管部门提出申请，并附具相关材料。受理申请的农业农村主管部门应当依照本法和《中华人民共和国行政许可法》的规定进行审查。经审查合格的，发给动物防疫条件合格证；不合格的，应当通知申请人并说明理由。

动物防疫条件合格证应当载明申请人的名称（姓名）、场（厂）址、动物（动物产品）种类等事项。

第二十六条　经营动物、动物产品的集贸市场应当具备国务院农业农村主管部门规定的动物防疫条件，并接受农业农村主管部门的监督检查。具体办法由国务院农业农村主管部门制定。

县级以上地方人民政府应当根据本地情况，决定在城市特定区域禁止家畜家禽活体交易。

第二十七条　动物、动物产品的运载工具、垫料、包装物、容器等应当符合国务院农业农村主管部门规定的动物防疫要求。

染疫动物及其排泄物、染疫动物产品，运载工具中的动物排泄物以及垫料、包装物、容器等被污染的物品，应当按照国家有关规定处理，不得随意处置。

第二十八条　采集、保存、运输动物病料或者病原微生物以及从事病原微生物研究、教学、检测、诊断等活动，应当遵守国家有关病原微生物实验室管理的规定。

第二十九条　禁止屠宰、经营、运输下列动物和生产、经营、加工、贮藏、运输下列动物产品：

（一）封锁疫区内与所发生动物疫病有关的；

（二）疫区内易感染的；

（三）依法应当检疫而未经检疫或者检疫不合格的；

（四）染疫或者疑似染疫的；

（五）病死或者死因不明的；

（六）其他不符合国务院农业农村主管部门有关动物防疫规定的。

因实施集中无害化处理需要暂存、运输动物和动物产品并按照规定采取防疫措施的，不适用前款规定。

第三十条　单位和个人饲养犬只，应当按照规定定期免疫接种狂犬病疫苗，凭动物诊疗机构出具的免疫证明向所在地养犬登记机关申请登记。

携带犬只出户的，应当按照规定佩戴犬牌并采取系犬绳等措施，防止犬只伤人、疫病传播。

街道办事处、乡级人民政府组织协调居民委员会、村民委员会，做好本辖区流浪犬、猫的控制和处置，防止疫病传播。

县级人民政府和乡级人民政府、街道办事处应当结合本地实际，做好农村地区饲养犬只的防疫管理工作。

饲养犬只防疫管理的具体办法，由省、自治区、直辖市制定。

第三章　动物疫情的报告、通报和公布

第三十一条　从事动物疫病监测、检测、检验检疫、研究、诊疗以及动物饲养、屠宰、经营、隔离、运输等活动的单位和个人，发现动物染疫或者疑似染疫的，应当立即向所在地农业农村主管部门或者动物疫病预防控制机构报告，并迅速采取隔离等控制措施，防止动物疫情扩散。其他单位和个人发现动物染疫或者疑似染疫的，应当及时报告。

接到动物疫情报告的单位，应当及时采取临时隔离控制等必要措施，防止延误防控时机，并及时按照国家规定的程序上报。

第三十二条　动物疫情由县级以上人民政府农业农村主管部门认定；其中重大动物疫情由省、自治区、直辖市人民政府农业农村主管部门认定，必要时报国务院农业农村主管部门认定。

本法所称重大动物疫情，是指一、二、三类动物疫病突然发生，迅速传播，给养殖业生产安全造成严重威胁、危害，以及可能对公众身体健康与生命安全造成危害的情形。

在重大动物疫情报告期间，必要时，所在地县级以上地方人民政府可以作出封锁决定并采取扑杀、销毁等措施。

第三十三条　国家实行动物疫情通报制度。

国务院农业农村主管部门应当及时向国务院卫生健康等有关部门和军队有关部门以及省、自治区、直辖市人民政府农业农村主管部门通报重大动物疫情的发生和处置情况。

海关发现进出境动物和动物产品染疫或者疑似染疫的，应当及时处置并向农业农村主管部门通报。

县级以上地方人民政府野生动物保护主管部门发现野生动物染疫或者疑似染疫的，应当及时处置并向本级人民政府农业农村主管部门通报。

国务院农业农村主管部门应当依照我国缔结或者参加的条约、协定，及时向有关国际组织或者贸易方通报重大动物疫情的发生和处置情况。

第三十四条　发生人畜共患传染病疫情时，县级以上人民政府农业农村主管部门与本级人民政府卫生健康、野生动物保护等主管部门应当及时相互通报。

发生人畜共患传染病时，卫生健康主管部门应当对疫区易感染的人群进行监测，并应当依照《中华人民共和国传染病防治法》的规定及时公布疫情，采取相应的预防、控制措施。

第三十五条　患有人畜共患传染病的人员不得直接从事动物疫病监测、检测、检验检疫、诊疗以及易感染动物的饲养、屠宰、经营、隔离、运输等活动。

第三十六条　国务院农业农村主管部门向社会及时公布全国动物疫情，也可以根据需要授权省、自治区、直辖市人民政府农业农村主管部门公布本行政区域的动物疫情。其他单位和个人不得发布动物疫情。

第三十七条　任何单位和个人不得瞒报、谎报、迟报、漏报动物疫情，不得授意他人瞒报、谎报、迟报动物疫情，不得阻碍他人报告动物疫情。

第四章　动物疫病的控制

第三十八条　发生一类动物疫病时，应当采取下列控制措施：

（一）所在地县级以上地方人民政府农业农村主管部门应当立即派人到现场，划定疫点、疫区、受威胁区，调查疫源，及时报请本级人民政府对疫区实行封锁。疫区范围涉及两个以上行政区域的，由有关行政区域共同的上一级人民政府对疫区实行封锁，或者由各有关行政区域的上一级人民政府共同对疫区实行封锁。必要时，上级人民政府可以责成下级人民政府对疫区实行封锁；

（二）县级以上地方人民政府应当立即组织有关部门和单位采取封锁、隔离、扑杀、销毁、消毒、无害化处理、紧急免疫接种等强制性措施；

（三）在封锁期间，禁止染疫、疑似染疫和易感染的动物、动物产品流出疫区，禁止非疫区的易感染动物进入疫区，并根据需要对出入疫区的人员、运输工具及有关物品采取消毒和其他限制性措施。

第三十九条　发生二类动物疫病时，应当采取下列控制措施：

（一）所在地县级以上地方人民政府农业农村主管部门应当划定疫点、疫区、受威胁区；

（二）县级以上地方人民政府根据需要组织有关部门和单位采取隔离、扑杀、销毁、消毒、无害化处理、紧急免疫接种、限制易感染的动物和动物产品及有关物品出入等措施。

第四十条　疫点、疫区、受威胁区的撤销和疫区封锁的解除，按照国务院农业农村主管部门规定的标准和程序评估后，由原决定机关决定并宣布。

第四十一条　发生三类动物疫病时，所在地县级、乡级人民政府应当按照国务院农业农村主管部门的规定组织防治。

第四十二条　二、三类动物疫病呈暴发性流行时，按照一类动物疫病处理。

第四十三条　疫区内有关单位和个人，应当遵守县级以上人民政府及其农业农村主管部门依法作出的有关控制动物疫病的规定。

任何单位和个人不得藏匿、转移、盗掘已被依法隔离、封存、处理的动物和动物产品。

第四十四条　发生动物疫情时，航空、铁路、道路、水路运输企业应当优先组织运送防疫人员和物资。

第四十五条　国务院农业农村主管部门根据动物疫病的性质、特点和可能造成的社会危害，制定国家重大动物疫情应急预案报国务院批准，并按照不同动物疫病病种、流行特点和危害程度，分别制定实施方案。

县级以上地方人民政府根据上级重大动物疫情应急预案和本地区的实际情况，制定本行政区域的重大动物疫情应急预案，报上一级人民政府农业农村主管部门备案，并抄送上一级人民政府应急管理部门。县级以上地方人民政府农业农村主管部门按照不同动物疫病病种、流行特点和危害程度，分别制定实施方案。

重大动物疫情应急预案和实施方案根据疫情状况及时调整。

第四十六条　发生重大动物疫情时，国务院农业农村主管部门负责划定动物疫病风险区，禁止或者限制特定动物、动物产品由高风险区向低风险区调运。

第四十七条　发生重大动物疫情时，依照法律和国务院的规定以及应急预案采取应急处置措施。

第五章　动物和动物产品的检疫

第四十八条　动物卫生监督机构依照本法和国务院农业农村主管部门的规定对动物、动物产品实施检疫。

动物卫生监督机构的官方兽医具体实施动物、动物产品检疫。

第四十九条　屠宰、出售或者运输动物以及出售或者运输动物产品前，货主应当按照国务院农业农村主管部门的规定向所在地动物卫生监督机构申报检疫。

动物卫生监督机构接到检疫申报后，应当及时指派官方兽医对动物、动物产品实施检疫；检疫合格的，出具检疫证明、加施检疫标志。实施检疫的官方兽医应当在检疫证明、检疫标志上签字或者盖章，并对检疫结论负责。

动物饲养场、屠宰企业的执业兽医或者动物防疫技术人员，应当协助官方兽医实施检疫。

第五十条 因科研、药用、展示等特殊情形需要非食用性利用的野生动物，应当按照国家有关规定报动物卫生监督机构检疫，检疫合格的，方可利用。

人工捕获的野生动物，应当按照国家有关规定报捕获地动物卫生监督机构检疫，检疫合格的，方可饲养、经营和运输。

国务院农业农村主管部门会同国务院野生动物保护主管部门制定野生动物检疫办法。

第五十一条 屠宰、经营、运输的动物，以及用于科研、展示、演出和比赛等非食用性利用的动物，应当附有检疫证明；经营和运输的动物产品，应当附有检疫证明、检疫标志。

第五十二条 经航空、铁路、道路、水路运输动物和动物产品的，托运人托运时应当提供检疫证明；没有检疫证明的，承运人不得承运。

进出口动物和动物产品，承运人凭进口报关单证或者海关签发的检疫单证运递。

从事动物运输的单位、个人以及车辆，应当向所在地县级人民政府农业农村主管部门备案，妥善保存行程路线和托运人提供的动物名称、检疫证明编号、数量等信息。具体办法由国务院农业农村主管部门制定。

运载工具在装载前和卸载后应当及时清洗、消毒。

第五十三条 省、自治区、直辖市人民政府确定并公布道路运输的动物进入本行政区域的指定通道，设置引导标志。跨省、自治区、直辖市通过道路运输动物的，应当经省、自治区、直辖市人民政府设立的指定通道入省境或者过省境。

第五十四条 输入到无规定动物疫病区的动物、动物产品，货主应当按照国务院农业农村主管部门的规定向无规定动物疫病区所在地动物卫生监督机构申报检疫，经检疫合格的，方可进入。

第五十五条 跨省、自治区、直辖市引进的种用、乳用动物到达输入地后，货主应当按照国务院农业农村主管部门的规定对引进的种用、乳用动物进行隔离观察。

第五十六条 经检疫不合格的动物、动物产品，货主应当在农业农村主管部门的监督下按照国家有关规定处理，处理费用由货主承担。

第六章 病死动物和病害动物产品的无害化处理

第五十七条 从事动物饲养、屠宰、经营、隔离以及动物产品生产、经营、加工、贮藏等活动的单位和个人，应当按照国家有关规定做好病死动物、病害动物产品的无害化处理，或者委托动物和动物产品无害化处理场所处理。

从事动物、动物产品运输的单位和个人，应当配合做好病死动物和病害动物产品的无害化处理，不得在途中擅自弃置和处理有关动物和动物产品。

任何单位和个人不得买卖、加工、随意弃置病死动物和病害动物产品。

动物和动物产品无害化处理管理办法由国务院农业农村、野生动物保护主管部门按照职责制定。

第五十八条 在江河、湖泊、水库等水域发现的死亡畜禽，由所在地县级人民政府组织收集、处理并溯源。

在城市公共场所和乡村发现的死亡畜禽，由所在地街道办事处、乡级人民政府组织收集、处理并溯源。

在野外环境发现的死亡野生动物，由所在地野生动物保护主管部门收集、处理。

第五十九条　省、自治区、直辖市人民政府制定动物和动物产品集中无害化处理场所建设规划，建立政府主导、市场运作的无害化处理机制。

第六十条　各级财政对病死动物无害化处理提供补助。具体补助标准和办法由县级以上人民政府财政部门会同本级人民政府农业农村、野生动物保护等有关部门制定。

第七章　动物诊疗

第六十一条　从事动物诊疗活动的机构，应当具备下列条件：

（一）有与动物诊疗活动相适应并符合动物防疫条件的场所；

（二）有与动物诊疗活动相适应的执业兽医；

（三）有与动物诊疗活动相适应的兽医器械和设备；

（四）有完善的管理制度。

动物诊疗机构包括动物医院、动物诊所以及其他提供动物诊疗服务的机构。

第六十二条　从事动物诊疗活动的机构，应当向县级以上地方人民政府农业农村主管部门申请动物诊疗许可证。受理申请的农业农村主管部门应当依照本法和《中华人民共和国行政许可法》的规定进行审查。经审查合格的，发给动物诊疗许可证；不合格的，应当通知申请人并说明理由。

第六十三条　动物诊疗许可证应当载明诊疗机构名称、诊疗活动范围、从业地点和法定代表人（负责人）等事项。

动物诊疗许可证载明事项变更的，应当申请变更或者换发动物诊疗许可证。

第六十四条　动物诊疗机构应当按照国务院农业农村主管部门的规定，做好诊疗活动中的卫生安全防护、消毒、隔离和诊疗废弃物处置等工作。

第六十五条　从事动物诊疗活动，应当遵守有关动物诊疗的操作技术规范，使用符合规定的兽药和兽医器械。

兽药和兽医器械的管理办法由国务院规定。

第八章　兽医管理

第六十六条　国家实行官方兽医任命制度。

官方兽医应当具备国务院农业农村主管部门规定的条件，由省、自治区、直辖市人民政府农业农村主管部门按照程序确认，由所在地县级以上人民政府农业农村主管部门任命。具体办法由国务院农业农村主管部门制定。

海关的官方兽医应当具备规定的条件，由海关总署任命。具体办法由海关总署会同国务院农业农村主管部门制定。

第六十七条　官方兽医依法履行动物、动物产品检疫职责，任何单位和个人不得拒绝或者阻碍。

第六十八条　县级以上人民政府农业农村主管部门制定官方兽医培训计划，提供培训条件，定期对官方兽医进行培训和考核。

第六十九条　国家实行执业兽医资格考试制度。具有兽医相关专业大学专科以上学历的人员或者符合条件的乡村兽医，通过执业兽医资格考试的，由省、自治区、直辖市人民政府农业农村主管部门颁发执业兽医资格证书；从事动物诊疗等经营活动的，还应当向所在地县级人民政府农业农村主管部门备案。

执业兽医资格考试办法由国务院农业农村主管部门商国务院人力资源主管部门制定。

第七十条　执业兽医开具兽医处方应当亲自诊断，并对诊断结论负责。

国家鼓励执业兽医接受继续教育。执业兽医所在机构应当支持执业兽医参加继续教育。

第七十一条　乡村兽医可以在乡村从事动物诊疗活动。具体管理办法由国务院农业农村主管部门制定。

第七十二条　执业兽医、乡村兽医应当按照所在地人民政府和农业农村主管部门的要求，参加动物疫病预防、控制和动物疫情扑灭等活动。

第七十三条　兽医行业协会提供兽医信息、技术、培训等服务，维护成员合法权益，按照章程建立健全行业规范和奖惩机制，加强行业自律，推动行业诚信建设，宣传动物防疫和兽医知识。

第九章　监督管理

第七十四条　县级以上地方人民政府农业农村主管部门依照本法规定，对动物饲养、屠宰、经营、隔离、运输以及动物产品生产、经营、加工、贮藏、运输等活动中的动物防疫实施监督管理。

第七十五条　为控制动物疫病，县级人民政府农业农村主管部门应当派人在所在地依法设立的现有检查站执行监督检查任务；必要时，经省、自治区、直辖市人民政府批准，可以设立临时性的动物防疫检查站，执行监督检查任务。

第七十六条　县级以上地方人民政府农业农村主管部门执行监督检查任务，可以采取下列措施，有关单位和个人不得拒绝或者阻碍：

（一）对动物、动物产品按照规定采样、留验、抽检；

（二）对染疫或者疑似染疫的动物、动物产品及相关物品进行隔离、查封、扣押和处理；

（三）对依法应当检疫而未经检疫的动物和动物产品，具备补检条件的实施补检，不具备补检条件的予以收缴销毁；

（四）查验检疫证明、检疫标志和畜禽标识；

（五）进入有关场所调查取证，查阅、复制与动物防疫有关的资料。

县级以上地方人民政府农业农村主管部门根据动物疫病预防、控制需要，经所在地县级以上地方人民政府批准，可以在车站、港口、机场等相关场所派驻官方兽医或者工作人员。

第七十七条　执法人员执行动物防疫监督检查任务，应当出示行政执法证件，佩戴统一标志。

县级以上人民政府农业农村主管部门及其工作人员不得从事与动物防疫有关的经营性活动，进行监督检查不得收取任何费用。

第七十八条　禁止转让、伪造或者变造检疫证明、检疫标志或者畜禽标识。

禁止持有、使用伪造或者变造的检疫证明、检疫标志或者畜禽标识。

检疫证明、检疫标志的管理办法由国务院农业农村主管部门制定。

第十章　保障措施

第七十九条　县级以上人民政府应当将动物防疫工作纳入本级国民经济和社会发展规划及年度计划。

第八十条　国家鼓励和支持动物防疫领域新技术、新设备、新产品等科学技术研究开发。

第八十一条　县级人民政府应当为动物卫生监督机构配备与动物、动物产品检疫工作相适应的官方兽医，保障检疫工作条件。

县级人民政府农业农村主管部门可以根据动物防疫工作需要，向乡、镇或者特定区域派驻兽医机构或者工作人员。

第八十二条　国家鼓励和支持执业兽医、乡村兽医和动物诊疗机构开展动物防疫和疫病诊疗活动；鼓励养殖企业、兽药及饲料生产企业组建动物防疫服务团队，提供防疫服务。地方人民政府组织村级防疫员参加动物疫病防治工作的，应当保障村级防疫员合理劳务报酬。

第八十三条　县级以上人民政府按照本级政府职责，将动物疫病的监测、预防、控制、净化、消灭，动物、动物产品的检疫和病死动物的无害化处理，以及监督管理所需经费纳入本级预算。

第八十四条　县级以上人民政府应当储备动物疫情应急处置所需的防疫物资。

第八十五条　对在动物疫病预防、控制、净化、消灭过程中强制扑杀的动物、销毁的动物产品和相关物品，县级以上人民政府给予补偿。具体补偿标准和办法由国务院财政部门会同有关部门制定。

第八十六条　对从事动物疫病预防、检疫、监督检查、现场处理疫情以及在工作中接触动物疫病病原体的人员，有关单位按照国家规定，采取有效的卫生防护、医疗保健措施，给予畜牧兽医医疗卫生津贴等相关待遇。

第十一章　法律责任

第八十七条　地方各级人民政府及其工作人员未依照本法规定履行职责的，对直接负责的主管人员和其他直接责任人员依法给予处分。

第八十八条　县级以上人民政府农业农村主管部门及其工作人员违反本法规定，有下列行为之一的，由本级人民政府责令改正，通报批评；对直接负责的主管人员和其他直接责任人员依法给予处分：

（一）未及时采取预防、控制、扑灭等措施的；

（二）对不符合条件的颁发动物防疫条件合格证、动物诊疗许可证，或者对符合条件的拒不颁发动物防疫条件合格证、动物诊疗许可证的；

（三）从事与动物防疫有关的经营性活动，或者违法收取费用的；

（四）其他未依照本法规定履行职责的行为。

第八十九条　动物卫生监督机构及其工作人员违反本法规定，有下列行为之一的，由本级人民政府或者农业农村主管部门责令改正，通报批评；对直接负责的主管人员和其他直接责任人员依法给予处分：

（一）对未经检疫或者检疫不合格的动物、动物产品出具检疫证明、加施检疫标志，或者对检疫合格的动物、动物产品拒不出具检疫证明、加施检疫标志的；

（二）对附有检疫证明、检疫标志的动物、动物产品重复检疫的；

（三）从事与动物防疫有关的经营性活动，或者违法收取费用的；

（四）其他未依照本法规定履行职责的行为。

第九十条　动物疫病预防控制机构及其工作人员违反本法规定，有下列行为之一的，由本级人民政府或者农业农村主管部门责令改正，通报批评；对直接负责的主管人员和其他直接责任人员依法给予处分：

（一）未履行动物疫病监测、检测、评估职责或者伪造监测、检测、评估结果的；

（二）发生动物疫情时未及时进行诊断、调查的；

（三）接到染疫或者疑似染疫报告后，未及时按照国家规定采取措施、上报的；

（四）其他未依照本法规定履行职责的行为。

第九十一条　地方各级人民政府、有关部门及其工作人员瞒报、谎报、迟报、漏报或者授意他人瞒报、谎报、迟报动物疫情，或者阻碍他人报告动物疫情的，由上级人民政府或者有关部门责令改正，通报批评；对直接负责的主管人员和其他直接责任人员依法给予处分。

第九十二条　违反本法规定，有下列行为之一的，由县级以上地方人民政府农业农村主管部门责令限期改正，可以处一千元以下罚款；逾期不改正的，处一千元以上五千元以下罚款，由县级以上地方人民政府农业农村主管部门委托动物诊疗机构、无害化处理场所等代为处理，所需费用由违法行为人承担：

（一）对饲养的动物未按照动物疫病强制免疫计划或者免疫技术规范实施免疫接种的；

（二）对饲养的种用、乳用动物未按照国务院农业农村主管部门的要求定期开展疫病检测，或者经检测不合格而未按照规定处理的；

（三）对饲养的犬只未按照规定定期进行狂犬病免疫接种的；

（四）动物、动物产品的运载工具在装载前和卸载后未按照规定及时清洗、消毒的。

第九十三条　违反本法规定，对经强制免疫的动物未按照规定建立免疫档案，或者未按照规定加施畜禽标识的，依照《中华人民共和国畜牧法》的有关规定处罚。

第九十四条　违反本法规定，动物、动物产品的运载工具、垫料、包装物、容器等不符合国务院农业农村主管部门规定的动物防疫要求的，由县级以上地方人民政府农业农村主管部门责令改正，可以处五千元以下罚款；情节严重的，处五千元以上五万元以下罚款。

第九十五条　违反本法规定，对染疫动物及其排泄物、染疫动物产品或者被染疫动物、动物产品污染的运载工具、垫料、包装物、容器等未按照规定处置的，由县级以上地方人民政府农业农村主管部门责令限期处理；逾期不处理的，由县级以上地方人民政府农业农村主管部门委托有关单位代为处理，所需费用由违法行为人承担，处五千元以上五万元以下罚款。

造成环境污染或者生态破坏的，依照环境保护有关法律法规进行处罚。

第九十六条　违反本法规定，患有人畜共患传染病的人员，直接从事动物疫病监测、检测、检验检疫，动物诊疗以及易感染动物的饲养、屠宰、经营、隔离、运输等活动的，由县级以上地方人民政府农业农村或者野生动物保护主管部门责令改正；拒不改正的，处一千元以上一万元以下罚款；情节严重的，处一万元以上五万元以下罚款。

第九十七条　违反本法第二十九条规定，屠宰、经营、运输动物或者生产、经营、加工、贮藏、运输动物产品的，由县级以上地方人民政府农业农村主管部门责令改正、采取补救措施，没收违法所得、动物和动物产品，并处同类检疫合格动物、动物产品货值金额十五倍以上三十倍以下罚款;同类检疫合格动物、动物产品货值金额不足一万元的,并处五万元以上十五万元以下罚款;其中依法应当检疫而未检疫的,依照本法第一百条的规定处罚。

前款规定的违法行为人及其法定代表人(负责人)、直接负责的主管人员和其他直接责任人员,自处罚决定作出之日起五年内不得从事相关活动;构成犯罪的,终身不得从事屠宰、经营、运输动物或者生产、经营、加工、贮藏、运输动物产品等相关活动。

第九十八条　违反本法规定,有下列行为之一的,由县级以上地方人民政府农业农村主管部门责令改正,处三千元以上三万元以下罚款;情节严重的,责令停业整顿,并处三万元以上十万元以下罚款:

(一)开办动物饲养场和隔离场所、动物屠宰加工场所以及动物和动物产品无害化处理场所,未取得动物防疫条件合格证的;

(二)经营动物、动物产品的集贸市场不具备国务院农业农村主管部门规定的防疫条件的;

(三)未经备案从事动物运输的;

(四)未按照规定保存行程路线和托运人提供的动物名称、检疫证明编号、数量等信息的;

(五)未经检疫合格,向无规定动物疫病区输入动物、动物产品的;

(六)跨省、自治区、直辖市引进种用、乳用动物到达输入地后未按照规定进行隔离观察的;

(七)未按照规定处理或者随意弃置病死动物、病害动物产品的;

(八)饲养种用、乳用动物的单位和个人,未按照国务院农业农村主管部门的要求定期开展动物疫病检测的。

第九十九条　动物饲养场和隔离场所、动物屠宰加工场所以及动物和动物产品无害化处理场所,生产经营条件发生变化,不再符合本法第二十四条规定的动物防疫条件继续从事相关活动的,由县级以上地方人民政府农业农村主管部门给予警告,责令限期改正;逾期仍达不到规定条件的,吊销动物防疫条件合格证,并通报市场监督管理部门依法处理。

第一百条　违反本法规定,屠宰、经营、运输的动物未附有检疫证明,经营和运输的动物产品未附有检疫证明、检疫标志的,由县级以上地方人民政府农业农村主管部门责令改正,处同类检疫合格动物、动物产品货值金额一倍以下罚款;对货主以外的承运人处运输费用三倍以上五倍以下罚款,情节严重的,处五倍以上十倍以下罚款。

违反本法规定,用于科研、展示、演出和比赛等非食用性利用的动物未附有检疫证明的,由县级以上地方人民政府农业农村主管部门责令改正,处三千元以上一万元以下罚款。

第一百零一条　违反本法规定,将禁止或者限制调运的特定动物、动物产品由动物疫病高风险区调入低风险区的,由县级以上地方人民政府农业农村主管部门没收运输费用、违法运输的动物和动物产品,并处运输费用一倍以上五倍以下罚款。

第一百零二条　违反本法规定,通过道路跨省、自治区、直辖市运输动物,未经省、自治区、直辖市人民政府设立的指定通道入省境或者过省境的,由县级以上地方人民政府农业农村主管部门对运输人处五千元以上一万元以下罚款;情节严重的,处一万元以上五万元以下罚款。

第一百零三条　违反本法规定,转让、伪造或者变造检疫证明、检疫标志或者畜禽标识的,由县级以上地方人民政府农业农村主管部门没收违法所得和检疫证明、检疫标志、畜禽标识,并处五千元以上五万元以下罚款。

持有、使用伪造或者变造的检疫证明、检疫标志或者畜禽标识的,由县级以上人民政府农业农村主管部门没收检疫证明、检疫标志、畜禽标识和对应的动物、动物产品,并处三千元以上三万元以下罚款。

第一百零四条　违反本法规定，有下列行为之一的，由县级以上地方人民政府农业农村主管部门责令改正，处三千元以上三万元以下罚款：

（一）擅自发布动物疫情的；

（二）不遵守县级以上人民政府及其农业农村主管部门依法作出的有关控制动物疫病规定的；

（三）藏匿、转移、盗掘已被依法隔离、封存、处理的动物和动物产品的。

第一百零五条　违反本法规定，未取得动物诊疗许可证从事动物诊疗活动的，由县级以上地方人民政府农业农村主管部门责令停止诊疗活动，没收违法所得，并处违法所得一倍以上三倍以下罚款；违法所得不足三万元的，并处三千元以上三万元以下罚款。

动物诊疗机构违反本法规定，未按照规定实施卫生安全防护、消毒、隔离和处置诊疗废弃物的，由县级以上地方人民政府农业农村主管部门责令改正，处一千元以上一万元以下罚款；造成动物疫病扩散的，处一万元以上五万元以下罚款；情节严重的，吊销动物诊疗许可证。

第一百零六条　违反本法规定，未经执业兽医备案从事经营性动物诊疗活动的，由县级以上地方人民政府农业农村主管部门责令停止动物诊疗活动，没收违法所得，并处三千元以上三万元以下罚款；对其所在的动物诊疗机构处一万元以上五万元以下罚款。

执业兽医有下列行为之一的，由县级以上地方人民政府农业农村主管部门给予警告，责令暂停六个月以上一年以下动物诊疗活动；情节严重的，吊销执业兽医资格证书：

（一）违反有关动物诊疗的操作技术规范，造成或者可能造成动物疫病传播、流行的；

（二）使用不符合规定的兽药和兽医器械的；

（三）未按照当地人民政府或者农业农村主管部门要求参加动物疫病预防、控制和动物疫情扑灭活动的。

第一百零七条　违反本法规定，生产经营兽医器械，产品质量不符合要求的，由县级以上地方人民政府农业农村主管部门责令限期整改；情节严重的，责令停业整顿，并处二万元以上十万元以下罚款。

第一百零八条　违反本法规定，从事动物疫病研究、诊疗和动物饲养、屠宰、经营、隔离、运输，以及动物产品生产、经营、加工、贮藏、无害化处理等活动的单位和个人，有下列行为之一的，由县级以上地方人民政府农业农村主管部门责令改正，可以处一万元以下罚款；拒不改正的，处一万元以上五万元以下罚款，并可以责令停业整顿：

（一）发现动物染疫、疑似染疫未报告，或者未采取隔离等控制措施的；

（二）不如实提供与动物防疫有关的资料的；

（三）拒绝或者阻碍农业农村主管部门进行监督检查的；

（四）拒绝或者阻碍动物疫病预防控制机构进行动物疫病监测、检测、评估的；

（五）拒绝或者阻碍官方兽医依法履行职责的。

第一百零九条　违反本法规定，造成人畜共患传染病传播、流行的，依法从重给予处分、处罚。

违反本法规定，构成违反治安管理行为的，依法给予治安管理处罚；构成犯罪的，依法追究刑事责任。

违反本法规定，给他人人身、财产造成损害的，依法承担民事责任。

第十二章 附 则

第一百一十条 本法下列用语的含义：

（一）无规定动物疫病区，是指具有天然屏障或者采取人工措施，在一定期限内没有发生规定的一种或者几种动物疫病，并经验收合格的区域；

（二）无规定动物疫病生物安全隔离区，是指处于同一生物安全管理体系下，在一定期限内没有发生规定的一种或者几种动物疫病的若干动物饲养场及其辅助生产场所构成的，并经验收合格的特定小型区域；

（三）病死动物，是指染疫死亡、因病死亡、死因不明或者经检验检疫可能危害人体或者动物健康的死亡动物；

（四）病害动物产品，是指来源于病死动物的产品，或者经检验检疫可能危害人体或者动物健康的动物产品。

第一百一十一条 境外无规定动物疫病区和无规定动物疫病生物安全隔离区的无疫等效性评估，参照本法有关规定执行。

第一百一十二条 实验动物防疫有特殊要求的，按照实验动物管理的有关规定执行。

第一百一十三条 本法自 2021 年 5 月 1 日起施行。

附录 2 常用畜禽生物制品简介

一、家畜疫苗

产品名称	规格/（头份/瓶）	主要成分	使用说明
猪瘟活疫苗	20 40 50	含猪瘟兔化弱毒。每头份淋脾苗含组织毒至少 0.01 g，每头份乳兔苗含组织毒至少 0.015 g	预防猪瘟。首免：21～30 日龄，二免：65 日龄左右。断奶前仔猪可肌内或皮下注射 4 头份，以排除母源抗体的干扰
猪丹毒活疫苗	50	猪丹毒（C_4T_{10}）弱毒活菌株数≥5 亿/头份	预防猪丹毒。采用肌内或皮下注射法接种
猪肺疫活疫苗（Ⅱ）	50	多杀性巴氏杆菌 EO_{630} 弱毒活菌株数≥3 亿/头份	预防猪肺疫。采用皮下注射法接种
猪链球菌活疫苗	50 100	猪链球菌弱毒活菌株数≥0.5 亿/头份	预防猪败血性链球菌病。可采取皮下或口服方法接种。皮下注射 1 头份，口服 4 头份
猪气喘病活疫苗	2	每头份含组织抗原至少 0.5 g	预防猪气喘病。每头份用 3 mL 灭菌生理盐水稀释后进行胸腔注射。1 月龄仔猪每头注射 3 mL，大猪注射 5 mL

续表

产品名称	规格/(头份/瓶)	主要成分	使用说明
仔猪副伤寒活疫苗	30	猪霍乱沙门氏菌弱毒活菌株数≥30亿/头份	预防仔猪副伤寒。采取注射或口服法免疫
无荚膜炭疽芽孢苗(不适用山羊)	100 mL	每毫升含活芽孢1 500万～2 500万个	预防马、牛、绵羊和猪的炭疽病。1周岁以上牛羊皮下注射1 mL,1周岁以下者及绵羊、猪注射0.5 mL
Ⅱ号炭疽芽孢苗	100 mL	每毫升含活芽孢1 300万～2 000万个	预防马、牛、骡、驴、骆驼、羊和猪炭疽病,皮下注射1 mL或皮内注射0.2 mL
狂犬病兽用活疫苗	10	狂犬病ERA弱毒冻干疫苗	预防家畜狂犬病。2月龄以上犬注射1头份,羊接种2头份,牛、马接种5头份
破伤风类毒素	100 mL	每毫升含250个破伤风类毒素结合力单位	预防家畜破伤风。马、骡、驴、鹿皮下注射1 mL,幼畜和羊注射0.5 mL
猪细小病毒病活疫苗	5 10 20	含猪细小病毒弱毒病毒至少$10^{5.0}$TCID/头份	后备母猪或种公猪在6.5月龄,每头肌内注射1 mL
猪瘟、猪丹毒二联活疫苗	20 40	猪瘟兔化弱毒和猪丹毒弱毒C_4T_{10}菌株二联活疫苗	预防猪瘟和猪丹毒。采用肌内注射法接种
猪瘟、猪肺疫二联活疫苗	20 40	猪瘟兔化弱毒和猪巴氏杆菌弱毒菌株二联冻干活疫苗	预防猪瘟和猪肺疫。采用肌内注射法接种
猪丹毒、猪肺疫二联活疫苗	30 40 50	猪丹毒弱毒株和猪巴氏杆菌弱毒菌株二联冻干活疫苗	预防猪丹毒和猪肺疫。供半个月以上的断奶猪肌内注射
猪瘟、猪丹毒、猪肺疫三联活疫苗	20 40	猪瘟兔化弱毒株、猪丹毒弱毒株和猪巴氏杆菌弱毒株三联冻干活疫苗	预防猪瘟、猪丹毒和猪肺疫。采用肌内注射法接种
猪口蹄疫灭活苗	100	猪O型口蹄疫油乳剂灭活苗	预防猪O型口蹄疫。体重50 kg以上每头猪注射3 mL,25～50 kg注射2 mL,10～25 kg注射1 mL
猪口蹄疫浓缩灭活苗	100	猪O型口蹄疫浓缩油乳剂灭活双相疫苗	预防猪O型口蹄疫
牛Asia-Ⅰ型口蹄疫灭活苗	100	灭活前病毒含量≥$10^{7.0}$ LD_{50}(鼠)10.2 mL	肌内注射,成年牛每头3 mL,犊牛每头2 mL,成年羊每头2 mL,羔羊每只1 mL。5个月以下犊牛和羔羊不注射
牛口蹄疫O型灭活苗	100	灭活前病毒含量≥$10^{7.0}$ LD_{50}/0.2 mL	肌内注射,成年牛每头3 mL,犊牛每头2 mL,成年羊每头2 mL,羔羊每只1 mL。5个月以下犊牛和羔羊不注射
气肿疽灭活疫苗	100	气肿疽梭菌灭活疫苗	预防牛、羊气肿疽。牛皮下注射5 mL,羊注射1 mL

二、家禽疫苗

产品名称	规格/（头份/瓶）	主要成分	使用说明
鸡传染性法氏囊病中等毒力活疫苗（B_{87}株）	500 1 000 2 000	鸡传染性法氏囊病B_{87}株含量≥$10^{3.0}$ EID_{50}/羽份	预防鸡传染性法氏囊病。可用饮水、点眼或注射免疫
鸡传支活疫苗（H_{120}株）	500 1 000	鸡传染性支气管炎H_{120}病毒含量≥$10^{3.0}$ EID_{50}/羽份	预防鸡传染性支气管炎。适用于初生雏鸡，可滴鼻或饮水免疫，首免后1～2月龄时用H_{52}加强免疫
鸡传支活疫苗（H_{52}株）	500 1 000	鸡传染性支气管炎H_{52}病毒含量≥$10^{3.0}$ EID_{50}/羽份	预防鸡传染性支气管炎。专供1月龄以上的鸡使用，用滴鼻或饮水法免疫
鸡传支二价活苗	500 1 000	鸡传染性支气管炎H_{52}株和肾型二价苗	预防呼吸型和肾型传染性支气管炎。供初生雏鸡、点眼、滴鼻或饮水免疫
鸡痘活疫苗（Ⅰ）	300 500 1 000	鸡痘鹌鹑化弱毒病毒含量≥$10^{3.0}$ EID_{50}/羽份	预防鸡痘。首免：20～30日龄；二免：80～90日龄。采用刺种法接种
鸡传染性喉气管炎活疫苗	500 1 000	鸡传染性喉气管炎弱毒病毒含量≥$10^{2.7}$ EID_{50}/羽份	预防鸡传染性喉气管炎。首免：5周龄；二免：10周龄。采用点眼免疫
鸡毒支原体活疫苗	150 200 500	鸡毒支原体（F_{30}株）活菌数≥10^8 CCU/ mL	预防鸡毒支原体引起的鸡慢性呼吸道病，蛋鸡及种鸡5周龄首免，开产前二免，肉仔鸡2周龄接种，采用点眼法免疫
禽霍乱活疫苗	200 400	多杀性巴氏杆菌$G_{190}E_{40}$弱毒活菌数≥2 000万/羽份	预防禽霍乱。供3月龄以上的鸡、鸭、鹅使用。肌内注射法接种
鸭瘟活疫苗	100 200 500	鸭瘟鸡胚化弱毒病毒量≥50免疫保护量/羽份	预防鸭瘟。适用于不同品种，不同日龄的鸡。肌内注射法接种
鸭病毒性肝炎活疫苗	200	鸭病毒性肝炎鸡胚化弱毒株冻干活疫苗	预防鸭病毒性肝炎。供3日龄以上雏鸭使用。首免后2～3周进行二免
小鹅瘟活疫苗	200	小鹅瘟鸭胚化弱毒GD株冻干活疫苗	预防小鹅瘟。供产蛋前20～30 d母鹅免疫，母鹅在21～270 d内产蛋所孵雏鹅对小鹅瘟有免疫力。采取肌内注射法接种
小鹅瘟（雏鹅）活疫苗	50	小鹅瘟鸭胚化弱毒株冻干活疫苗	预防小鹅瘟。供初生雏鹅免疫，也可用于成鹅。采用饮水，肌内或皮下注射法接种
鸡新城疫、传支二联活疫苗（Ⅰ＋H_{52}）	500 1 000	鸡新城疫Ⅰ系株病毒至少$10^{5.0}$ ELD_{50}/羽份和传染性支气管炎H_{52}弱毒病毒至少$10^{3.5}$ EID_{50}/羽份	预防鸡新城疫和传染性支气管炎。适用于经新城疫弱毒株免疫过的2月龄以上的鸡。采用饮水法免疫
鸡新城疫、传支二联活疫苗（Ⅱ＋H_{120}）	200	鸡新城疫Ⅱ系病毒含量≥$10^{6.0}$ EID_{50}/羽份和传染性支气管炎H_{120}弱毒含量≥$10^{3.5}$ EID_{50}/羽份	预防鸡新城疫和传染性支气管炎。适用于1日龄以上各品种鸡。采用滴鼻或饮水法免疫

续表

产品名称	规格/(头份/瓶)	主要成分	使用说明
鸡新城疫、传支二联活疫苗(L+H_{52})	250 500 1 000	鸡新城疫(Lasota株)病毒含量≥$10^{6.0}$ EID_{50}/羽份和传染性支气管炎H_{52}弱毒含量≥$10^{3.5}$ EID_{50}/羽份	预防鸡新城疫和传染性支气管炎。适用于21日龄以上鸡。采用滴鼻或饮水法接种
鸡新城疫、传支二联活疫苗(L+H_{120})	500 1 000	鸡新城疫(Lasota株)病毒含量≥$10^{6.0}$ EID_{50}/羽份,传染性气管炎H_{120}株病毒含量≥$10^{3.5}$ EID_{50}/羽份	预防鸡新城疫和传染性支气管炎。适用于7日龄以上不同品种鸡。采用滴鼻或饮水免疫接种
鸡新城疫灭活苗	500	鸡新城疫低毒力(Lasota株)病毒含量≥0.125 mL/羽份	供任何年龄鸡皮下注射。2周龄鸡与活苗同时免疫,开产前2～3周再接种1次。2周龄内雏鸡注射0.2 mL,2月龄以上鸡注射0.5 mL
鸡法氏囊病灭活苗	100 250	鸡传染性法氏囊病油乳剂灭活疫苗	配合活疫苗免疫,开产前2～4周肌内或皮下注射0.5 mL
鸡产蛋下降综合征(EDS)灭活苗	500	鸡凝血性腺病毒含量≥2 000 HA单位/羽份	开产前2～4周皮下或肌内注射。每羽注射0.5 mL
鸡传染性鼻炎灭活苗	500	鸡副嗜血杆菌含量≥10亿/羽份	供30日龄以上健康鸡皮下接种。首免:30～42日龄。30～42日龄鸡注射0.25 mL,42日龄以上的鸡注射0.5 mL
鸡新支二联灭活苗	100 250	鸡新城疫Lasota病毒、鸡传染性支气管炎呼吸型及肾型病毒鸡胚液制成油乳剂灭活疫苗	1月龄以内雏鸡注射0.3 mL,成年鸡注射0.5 mL
鸡新减二联苗	500	鸡新城疫(Lasota株)病毒含量≥0.125 mL/羽份;鸡凝血性腺病毒含量≥2 000 HA单位/羽份	开产前2～4周皮下或肌内注射。每羽注射0.5 mL
鸡新支减三联苗	200 500	由鸡新城疫(Lasota株)、鸡凝血性腺病毒、鸡传染性支气管炎呼吸型及肾型毒株制成的油乳剂灭活苗	开产前2～4周皮下或肌内注射0.5 mL

附录3 动物病理材料送检单

第　　号

<table>
<tr><td>送检单位</td><td></td><td>地址</td><td></td><td>检验单位</td><td></td><td>材料收到日期</td><td>年 月 日 时</td></tr>
<tr><td>病畜种类</td><td></td><td>发病日期</td><td>年 月 日 时</td><td>检验人</td><td></td><td>结果通知日期</td><td>年 月 日 时</td></tr>
<tr><td>死亡时间</td><td>年 月 日 时</td><td>送检日期</td><td>年 月 日 时</td><td rowspan="4">检验名称</td><td>微生物学检验</td><td>血清学检查</td><td>病理组织学检查</td></tr>
<tr><td>取材时间</td><td>年 月 日 时</td><td>取材人</td><td></td><td rowspan="3"></td><td rowspan="3"></td><td rowspan="3"></td></tr>
<tr><td>疫病流行简况</td><td colspan="3"></td></tr>
<tr><td>主要临床症状</td><td colspan="3"></td></tr>
<tr><td>主要剖检变化</td><td colspan="3"></td><td rowspan="3">检验结果</td><td rowspan="3"></td><td rowspan="3"></td><td rowspan="3"></td></tr>
<tr><td>曾经何种治疗</td><td colspan="3"></td></tr>
<tr><td>病料序号名称</td><td></td><td>病料处理方法</td><td></td></tr>
<tr><td>送检目的</td><td colspan="3"></td><td>诊断和处理意见</td><td colspan="3"></td></tr>
</table>

附录4　牛结核病检疫记录表

地址______________　　　　　　　　　　　　　　20____年__月__日

牛号	年龄	次数		注射时间（时分）	注射部位	皮皱厚度/mm				判定	检疫员
						原皮厚	72 h	96 h	120 h		
		第　次	第一回								
			第二回								
		第　次	第一回								
			第二回								
		第　次	第一回								
			第二回								
		第　次	第一回								
			第二回								
		第　次	第一回								
			第二回								
		第　次	第一回								
			第二回								
		第　次	第一回								
			第二回								
		第　次	第一回								
			第二回								
		第　次	第一回								
			第二回								
		第　次	第一回								
			第二回								

受检头数________　　阳性头数________　　疑似头数________　　阴性头数________